Craftsman Motor Vehicles Maintenance

국가기술자격검정 실기시험문제 2

가. 엔진

1. 가솔린 기관 분해, 조립(헤드, 밸브스프링 탈, 부착) 86
   - 1-1. 가솔린 기관 분해, 조립 86
   - 1-2. 밸브 스프링 탈, 부착 102
   - 1-3. 밸브 스프링 자유고 측정 105
2. 전자제어 가솔린 기관 시동 107
3. 인젝터 탈, 부착 108
   - 3-1. 인젝터 탈, 부착 108
   - 3-2. 센서 점검(기관 자기진단) 110
4. 배기가스 측정 111

나. 섀시

1. 앞 허브, 너클 탈, 부착 114
2. 캐스터각, 캠버각 측정 117
3. 브레이크 라이닝 탈, 부착 118
4. 자동변속기 점검 121
5. 최소 회전반경 측정 124

다. 전기

1. 발전기 탈, 부착 127
2. 점화코일 1, 2차 저항 측정 131
3. 전조등 회로 점검 133
4. 경음기 음량 측정 136

국가기술자격검정 실기시험문제 3

가. 엔진

1. 디젤 기관 분해, 조립
   (워터펌프, 라디에이터 압력식 캡 탈, 부착) 142
   - 1-1. 디젤 기관 분해, 조립
     (워터펌프, 라디에이터 압력식 캡 탈, 부착) 142
   - 1-2. 라디에이터 캡 개방압력 측정 143
2. 전자제어 가솔린 기관 시동(크랭킹 회로 수리) 144
3. 흡입공기유량센서(AFS) 탈, 부착 145
   - 3-1. 흡입공기유량센서(AFS) 탈, 부착 145
   - 3-2. 기관 자기진단 149
4. 매연 측정 149

나. 섀시

1. 타이어 탈, 부착 150
2. 수동변속기 입력축 엔드플레이 측정 156
3. 클러치 릴리스 실린더 탈, 부착 158
4. VDC, ECS, TCS 점검 160
5. 제동력 측정 162

다. 전기

1. 점화플러그 및 고압케이블 탈, 부착 163
2. 발전기 충전 전류, 전압 측정 166
3. 와이퍼 회로 점검 168
4. 전조등 광도 측정 171

국가기술자격검정 실기시험문제 4

가. 엔진

1. DOHC 가솔린 기관 분해(캠축, 타이밍 벨트 탈, 부착) 174
   - 1-1. 가솔린 기관 분해, 조립(캠축, 타이밍 벨트 탈, 부착) 174
   - 1-2. 캠 높이 측정 175
2. 전자제어 가솔린 기관 시동(점화회로 수리) 176
3. CRDI 연료압력 조절밸브 탈, 부착 177
   - 3-1. 연료압력 조절밸브 탈, 부착 177
   - 3-2. 센서 점검 178
4. 배기가스 측정 178

나. 섀시

1. 로워암 탈, 부착 179
2. 캐스터각, 캠버각 측정 183
3. 브레이크 캘리퍼 탈, 부착 184
   - 3-1. 브레이크 캘리퍼 탈, 부착 184
   - 3-2. 공기 빼기 186
4. ABS 점검 188
5. 최소 회전반경 측정 190

다. 전기

1. 기동모터 탈, 부착 191
2. 메인 컨트롤 릴레이 점검 194
3. 방향지시등 회로 점검 197
4. 경음기 음량 측정 201

국가기술자격검정 실기시험문제 5

가. 엔진

1. 디젤 기관 분해, 조립(크랭크축 탈, 부착) 204
   - 1-1. 디젤 기관 분해, 조립(크랭크축 탈, 부착) 204
   - 1-2. 크랭크축 휨 측정 205
2. 전자제어 가솔린 기관 시동(연료장치 회로 수리) 206
3. CRDI 기관 예열플러그 탈, 부착 207
   - 3-1. CRDI 기관 예열플러그 탈, 부착 207
   - 3-2. 센서 점검 208
4. 매연 측정 209

나. 섀시

1. 앞 등속축 탈, 부착 210
2. 타이어 탈, 부착 212
   - 2-1. 타이어 탈, 부착 212
   - 2-2. 휠 밸런스 측정 212
3. 타이 로드 엔드 탈, 부착 216
4. 자동변속기 점검 219
5. 제동력 측정 219

다. 전기

1. 냉매(R-134a) 회수, 재충전 220
2. ISC 밸브 듀티 측정 224
3. 경음기 회로 점검 227
4. 전조등 광도 측정 229

KUHMINSA

한 발 앞서나가는 출판사, 구민사
독자분들도 구민사와 함께 한 발 앞서나가길 바랍니다.

구민사 출간도서 中 수험서 분야

- 용접
- 자동차
- 조경/산림
- 품질경영
- 산업안전
- 전기
- 건축토목
- 실내건축

- 기술사
- 기계
- 금속
- 환경
- 보일러
- 가스
- 공조냉동
- 위험물

전문가를 위한 첫걸음, 구민사는 그 이상을 봅니다!

전국 도서판매처

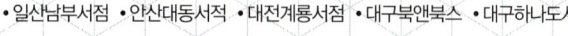

자격증 시험 접수부터 자격증 수령까지!

전문가를 위한 첫걸음, 주민사는 그 이상을 봅니다!

상시시험 12종목
굴착기운전기능사, 지게차운전기능사, 미용사(일반), 미용사(피부), 미용사(네일)
미용사(메이크업), 조리기능사(양식, 일식, 중식, 한식), 제과·제빵기능사

3. 필기 합격 확인
큐넷(www.q-net.or.kr) 사이트에서 확인

4. 실기 원서 접수
큐넷(www.q-net.or.kr) 응시 자격 서류는 **실기시험 접수기간(4일 내)에** 제출해야만 접수 가능

7. 자격증 신청
인터넷으로 신청 (수첩형 자격증의 경우 내방신청 폐지 예정)

8. 자격증 수령
상장형자격증은 인터넷으로 합격자발표당일부터 발급 가능
수첩형자격증은 인터넷 신청 후 우편수령만 가능(등기비용 발생)

Preface 머리말

1차(필기)에 통과하신 분들! 축하드립니다. 그러나, 끝이 아닙니다. 2차도 통과해야 "자격증"이 주어집니다. 마지막까지 유종의 미를 거둘 수 있기를 기원합니다.

모든 책이 마찬가지로 어떻게 하면 학생들을 쉽게 공부하게 하면서 합격의 문턱에 가깝게 갈 것인가에 대하여 고민하게 됩니다. 저자 역시 수많은 책과 씨름해본 경험이 이 책을 만들게 된 동기가 되었습니다.

일반 대입 수험서는 주변의 대학생에게 얼마든지 물어볼 수 있으나, 특히 자동차 정비에 관한 내용은 정비공장이나 카센타 사장님께 여쭤보아도 사업에 바쁘셔서 충분한 대답을 얻을 수 없었습니다. 물론 질문하기도 용기가 없기도 하였습니다. 용기도 없고 궁금은 하니 독학은 해야겠고...
예전에는 혼자 독학한다는 것이 매우 어려웠던 시절이었습니다. 도서관에 가도 조금만 늦으면 자리가 없었고, 혹여 들어가도 책을 찾느라 많은 시간을 허비하였습니다. 그나마 찾을 수 있으면 횡재였습니다. 요즘은 네이버 형님과 다음 언니가 다 알려주질 않는가요? 이 책은 그런 부분에서도 채울 수 없는 자동차 정비에 초점을 맞춰 자동차 정비를 배우는 사람들이 혼자서도 독학이 가능하도록 집필하였습니다.

본 자동차 정비 기능사 실기 교재의 특징은

첫째, 자동차실기 시험에 필요한 부분을 단기간에 마스터할 수 있도록 각 안별로 간략하게 정리하였습니다.
(1안~15안까지 체계적으로 구성하였습니다.)
둘째, 가능한 산업인력공단 출제기준에 맞춰 구성하도록 하였습니다.
셋째, 단원별 설명과 문제해설을 통해 충분히 습득하도록 하였습니다.
넷째, 모든 지면은 칼라인쇄를 하여 시인성이 좋게 구성하였습니다.

책을 집필한다는 것이, 감히 어려운 일이건만 조금이나마 다른 교재와 달리 한 글자라도 쉽게 전달해 줄 수만 있다면 하는 바램으로 시작하였습니다. 내용 중에는 많은 오류가 있을진대 독자 여러분의 정 넘치는 관심으로 지적해주길 바라면서 자동차를 공부하기 위해 이 책을 선택한 모든 독자들에게서 자동차를 혼자 공부하기에 너무 쉬웠다는 자랑을 하는 상상을 하면서 이 책을 여러분에게 부탁합니다.

또한 이 책의 출판을 위해 적극적으로 도움주신 도서출판 구민사 조규백 대표님과 직원 여러분께 깊은 감사를 드립니다.

저자

Construct 이 책의 구성 및 특징

1 핵심 요약 정리

실기시험에 필요한 부분을 단기간 안에 마스터할 수 있도록 각 안별로 간략하게 정리하였습니다. 단원별 설명과 문제해설을 통해 충분히 습득할 수 있도록 하였고, 모든 지면은 풀컬러 인쇄로 시인성이 좋게 구성하였습니다.

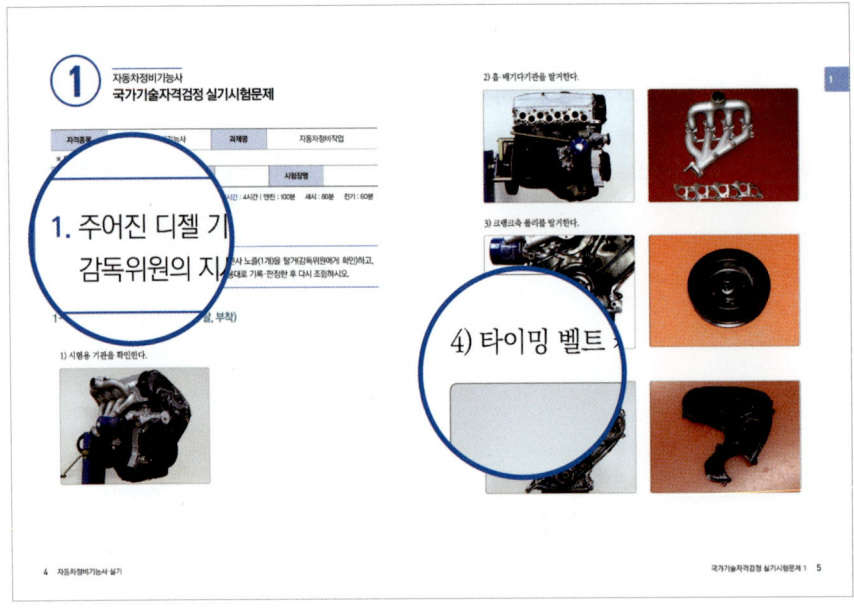

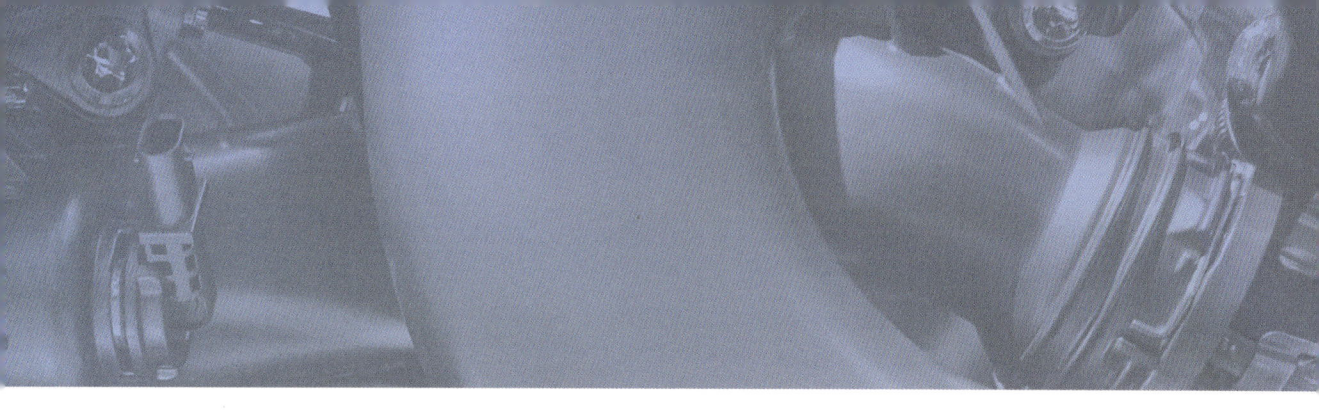

2   실기시험문제 수록

부록으로 실기시험문제 1~15안을 수록하여 실전시험에 대비하였습니다.

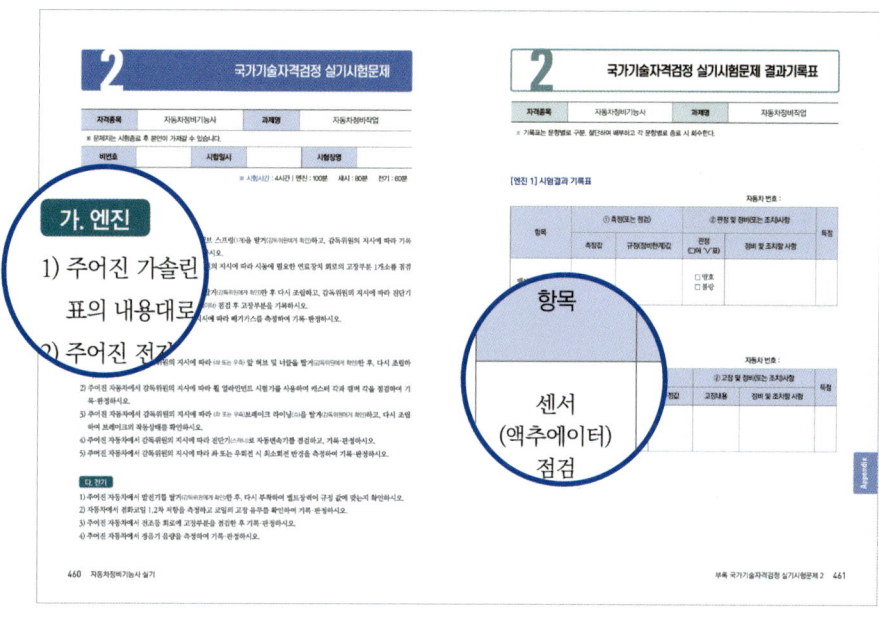

국가기술자격검정 실기시험문제   1

가. 엔진

1. 디젤 기관 분해, 조립(분사노즐 탈, 부착)   4
    1-1. 디젤 기관 분해, 조립   4
    1-2. 디젤 기관 분사 노즐 탈, 부착   27
    1-3. 분사 노즐 시험   30
2. 전자제어 가솔린 기관 시동(점화회로 수리)   33
3. ISC 밸브 어셈블리 탈, 부착   36
    3-1. ISC 밸브 어셈블리 탈, 부착   36
    3-2. 센서 점검(기관 자기진단)   39
4. 매연 측정   42

나. 섀시

1. 전륜 쇽업쇼버 탈, 부착   47
    1-1. 전륜 쇽업소버 탈, 부착   47
    1-2. 쇽업소버 스프링 탈, 부착   49
2. 캐스터각, 캠버각 측정   53
3. ABS 브레이크 패드 탈, 부착   62
4. 인히비터 스위치와 선택레버 점검   64
5. 제동력 측정   66

다. 전기

1. 와이퍼 모터 탈, 부착   71
2. 크랭킹 전류시험   73
3. 미등 및 번호등 회로 점검   75
4. 전조등 광도 측정   78

국가기술자격검정 실기시험문제 6

가. 엔진

1. 가솔린 기관 분해, 조립(크랭크축 탈, 부착) 232
    - 1-1. 가솔린 기관 분해, 조립(크랭크축 탈, 부착) 232
    - 1-2. 크랭크축 외경 측정 233
2. 전자제어 가솔린 기관 시동(크랭킹 회로 수리) 234
3. 스로틀 바디 탈, 부착 235
    - 3-1. 스로틀 바디 탈, 부착 235
    - 3-2. 센서 점검 237
4. 배기가스 측정 238

나. 섀시

1. 범퍼 탈, 부착 239
2. 주차 브레이크 레버 클릭수 점검 241
3. 파워 스티어링 오일펌프 탈, 부착 243
4. 자동변속기 점검 246
5. 최소 회전반경 측정 246

다. 전기

1. 다기능 스위치(컴비네이션 S/W) 탈, 부착 247
    - 1-1. 다기능 스위치 탈, 부착(에어백 미장착 차량) 247
    - 1-2. 다기능 스위치 탈, 부착(에어백 장착 차량) 251
2. 축전지 비중, 부하 시 전압 측정 254
3. 기동 및 점화회로 점검 257
4. 경음기 음량 측정 260

국가기술자격검정 실기시험문제 7

가. 엔진

1. DOHC 가솔린 기관 분해, 조립(실린더헤드 탈, 부착) 264
    - 1-1. DOHC 가솔린 기관 분해, 조립(실린더헤드 탈, 부착) 264
    - 1-2. 실린더헤드 변형도 측정 265
2. 전자제어 가솔린 기관 시동(점화회로 수리) 266
3. LPG 기관 점화플러그 배선 탈, 부착 267
    - 3-1. LPG 기관 점화플러그 배선 탈, 부착 267
    - 3-2. 센서 점검 269
4. 매연 측정 270

나. 섀시

1. 수동변속기 후진 아이들 기어 탈, 부착 271
2. 디스크 두께 및 흔들림 측정 275
3. 조향휠 점검 276
4. 자동변속기(A/T) 오일압력 측정 277
5. 제동력 측정 279

다. 전기

1. 경음기 및 릴레이 탈, 부착 280
    - 1-1. 경음기 탈, 부착 280
    - 1-2. 경음기 릴레이 탈, 부착 282
2. 에어컨 라인압력 측정 283
3. 라디에이터 전동팬 회로 점검 286
4. 전조등 광도 측정 288

국가기술자격검정 실기시험문제 8

가. 엔진

1. 가솔린 기관 분해, 조립(에어크리너, 점화플러그 탈, 부착) 292
   - 1-1. 가솔린 기관 분해, 조립
     (에어크리너, 점화플러그 탈, 부착) 292
   - 1-2. 압축압력 측정 293
2. 전자제어 가솔린 기관 시동(연료장치 수리) 294
3. LPG 기관 점화코일 탈, 부착 및 센서 점검 295
   - 3-1. LPG 기관 점화코일 탈, 부착 295
   - 3-2. 센서 점검 296
4. 배기가스 측정 297

나. 섀시

1. 액슬축 탈, 부착 297
2. 자동변속기(A/T) 오일량 점검 299
3. 브레이크 캘리퍼 탈, 부착 301
4. 인히비터 스위치 점검 302
5. 최소 회전반경 측정 302

다. 전기

1. 윈도우 레귤레이터 탈, 부착 303
2. 급속 충전 후 축전지 비중, 전압 측정 305
3. 충전회로 점검 309
4. 경음기 음량 측정 311

국가기술자격검정 실기시험문제 9

가. 엔진

1. 가솔린 기관 분해, 조립(크랭크축 탈, 부착) 314
   - 1-1. 가솔린 기관 분해, 조립(크랭크축 탈, 부착) 314
   - 1-2. 크랭크축 축방향 유격 측정 315
2. 전자제어 가솔린 기관 시동(크랭킹 회로 수리) 316
3. LPG 기관 맵센서 탈, 부착 및 센서 점검 317
   - 3-1. LPG 기관 맵센서 탈, 부착 317
   - 3-2. 센서 점검 318
4. 매연 측정 318

나. 섀시

1. 뒤 쇽업쇼버 탈, 부착 319
2. 종감속기어 백래시 측정 319
3. 브레이크 휠 실린더 탈, 부착 321
4. ABS장치 점검 323
5. 제동력 측정 323

다. 전기

1. 전조등 탈, 부착 324
2. 발전기 충전전류, 전압 측정 325
3. 에어컨 회로 점검 326
4. 경음기 음량 측정 330

국가기술자격검정 실기시험문제 10

가. 엔진

1. 가솔린 기관 분해, 조립(크랭크 축 메인 베어링 탈, 부착) 334
   - 1-1. 가솔린 기관 분해, 조립
     (크랭크축, 메인 베어링 탈, 부착) 334
   - 1-2. 크랭크축 오일간극 측정 335
2. 전자제어 가솔린 기관 시동(점화회로 수리) 338
3. 가솔린 기관 연료펌프 탈, 부착 339
   - 3-1. 가솔린 기관 연료펌프 탈, 부착(실차) 339
   - 3-2. 연료펌프 탈, 부착(단품) 341
   - 3-3. 센서 점검 343
4. 배기가스 측정 343

나. 섀시

1. 자동변속기 오일필터, 유온센서 탈, 부착 344
2. 브레이크 페달 작동거리, 유격 측정 346
3. 파워 스티어링 오일펌프 탈, 부착 348
4. ECS 점검 348
5. 최소 회전반경 측정 348

다. 전기

1. 에어컨 필터 탈, 부착 349
2. 인젝터 코일 저항 측정 352
3. 점화회로 점검 354
4. 전조등 광도 측정 357

국가기술자격검정 실기시험문제 11

가. 엔진

1. DOHC 가솔린 기관 분해, 조립(실린더헤드, 캠축 탈, 부착) 360
   - 1-1. DOHC 가솔린 기관 분해, 조립
     (실린더헤드, 캠축, 탈, 부착) 360
   - 1-2. 캠축 휨 측정 361
2. 전자제어 가솔린 기관 시동(연료장치 회로 수리) 363
3. 가솔린 기관 연료펌프 탈, 부착 및 센서 점검 363
4. 매연 측정 363

나. 섀시

1. FR 추진축 탈, 부착 364
2. 토(toe) 측정 366
3. 브레이크 마스터 실린더 탈, 부착 375
4. 자동변속기 점검 377
5. 제동력 측정 377

다. 전기

1. 라디에이터 전동팬 탈, 부착 378
2. 크랭킹 전압강하 시험 380
3. 제동등 및 미등회로 점검 382
4. 전조등 광도 측정 386

국가기술자격검정 실기시험문제 12

가. 엔진

1. 디젤 기관 분해, 조립(크랭크축 탈, 부착) 390
    1-1. 디젤 기관 분해, 조립(크랭크축 탈, 부착) 390
    1-2. 플라이휠 런아웃 측정 391
2. 전자제어 가솔린 기관 시동(크랭킹 회로 수리) ... 392
3. 가솔린 기관 연료펌프 탈, 부착 및 센서 점검 ... 392
4. 배기가스 측정 392

나. 섀시

1. FR 종감속기어 및 차동기어 탈, 부착 394
    1-1. 종간속기어 탈, 부착 394
    1-2. 차동기어 분해, 조립 396
2. 클러치 페달 유격 측정 400
3. 브레이크 라이닝 탈, 부착 401
4. ABS 점검 402
5. 최소 회전반경 측정 402

다. 전기

1. 발전기 충전전압 측정 402
2. 스텝모터(ISC) 저항 측정 403
3. 실내등 및 열선회로 점검 406
4. 경음기 음량 측정 409

국가기술자격검정 실기시험문제 13

가. 엔진

1. CRDI 디젤 기관 분해, 조립(인젝터, 예열플러그 탈, 부착) 412
    1-1. 디젤 기관 인젝터 탈, 부착 412
    1-2. 디젤기관 예열플러그 탈, 부착 415
    1-3. 예열플러그 저항 측정 417
2. 전자제어 가솔린 기관 시동(점화회로 수리) 418
3. 공기유량센서와 에어필터 탈, 부착 및 센서 점검 ... 418
4. 매연 측정 419

나. 섀시

1. 자동변속기(A/T) 오일펌프 탈, 부착 420
2. 사이드슬립 측정(대본) 421
3. ABS 브레이크 패드 탈, 부착 424
4. 자동변속기 오일압력 점검 425
5. 제동력 측정 425

다. 전기

1. 히터 블로워 모터 탈, 부착 426
2. 스텝모터 저항 점검 428
3. 방향지시등 회로 점검 428
4. 전조등 광도 측정 428

국가기술자격검정 실기시험문제 14

가. 엔진

1. DOHC 가솔린 기관분해, 조립(실린더헤드, 피스톤 탈, 부착) 432
   - 1-1. DOHC 가솔린 기관 분해, 조립 (실린더헤드, 피스톤 탈, 부착) 432
   - 1-2. 실린더 간극 측정 433
2. 전자제어 가솔린 기관 시동(연료장치 회로 수리) 435
3. 공기유량센서와 에어필터 탈, 부착 및 센서 점검 435
4. 배기가스 측정 435

나. 섀시

1. 수동변속기(M/T) 후진 아이들 기어 탈, 부착 436
2. ABS 톤 휠 간극 측정 442
3. 브레이크 휠 실린더 탈, 부착 443
4. 자동변속기 점검 444
5. 최소 회전반경 측정 444

다. 전기

1. 에어컨 벨트 탈, 부착 및 벨트 장력 점검 445
2. 메인 컨트롤 릴레이 점검 449
3. 와이퍼 회로 점검 449
4. 경음기 음량 점검 449

국가기술자격검정 실기시험문제 15

가. 엔진

1. 가솔린 기관 분해, 조립(실린더헤드, 피스톤 탈, 부착) 452
   - 1-1. 가솔린 기관 분해, 조립 (실린더헤드, 피스톤 탈, 부착) 452
   - 1-2. 피스톤 링이음 간극 측정 453
2. 전자제어 가솔린 기관 시동(크랭킹 회로 수리) 455
3. 공기유량센서와 에어필터 탈, 부착 및 센서 점검 455
4. 매연 측정 455

나. 섀시

1. 자동변속기(A/T) 밸브 바디 탈, 부착 456
2. 자동변속기 오일량 점검 457
3. 클러치 릴리스 실린더 탈, 부착 458
4. VDC, ECS, TCS 점검 458
5. 제동력 측정 458

다. 전기

1. 계기판 탈, 부착 459
2. 점화코일 1, 2차 저항 측정 461
3. 파워윈도우 회로 점검 462
4. 전조등 광도 측정 464

Appendix 부록

자동차정비기능사 실기시험 공개문제표	468
국가기술자격검정 실기시험문제 1	469
국가기술자격검정 실기시험문제 결과기록표 1	470
국가기술자격검정 실기시험문제 2	474
국가기술자격검정 실기시험문제 결과기록표 2	475
국가기술자격검정 실기시험문제 3	479
국가기술자격검정 실기시험문제 결과기록표 3	480
국가기술자격검정 실기시험문제 4	480
국가기술사격검정 실기시험문제 결과기록표 4	481
국가기술자격검정 실기시험문제 5	489
국가기술자격검정 실기시험문제 결과기록표 5	490
국가기술자격검정 실기시험문제 6	494
국가기술자격검정 실기시험문제 결과기록표 6	495
국가기술자격검정 실기시험문제 7	499
국가기술자격검정 실기시험문제 결과기록표 7	500
국가기술자격검정 실기시험문제 8	504
국가기술자격검정 실기시험문제 결과기록표 8	505
국가기술자격검정 실기시험문제 9	509
국가기술자격검정 실기시험문제 결과기록표 9	510
국가기술자격검정 실기시험문제 10	514
국가기술자격검정 실기시험문제 결과기록표 10	515
국가기술자격검정 실기시험문제 11	519
국가기술자격검정 실기시험문제 결과기록표 11	520
국가기술자격검정 실기시험문제 12	524
국가기술자격검정 실기시험문제 결과기록표 12	525
국가기술자격검정 실기시험문제 13	529
국가기술자격검정 실기시험문제 결과기록표 13	530
국가기술자격검정 실기시험문제 14	534
국가기술자격검정 실기시험문제 결과기록표 14	535
국가기술자격검정 실기시험문제 15	539
국가기술자격검정 실기시험문제 결과기록표 15	540

기존에는 1안~15안까지 수록되었으나 2016년부터 32안까지 추가 되었으며, 16안~32안까지의 내용은 새로운 안이 출제된 것이 아니라 1안~15안까지의 내용이 복합적(엔진, 섀시, 전기)으로 섞여 있습니다.
이에 1안~15안까지의 내용을 중점적으로 공부하시면 자동차 정비기능사 실기시험에 충분한 대비가 가능합니다.

Information 자동차정비기능사 시험정보

개요
자동차정비는 자동차의 기계상의 결함이나 사고 등 여러 가지 이유로 정상적으로 운행되 지 못할 때 원인을 찾아내어 정비하는 것을 말한다. 최근 운행자동차 수의 증가로 정 비의 필요성의 증가함에 따라 산업현장에서 자동차정비의 효율성 및 안정성 확보를 위 한 제반 환경을 조성하기 위해 정비분야 기능인력 양성이 필요하게 됨

수행직무
각종 수동공구, 동력공구 및 점검장비를 이용하여 엔진, 섀시, 전기장치 등의 결함이나 고장부위를 진단하고 알맞은 부품으로 교체하거나 수리하는 직무를 수행

진로 및 전망
주로 자동차업체의 생산현장이나 판매 및 A/S부서, 외제차수입업체, 자동차정비업체, 자동차운수업체에 취업하며, 일부는 카센타, 카인테리어, 밧데리점, 튜닝전문점, 오 토매틱전문점에 고용되거나 개업한다. 「자동차관리법」에 의해 자격취득 후 자동 차 정비 또는 검사분야에 3년 이상 근무할 경우 자동차운수사업체, 자동차점검정비업 체의 정비책임자로 고용될 수 있다. - 자동차정비분야의 기능인력수요는 당분간 현재수준을 유지할 전망이다. 하지만 아직 까지 기능인력 중에는 자격증 미취득자가 많아 자격취득시 취업에 유리할 전망이 다. 참고로 최근 자동차정비원의 전체 고용은 1995년 45,813명, 1996년 45,117명, 1997년 36,168명으로 감소하고 있는데, 이 중 자격증미소지자의 감소비율이 매우 높은 편이다. 이러한 감소추세는 경제가 회복됨에 따라 안정세로 돌아설 것으로 보인 다. 한편으로 자동차생산기술의 발달에 따른 품질향상은 고장률의 감소와 사고의 감 소로 이어져 정비인력을 감소시키는 방향으로 작용하게 된다. 반면 자동차의 선택사 양이 다양해지고 액세서리 부속품의 장착 및 고장수리 등에 대한 수요가 증가하고 있 어 이를 상쇄할 것이다. 기술적인 면에서는 자동차전기 및 전자관련 기술수요가 증 가할 것으로 보인다.

취득방법
① 시행처 : 한국산업인력공단
② 관련학과 : 고등학교, 대학 및 전문대학의 자동차 관련학과
③ 훈련기관 : 공공직업훈련원, 사업체내직업훈련원, 인정직업훈련원, 사설학원
④ 시험과목
  - 필기 : 자동차엔진, 자동차섀시, 전기·전자장치 정비 및 안전관리
  - 실기 : 자동차정비 실무
⑤ 검정방법
  - 필기 : 객관식 4지 택일형 60문항(60분)
  - 실기 : 작업형 (4시간 정도, 100점)
⑥ 합격기준
  - 필기·실기 : 100점을 만점으로 하여 60점 이상

시험수수료
필기 : 14,500원
실기 : 41,300원

Standard 자동차정비기능사 출제기준

직무분야	기계	중직무분야	자동차	자격종목	자동차정비기능사	적용기간	2025.01.01 ~ 2027.12.31
직무내용	자동차의 엔진, 섀시, 전기ㆍ전자장치 등의 결함이나 고장부위를 진단하고 정비하는 직무이다.						
수행준거	1. 차량에 안정된 전원을 공급하기 위하여 벨트의 장력 및 소손 상태와 배터리 및 발전기의 충전상태를 점검ㆍ진단하여 고장부위를 수리, 교환, 검사할 수 있다. 2. 정상적인 엔진시동을 위하여 시동장치의 관련회로와 시동전동기의 상태를 점검ㆍ진단하여 고장부위를 수리, 교환, 검사할 수 있다. 3. 각종 편의장치의 정상적인 작동을 위하여 진단장비를 활용하여 전원 및 컨트롤 모듈을 점검ㆍ진단하고 규정값에 맞게 조정, 수리, 교환할 수 있다. 4. 등화장치의 정상적인 작동을 위하여 등화장치를 점검ㆍ진단하여 문제의 부분을 수리, 교환, 검사할 수 있다. 5. 엔진의 구조 및 작동원리를 이해하고, 각 구성부품의 이상 유ㆍ무를 점검 및 진단하고 관련 장비를 활용하여 정비할 수 있다. 6. 윤활장치의 윤활압력을 측정하고 윤활유 누유 상태와 순환 상태를 점검ㆍ진단하여 문제의 부분을 수리, 교환할 수 있다. 7. 연료장치의 연료압력을 측정하고 연료 라인에 누유와 분사상태를 점검ㆍ진단하여 문제의 부분을 수리, 교환하는 능력이다. 8. 흡ㆍ배기장치의 제어ㆍ공기 누설, 오염상태를 점검ㆍ진단하며 흡ㆍ배기장치의 막힘, 손상, 누설의 문제 부분을 수리 교환할 수 있다. 9. 클러치 관련 장치의 작동유와 클러치 유격, 수동변속기 관련 장치의 오일, 기어 조작 및 작동상태와 소음과 출력을 점검하여 문제의 부분을 조정, 수리, 교환할 수 있다. 10. 동력전달 관련 장치의 소음, 충격, 진동, 마모, 누유 및 동력 전달 여부를 점검하여 문제의 부분을 조정, 수리, 교환할 수 있다. 11. 타이어 공기압력, 타이어의 이상마모상태, 휠의 밸런스, 주행 안정성과 핸들의 쏠림 등의 여부를 계측장비를 활용하여 점검, 조정, 수리, 교환할 수 있다. 12. 브레이크 오일의 양, 상태, 누유, 라인을 점검하고 디스크 및 캘리퍼, 패드, 드럼 및 휠 실린더, 라이닝, 부스터 및 마스터 실린더 등을 점검하여 조정, 수리 교환할 수 있다.						
실기검정방법	작업형			시험시간			4시간 정도

실기 과목명	주요항목
자동차정비 실무	1. 충전장치 정비
	2. 시동장치 정비
	3. 편의장치 정비
	4. 등화장치 정비
	5. 엔진 본체 정비
	6. 윤활 장치 정비
	7. 연료 장치 정비
	8. 흡·배기 장치 정비
	9. 클러치수동변속기정비
	10. 드라이브라인 정비
	11. 휠·타이어·얼라인먼트 정비
	12. 유압식 제동장치 정비

자동차정비기능사 실기시험 공개문제

기존에는 1안~15안까지 수록되었으나 2016년부터 32안까지 추가 되었으며, 16안~32안까지의 내용은 새로운 것이 아니라 1안~15안까지의 내용이 복합적(엔진, 섀시, 전기)으로 섞여있습니다. 이에 1안~15안까지의 내용을 중점적으로 공부하시면 자동차 정비 기능사 실기시험에 충분한 대비가 가능합니다.

	구민사		1	2	3	4	5	6	7	8	9	10	11	12	13	14	15
엔진	1	분해 조립	디젤 실린더헤드, 노즐	가솔린 실린더헤드, 밸브 스프링	디젤 워터펌프 라디에이터 캡	가솔린 DOHC 캠축 타이밍 벨트	디젤 크랭크축	가솔린 크랭크축 시동	가솔린 DOHC 실린더헤드	에어크리너, 점화플러그	가솔린 크랭크축	가솔린 크랭크축 메인베어링	가솔린 DOHC 실린더헤드 캠축	디젤 크랭크축	CRDI 인젝터, 예열플러그	DOHC 실린더헤드, 피스톤	가솔린 실린더헤드, 피스톤
		측정	분사압력, 노즐, 후적	밸브스프링 자유고 측정	암데식 캠 개방 압력	캠 높이	크랭크축 휨	크랭크축 저널 외경	헤드 변형도	압축압력	크랭크축 축방향 유격	크랭크 회전 1, 4, 7, 10, 13 : 점화회로	캠축 휨	플라이휠 런아웃	예열플러그 저항	실린더 간극	압축링 이음간극
	2	점검 시동	점화회로 조절밸브	가솔린 인젝터 1개 탈거	흡입공기 유량센서	CRDI 연료압력 조절밸브	CRDI 예열플러그	스로틀 바디	LPG 점화플러그 배선	LPG 점화코일	LPG 렘센서	연료펌프	연료펌프	연료펌프	AFS, 에어밸브	AFS, 에어밸브	AFS, 에어밸브
	3	탈부착 후 자기진단							시동 관련부품 점검 후, 시동 2, 5, 8, 11, 14 : 연료 장치, 3, 6, 9, 12, 15 : 크랭킹 회로, 1, 4, 7, 10, 13 : 점화회로								
	4	측정							2, 4, 6, 8, 10, 12, 14 : 배기가스 측정(CO, HC)								
섀시	1	분해 조립	앞 속업소버 및 스프링	앞 허브 및 너클	타이어 탈거	로워암	FF 등속축	범퍼	MT 추진 아이들 기어	FR 액슬축	뒤 속업소버 및 스프링	AT 오일펌프, 유온센서	FR 추진축	FR 자동기어	AT 오일펌프	MT추진 아이들기어	AT 벨트 바디
	2	측정	캐스터, 캠버	캐스터, 캠버	MT 압축축 엔드플레이	캐스터, 캠버	힐 탈거/힐 밸런스	주차브레이크 클러치	디스크 두께 및 흔들림	A/T 오일량	종감속기어 배재시	브레이크 페달 작동거리, 유격	토(toe)	클러치 페달 다이낭(슈)	사이드슬립	ABS 톤휠 간극	AT 오일량
	3	탈거	ABS 패드	브레이크 다이낭(슈)	릴리스 실린더/공기 빼기	캘리퍼/공기 빼기	힐 밸런스	P/S 오일펌프	타이로드엔드	캘리퍼/공기 빼기	힐 실린더/공기 빼기	P/S 오일펌프	브레이크 마스터 실린더/공기 빼기	브레이크 다이낭(슈)	ABS 패드	힐 실린더/공기 빼기	릴리스 실린더/공기 빼기
	4	점검	인히비터 S/W 선택레버	A/T 자기진단	ECS 자기진단	ABS 자기진단	A/T 자기진단	A/T 자기진단	A/T 유압	인히비터 S/W 선택레버	ABS 자기진단	ECS 자기진단	A/T 자기진단	ABS 자기진단	A/T 유압	A/T 자기진단	ECS 자기진단
	5	측정						1, 3, 5, 7, 9, 11, 13, 15 : 제동력 측정		2, 4, 6, 8, 10, 12, 14 : 최소 회전반경 측정							
전기	1	교환	와이퍼 모터	발전기	DOHC 점화플러그, 케이블 및 시동	기동모터	냉매회수 충전	다기능 스위치	경음기와 릴레이	파워윈도 모터 (레귤레이터)	전조등	라디에이터 전동팬	발전기	발전기	히터 블로워 모터	에어컨 벨트	제개판
	2	측정	크랭킹 전류소모	점화코일 1, 2차 저항	충전전류, 충전전압	컨트롤릴레이 여자, 비여자	ISC 듀티 (렘코일)	비중, 전압/용량시험	에어컨 저압, 고압	급속충전 후 비중, 전압	충전전류, 충전전압	에어컨 밸트	크랭킹 시 전압강하	스텝모터 (ISC저항)	하이빔 블루위 모터	컨트롤릴레이 여자, 비여자	점화코일 1, 2차 저항
	3	회로 수리	미등 및 번호등	전조등	와이퍼	방향지시등	경음기	기동 및 점화	전동팬	충전회로	에어컨	점화회로	제동등 및 미등	실내등 및 열선	방향지시등	와이퍼	파워윈도우
	4	측정						1, 3, 5, 7, 10, 11, 13, 15 : 전조등 광도 측정					2, 4, 6, 8, 9, 12, 14 : 경음기 음압 측정				

자동차정비기능사 실기

김승수 · 김형진 · 김영직

구민사

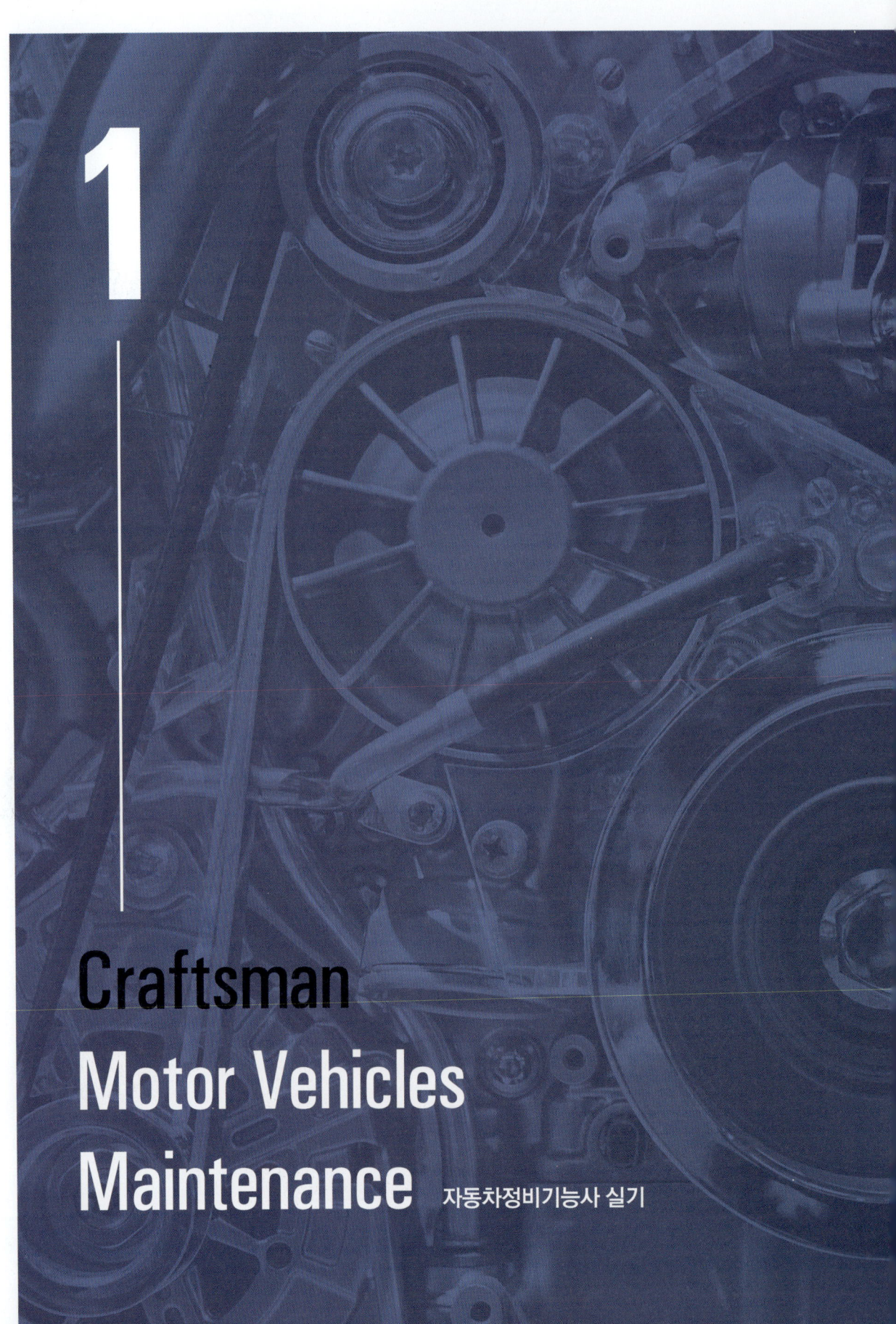

가. 엔진

1. 디젤 기관 분해, 조립(분사 노즐 탈, 부착)
    1-1. 분사압력, 후적 측정
2. 전자제어 가솔린 기관 시동(점화회로 수리)
3. ISC 밸브 어셈블리 탈, 부착
    3-1. 센서 점검(기관 자기진단)
4. 매연 측정

나. 섀시

1. 전륜 쇽업소버 탈, 부착
2. 캐스터각, 캠버각 측정
3. ABS 브레이크 패드 탈, 부착
4. 인히비터 스위치와 선택레버 점검
5. 제동력 측정

다. 전기

1. 와이퍼 모터 탈, 부착
2. 크랭킹 전류시험
3. 미등 및 번호등 회로 점검
4. 전조등 광도 측정

자동차정비기능사
국가기술자격검정 실기시험문제

자격종목	자동차정비기능사	과제명	자동차정비작업

※ 문제지는 시험종료 후 본인이 가져갈 수 있습니다.

비번호		시험일시		시험장명	

※ 시험시간 : 4시간 | 엔진 : 100분   섀시 : 80분   전기 : 60분

☑ 요구사항

가. 엔진

1. 주어진 디젤 기관에서 실린더헤드와 분사 노즐(1개)을 탈거(감독위원에게 확인)하고, 감독위원의 지시에 따라 기록표의 내용대로 기록·판정한 후 다시 조립하시오.

1-1. 디젤 기관 분해, 조립

1) 시험용 엔진을 확인한다.

2) 타잉벨트 하부 커버를 탈거한다.

3) 타잉벨트 상부 커버를 탈거한다.

4) 엔진 서포트 브라켓를 탈거한다.

5) 크랭크축을 우측으로 회전시켜 캠축 타이밍 마크를 일치시킨다.

6) 크랭크축 타이밍마크가 일치하는지 확인한다.

7) 텐셔너를 우측으로 회전하면서 고정 핀을 삽입한다.

8) 텐셔너를 탈거한다.

9) 타이밍벨트를 탈거한다.

10) 타이밍벨트 리어커버를 탈거한다.

11) 워터 펌프를 탈거한다.

12) 고압 파이프를 탈거한다.

 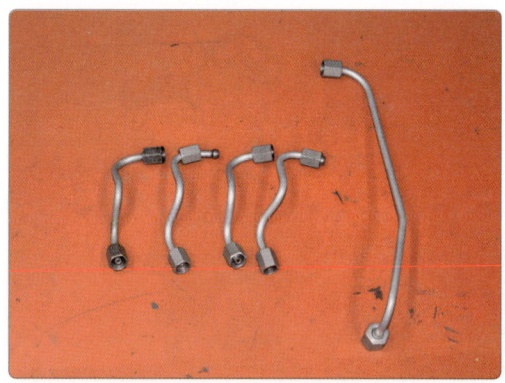

13) 커먼레일을 탈거한다.

14) 고압 펌프를 탈거한다.

15) 인젝터를 탈거한다.

16) 실린더 헤드커버를 탈거한다.

17) 인젝터 홀더를 탈거한다.

18) 캠샤프트 베어링 캡을 탈거한다.

19) 캠샤프트를 탈거한다.

20) 흡·배기 캠 팔로우를 탈거한다.

21) 실린더 헤드를 탈거한다.

 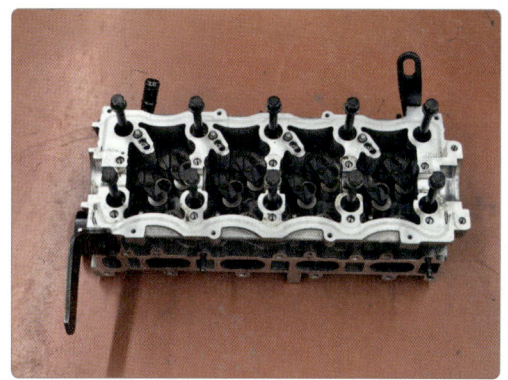

22) 실린더 헤드 가스켓을 탈거한다.

23) 크랭크축 벨트 스프로켓을 탈거한다.

24) 오일팬을 탈거한다.

25) 오일 스트레이너를 탈거한다.

26) 오일 펌프 어셈블리를 탈거한다.

27) 발란스 샤프트 어셈블리를 탈거한다.

28) 2, 3번 피스톤을 탈거한다.

29) 1, 4번 피스톤을 탈거한다.

30) 베드 플레이트를 탈거한다.

31) 크랭크축 탈거 후 감독위원의 확인을 받는다.

32) 크랭크축 리테이너를 장착한다.

33) 크랭크축을 장착한다.

34) 베드 플레이트를 장착한다.

35) 1, 4번 피스톤 위의 ● 표시가 벨트 방향으로 되게 피스톤을 장착한다.

36) 핀저널 베어링 노치 부분이 같은 방향에 오도록 장착한다.

37) 2, 3번 피스톤을 같은 방법으로 장착한다.

38) 발란스 샤프트 어셈블리를 타이밍마크를 정렬 후 장착한다.

39) 오일 펌프 어셈블리를 장착한다.

40) 오일 스트레이너를 장착한다.

41) 오일팬을 장착한다.

42) 크랭크축 벨트 스프로켓을 장착한다.

43) 실린더 헤드 가스켓을 장착한다.

44) 실린더 헤드를 장착한다.

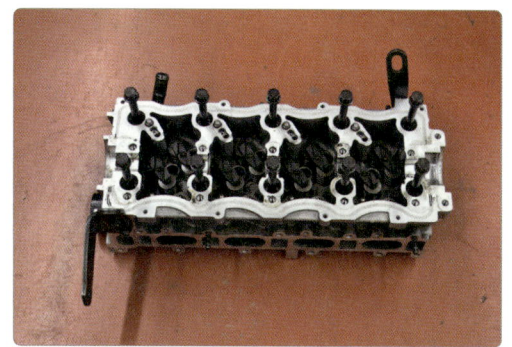

45) 흡·배기 캠 팔로우를 장착한다.

46) 캠샤프트를 장착한다.

47) 캠샤프트 베어링 캡을 장착한다.

48) 인젝터 홀더를 장착한다.

49) 실린더 헤드커버를 장착한다.

 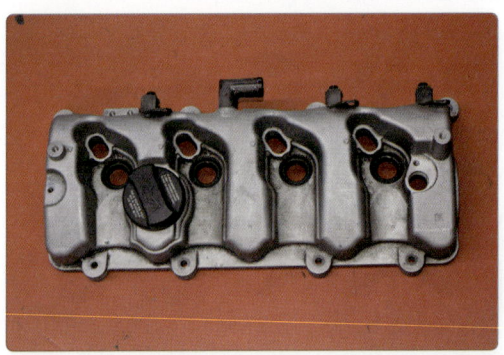

50) 인젝터를 장착한다.

51) 고압펌프를 장착한다.

52) 커먼레일을 장착한다.

 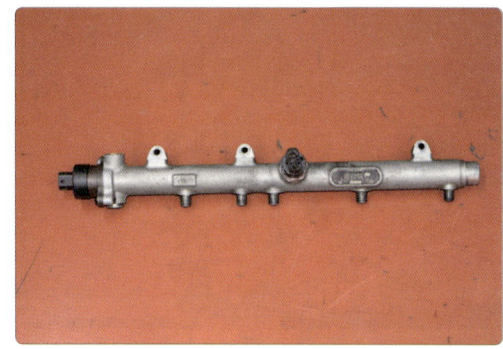

53) 고압 파이프를 장착한다.

 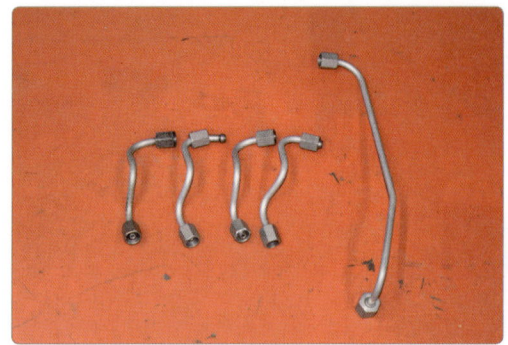

54) 워터펌프를 장착한다.

55) 타이밍벨트 리어커버를 장착한다.

56) 텐셔너를 장착한다.

57) 캠축 타이밍마크를 정렬한다.

58) 크랭크축 타이밍마크를 정렬한다.

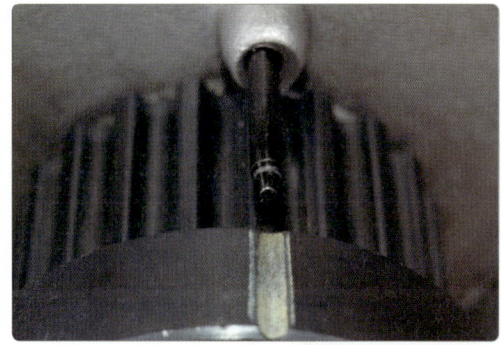

59) 타이밍벨트를 크랭크축에서부터 우측으로 당기면서 캠축을 거쳐 텐셔너로 장착한다.

60) 텐셔너 육각볼트를 좌측으로 2회전시킨다.

61) 텐셔너를 위로 들어 올려 벨트 장력을 조정한다.

62) 육각볼트를 조이고 고정 핀을 탈거한다.

63) 크랭크축, 캠축 타이밍마크를 확인 후 감독
    위원의 확인을 받는다.

64) 엔진 서포트 브라켓트를 장착한다.

 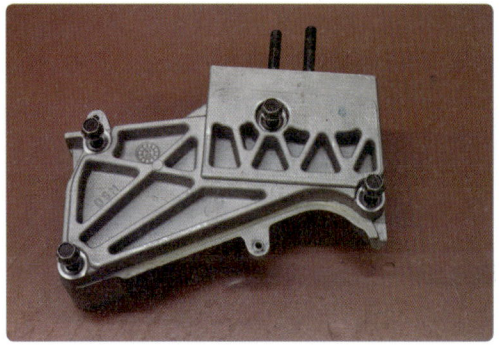

65) 타잉벨트 상부 커버를 장착한다.

66) 타잉벨트 하부 커버를 장착한다.

67) 조립이 끝나면 감독위원의 확인을 받는다.

1-2. 디젤 기관 분사 노즐 탈, 부착

1) 인젝터 커넥터를 탈거한다.

2) 오버플로우 파이프 고정 핀을 탈거한다.

3) 오버플로우 파이프를 탈거한다.

4) 고압파이프를 탈거한다.

5) 인젝터 고정 볼트 캡을 OPEN 쪽으로 회전 시킨다.

6) 인젝터 고정 볼트 캡을 탈거한다.

7) 인젝터 고정 볼트를 탈거한다.

8) 고정 볼트를 탈거한 후, (+) 드라이버를 삽입한다.

9) 고정 키를 뒤로 밀고 인젝터를 탈거한다.

10) 탈거한 인젝터를 감독위원에게 확인을 받는다.

11) 인젝터를 장착하고 고정 키를 정렬한다.

12) 인젝터 고정 볼트를 장착한다.

13) 인젝터 고정 볼트 캡을 CLOSE 쪽으로 돌린다.

14) 고압파이프를 장착한다.

15) 오버플로우 파이프를 연결한다.

16) 오버플로우 파이프 고정 핀을 장착한다.

17) 인젝터 커넥터를 연결 후 감독위원에게 확인을 받는다.

1-3. 분사 노즐 시험

1-3-1. 분사압력 측정

1) 노즐 시험기를 준비한다.

2) 노즐 팁 부분을 깨끗이 닦는다.

3) 레버를 두세번 눌러 펌핑한 후 끝까지 누른 다음 게이지의 최고값을 읽는다. ($150kgf/cm^2$)

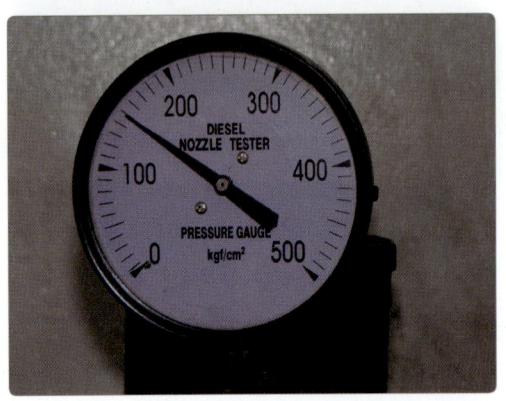

4) 노즐 팁 부분에 후적이 있는지 확인한다.

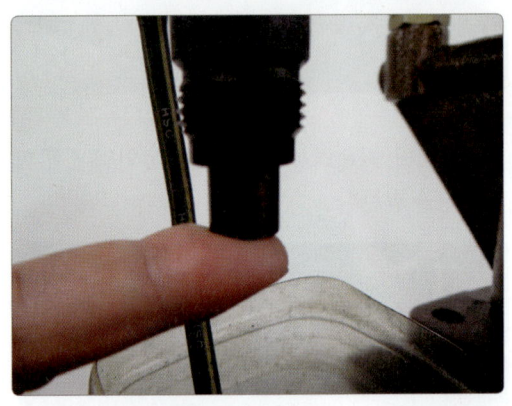

5) 경유가 묻어 나오는지 확인한다.(후적 없음)

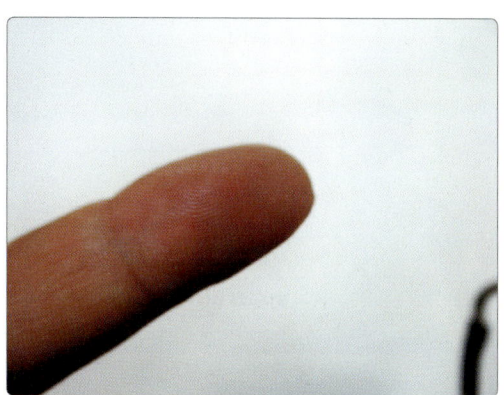

1-3-2. 답안지 작성

1) 분사 개시압력 150kgf/cm²를 답안지에 기록한다.
2) 규정값 100~120kgf/cm²를 답안지에 기록한다.
3) 후적이 없으므로 후적 유무 무에 ☑ 표시한다.

[엔진 1] 시험결과 기록표

자동차 번호 :

항목	① 측정(또는 점검)			② 판정 및 정비(또는 조치)사항		득점
	측정값	규정(한계)값	후적 유무 판정 (□에 'V'표)	판정 (□에 'V'표)	정비 및 조치할 사항	
분사 노즐 압력	150kgf/cm²	100~120 kgf/cm²	□ 유 ☑ 무	□ 양호 ☑ 불량	압력 조정 시임으로 조정/재점검	

1-3-3. 판정 및 정비 조치사항

1) 압력 측정값 150kgf/cm²이 규정값 100~120kgf/cm² 범위를 벗어나므로 불량에 ☑ 표시한다.
2) 양호 시 "없음/재사용 가", 후적 불량 시 불량에 ☑ 표시 후 "분사 노즐 교환/재점검"으로 답안지를 작성한다.

| 가. 엔진 | 2. 주어진 전자제어 가솔린 기관에서 감독위원의 지시에 따라 시동에 필요한 점화 회로의 고장부분 1개소를 점검 및 수리하여 시동하시오. |

2-1. 전자제어 가솔린 기관 시동(점화회로 수리)

2-1-1. 아반떼 시동용 기관

1) 시동용 기관을 확인한다.

2) 키박스 커넥터를 점검한다.

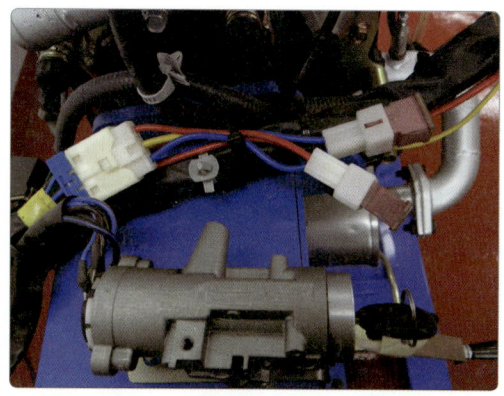

3) 기동전동기 ST 단자를 점검한다.

4) 연료펌프 커넥터를 점검한다.

5) 메인퓨즈를 점검한다.

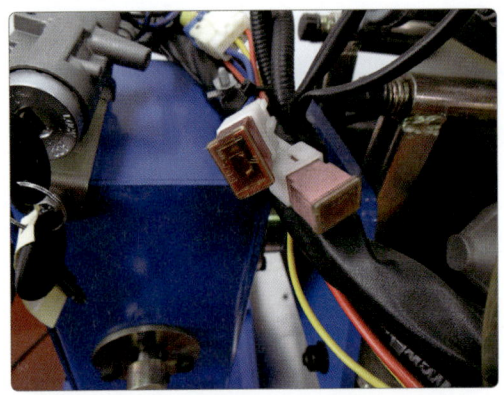

6) ECU 커넥터를 점검한다.

7) 메인릴레이를 점검한다.

8) 크랭크각 센서 커넥터를 점검한다.

9) #1번 TDC 센서 커넥터를 점검한다.

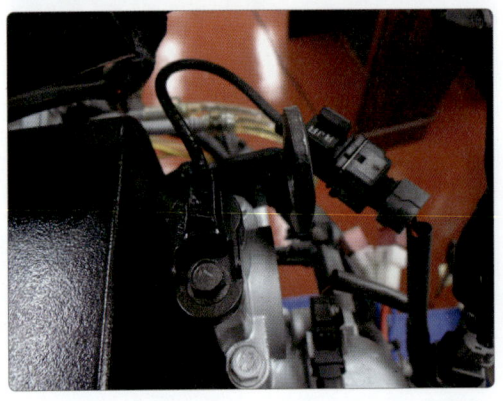

10) ISC 밸브 커넥터를 점검한다.

11) TPS 커넥터를 점검한다.

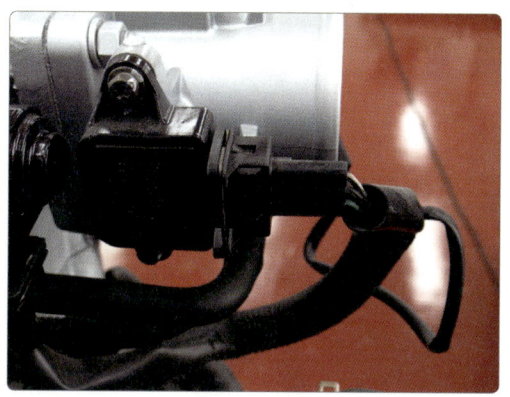

12) MAP 센서 커넥터를 점검한다.

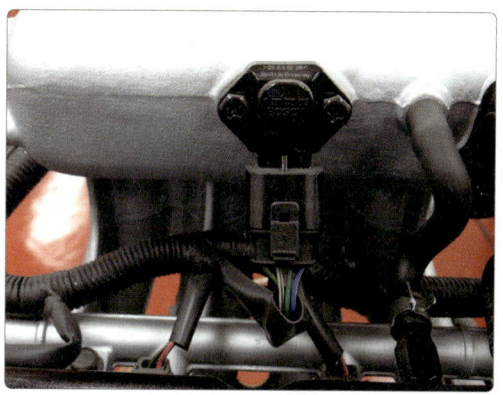

13) 점화 1차코일 커넥터와 고압케이블을 점검한다.

14) 시동 준비가 되면 감독위원에게 확인 후 시동한다.

가. 엔진

3. 주어진 자동차에서 기관의 공회전 조절장치를 탈거(감독위원에게 확인)한 후 다시 조립하고, 감독위원의 지시에 따라 진단기(스캐너)를 사용하여 기관의 각종 센서(액추에이터) 점검 후 고장 부분을 기록하시오.

3-1. ISC 밸브 어셈블리 탈, 부착

1) ISC 밸브 커넥터를 탈거한다.

2) ISC 밸브를 탈거한다.

3) 감독위원에게 확인받는다.

4) ISC 밸브를 장착한 후, 감독위원에게 확인받는다.

5) 스텝모터 방식인 경우 커넥터 탈거 후 고정 볼트를 탈거한다.

6) 탈거한 스텝모터를 감독위원에게 확인을 받는다.

7) 스텝모터를 장착 후 커넥터를 체결하고 감독위원에게 확인받는다.

8) ISA 방식인 경우 ISA 위치를 확인한다.

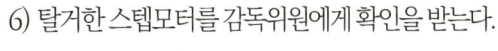

9) ISA 커넥터를 탈거한다.

10) 에어호스를 탈거한다.

11) ISA 탈거 후 감독위원에게 확인받는다.

12) ISA를 장착한다.

13) 에어호스를 장착한다.

14) 커넥터를 체결하고 감독위원의 확인을 받는다.

3-2. 센서 점검

3-2-1. 기관 자기진단

1) 차량 진단장비를 연결하고 자기진단 커넥터를 연결 후 시동 키를 ON 한다.(기관 정지 상태)

2) 기능선택 메뉴에서 차량 통신을 선택한다.

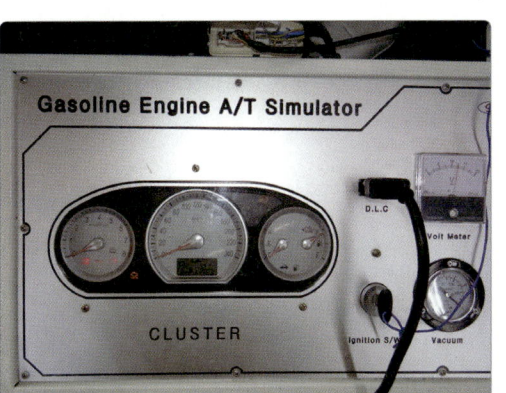
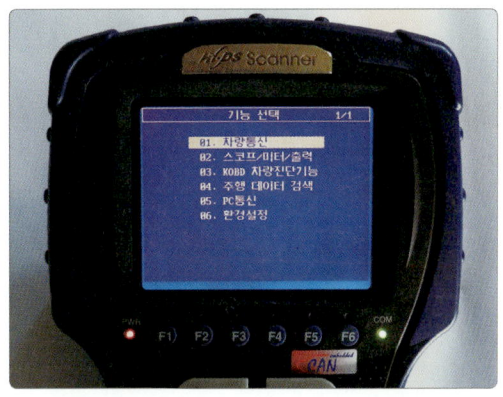

3) 현재 진단하고자 하는 차량 제조회사를 선택한다.

4) 차종을 선택한다.

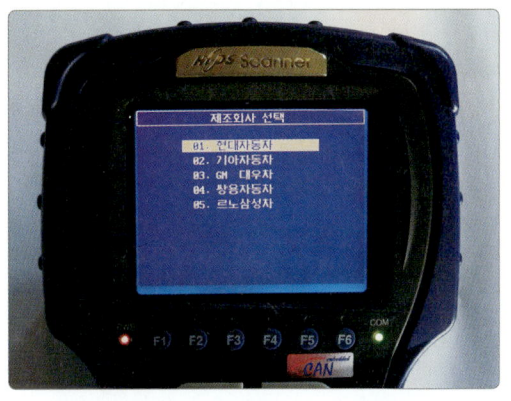
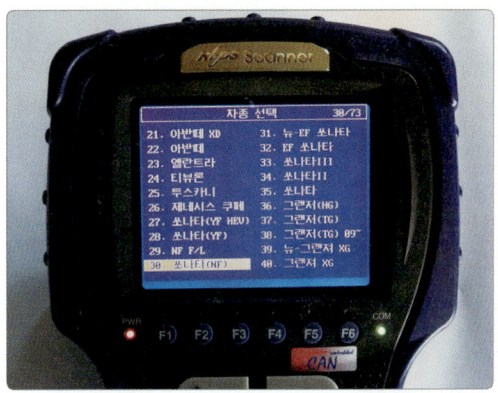

5) 엔진제어 가솔린을 선택한다.

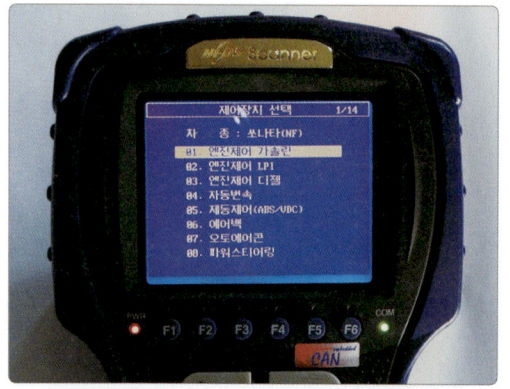

6) 2.0/2.4를 선택한다.

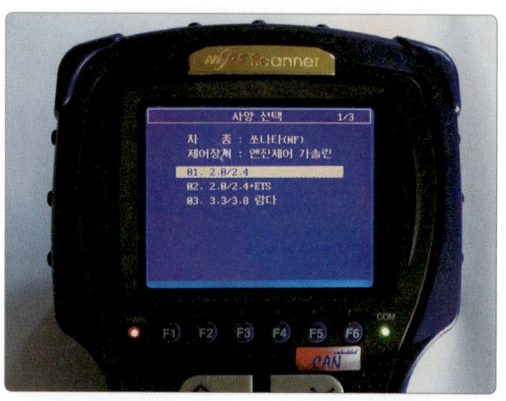

7) 자기진단을 선택한다.

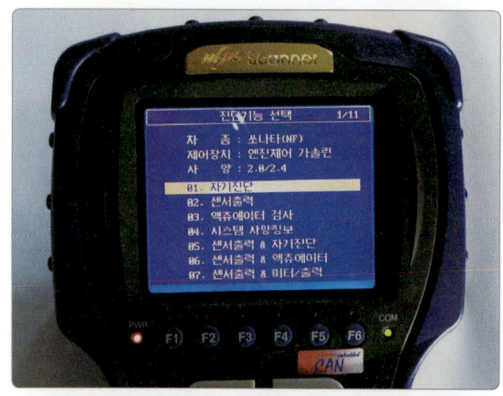

8) 고장코드가 표시된다.(TPS)

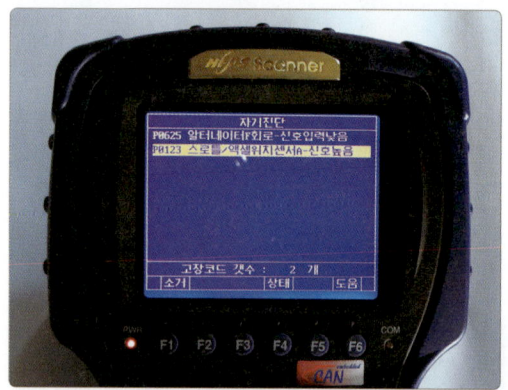

9) 고장코드를 답안지에 기록하고 ECS 키로 전 단계로 되돌아가 센서출력으로 이동한다.

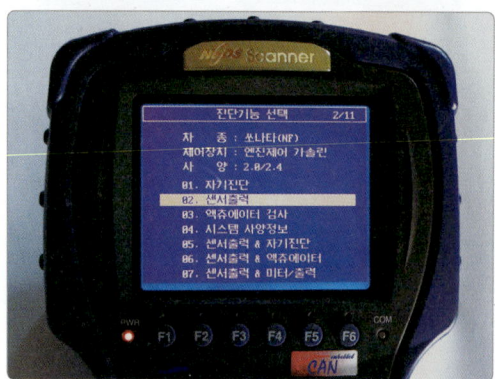

10) 고장코드인 스로틀 위치센서를 선택하고 답안지 측정값 칸에 측정값을 기록한다. (5V)

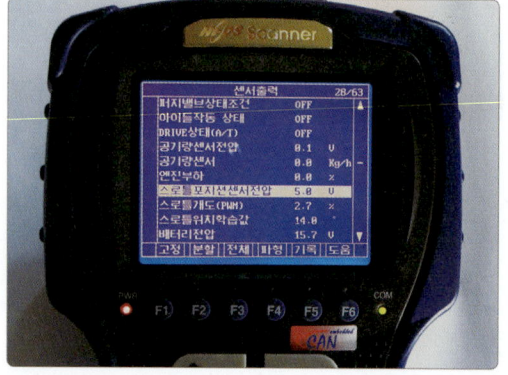

11) 시험 차량의 TPS 커넥터를 확인한다. (커넥터 탈거)

12) 감독위원이 제시한 기준값을 확인한다.

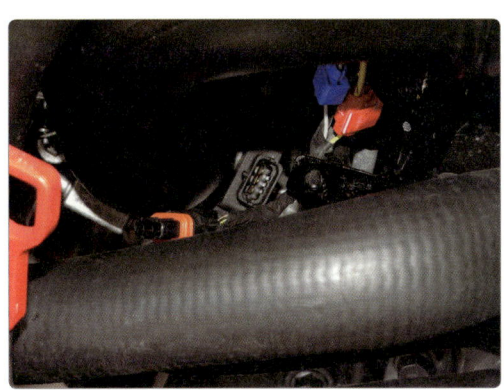

기준값		
AFS		1.1~1.8V
TPS		0.3~0.6V
ATS		25~35℃
WTS		75~95℃
O₂	S₁	200~800mV
	S₂	900~1200mV

3-2-2. 답안지 작성

1) 고장부위 칸에 자기진단 고장코드 TPS를 답안지에 기록한다.
2) TPS 측정값 5V를 기입한다.
3) TPS 규정값 0.3~0.6V를 기입한다.

[엔진 3] 시험결과 기록표

자동차 번호 :

항목	① 측정(또는 점검)			② 고장 및 정비(또는 조치)사항		득점
	고장부위	측정값	규정값	고장내용	정비 및 조치할 사항	
센서 (액추에이터) 점검	TPS	5V	0.3~0.6V	커넥터 탈거	커넥터 연결 / 고장코드 삭제 후 재점검	

※ 단위누락되거나 틀린 경우는 오답으로 채점합니다.

3-2-3. 고장 내용

1) TPS 고장 내용 커넥터 탈거를 기입한다.
2) 커넥터 연결 시 - 측정값이 규정값 범위 내일 때 : 과거 고장코드 미삭제
                - 측정값이 규정값 범위 외일 때 : TPS 불량

3-2-4. 정비 및 조치사항

1) 커넥터 탈거 시 : 커넥터 연결/고장코드 삭제 후 재점검
2) 과거 고장코드 미삭제 시 : 고장코드 삭제 후 재점검
3) 센서 불량 시 : 센서 교환/고장코드 삭제 후 재점검

가. 엔진

4. 주어진 디젤 자동차에서 감독위원의 지시에 따라 매연을 측정하고 기록·판정하시오.

4-1. 매연 측정

4-1-1. 측정

1) 시험차량을 예열하고 시험기를 준비한다.

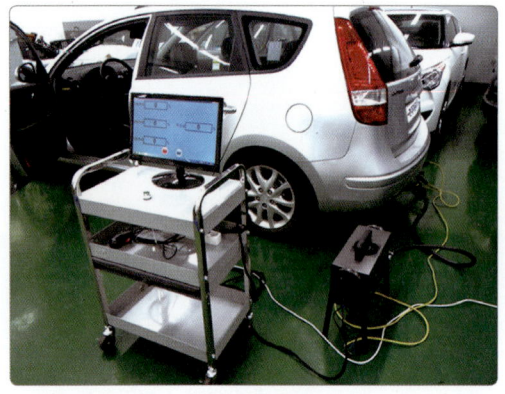

2) 매연 측정 스위치를 확인한다.

3) 측정기 본체의 대기버튼을 누른다.

4) 측정기가 측정 대기상태가 된다.

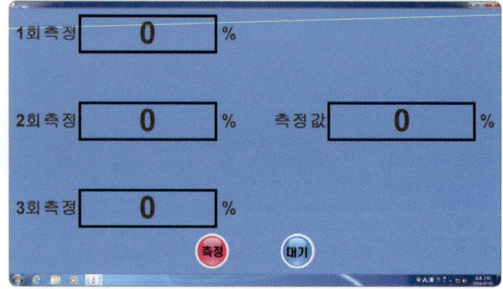

5) 가속페달을 급 가속하면서 측정 스위치를 누르면 1회 측정값이 표시된다.

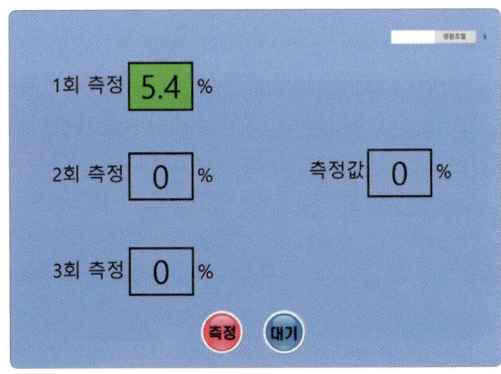

6) 가속페달을 급 가속하면서 측정 스위치를 누르면 2회 측정값이 표시된다.

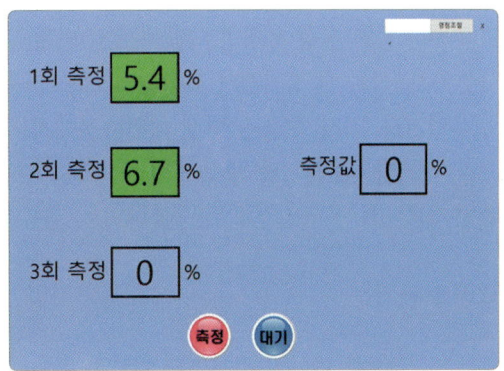

7) 가속페달을 급 가속하면서 측정 스위치를 누르면 3회 측정값 표시 후 평균값이 표시된다.

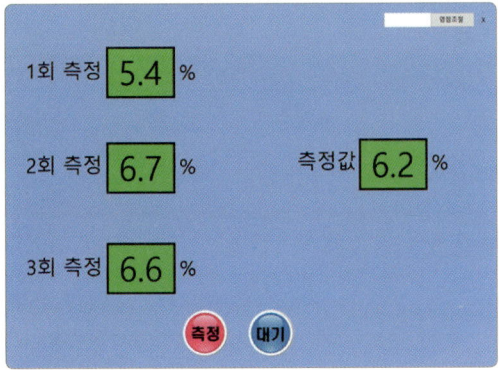

4-1-2. 답안지 작성

1) 차종은 등록증 상 차종 "소형승용"을 기입한다.
2) 연식은 등록증 상 차대번호 앞에서 10번째 "2" 이므로 : 2002년식으로 기입한다.
3) 2002년식 수시 정기검사 기준값 45%를 기준값을 기록한다.(23년 1회 실기검정부터 정비 기능사, 산업기사, 기사, 기능장 디젤 매연측정에서 "Turbo 및 Inter Cooler는 1993년부터 5% 가산한다." 는 대기환경보존법령 개정에 따라 미적용 합니다.
4) 측정은 1회 : 5.4%, 2회 : 6.7%, 3회 : 3.6%를 답안지에 기입한다.
5) 산출 근거는 $\frac{5.4+6.7+6.6}{3}$ = 6.2%를 기입한다.
6) 측정값 6%를 답안지에 정수로 기록한다.
7) 측정값 6%가 규정값 45%이하 범위 내에 있으므로 양호에 ☑ 표시한다.

제 호		자동차 등록증			최초등록일 : 0000년 00월 00일	
① 자동차등록번호	48 나 8902	② 차종	소형승용	③ 용도	자가용	
④ 차 명	i30	⑤ 형식 및 연식	UP203A			
⑥ 차대 번호	KNHUP75232S715045	⑦ 원동기 형식	K5			
⑧ 사용본거지	서울특별시 노원구 덕릉로 70가길 81					
소유자	⑨ 성명 (명칭)	자동차	⑩ 주민(사업자) 등록번호	1233456-1234567		
	⑪ 주소	서울특별시 노원구 덕릉로 70가길 81				

자동차관리법 제8조의 규정에 의하여 위와 같이 등록하였음을 증명합니다.

0000년 00월 00일

서울특별시 노원구청장

◆ 차량식별번호

K	M	H	C	H	3	1	G	P	X	U	1	2	3	4	5	6
1	2	3	4	5	6	7	8	9	10	11	\multicolumn{6}{c}{12}
제작회사군			자동차 특성군								제작 일련번호군					

1. 지역 국가(K : 한국, J : 일본, I : 미국)
2. 제작사(M : 현대자동차, L : 대우, N : 기아, P : 쌍용)
3. 차량(종별)구분 (H : 승용차, F : 화물트럭, J : 승합)
4. 차종(C : 베르나, E : 쏘나타3, J : 엘란트라)
5. 세부차종 및 등급
6. 차체형상(3 : 세단3도어, 4 : 세단4도어, 5 : 세단5도어)
7. 안전장치(1 : 엑티브 벨트, 2 : 패시브 벨트)
8. 원동기(B : 1,500CC DOHC 가솔린엔진, F : 1,300CC SOHC 가솔린엔진, G : 1,500CC SOHC 가솔린엔진)
9. 운전석 위치 (P : 왼쪽, R : 오른쪽)
10. 생산연도 (M : 91, N : 92, R : 94, S : 95, T : 96, V : 97, W : 98, X : 99, Y : 2000, 1 : 2001, 2 : 2002, 3 : 2003...., A : 2010, B:2011...) (I, O, Q, U, Z는 제외)
11. 생산공장 (U : 울산공장, C : 전주공장)
12. 생산 일련번호 (000001-999999)

대기환경보전법 [별표21] 〈개정 2013. 2. 1〉		
매연(승용, 소형승합)	수시, 정기검사	정밀검사
1995년 12월 31일 이전	60% 이하	40% 이하
1996년 1월 1일부터~2000년 12월 31일까지	55% 이하	35% 이하
2001년 1월 1일부터~2003년 12월 31일까지	45% 이하	25% 이하
2004년 1월 1일부터~2007년 12월 31일까지	40% 이하	
2008년 1월 1일부터~2016년 08월 31일까지	20% 이하	15% 이하
2016년 9월 1일 이후	10% 이하	8% 이하

※ 프로브 삽입은 20cm 이상, 측정은 3회, 4초 이내에 한다.

[엔진 4] 시험결과 기록표

자동차 번호 :

차종	연식	① 측정(또는 점검)			② 판정		득점
		기준값	측정값	측정	산출근거 (계산) 기록	판정 (□에 'V'표)	
소형승용	2002년식	45% 이하	6%	1회 : 5.4% 2회 : 6.7% 3회 : 6.6%	$\dfrac{5.4+6.7+6.6}{3} = 6.2\%$	☑ 양호 □ 불량	

※ 자동차 검사기준 및 방법에 의하여 기록 판정합니다.

4-1-3. 판정 및 정비 조치사항

1) 측정값 6%가 규정값 45% 이하 이내이므로 양호에 ☑ 표시한다.
2) 측정값이 규정값 범위를 벗어나면 불량에 ☑ 표시한다.

나. 섀시	1. 주어진 자동차에서 감독위원의 지시에 따라 앞 쇽업소버(shock absorber)의 스프링을 탈거(감독위원에게 확인)한 후, 다시 조립하시오.

1-1. 전륜 쇽업소버 탈, 부착

1) 자동차를 리프트로 들어 올리고 바퀴를 떼어낸다.

2) 스트럿 어셈블리에서 브레이크 호스 고정 볼트를 떼어낸다.

3) 스트럿 어셈블리와 조향너클 암 연결 볼트를 탈거한다.

4) 조향너클 암을 떼어낸다.

5) 바퀴 하우징 위쪽에 있는 스트럿 어셈블리 마운트에 방향 표시를 한 후 너트를 푼다.

6) 스트럿 어셈블리를 차체에서 떼어낸 후 감독위원에게 확인받는다.

7) 스트럿 어셈블리 마운트에 방향 표시를 맞춘 후 너트를 체결한다.

8) 스트럿 어셈블리와 조향 너클 암을 연결하는 볼트를 체결한다.

9) 브레이크 호스 고정 볼트를 체결한다.

10) 타이어를 장착 후 감독위원에게 확인받는다.

1-2. 쇽업소버 스프링 탈, 부착

1) 탈착한 스트럿 어셈블리를 스프링 압축기에 장착한다.

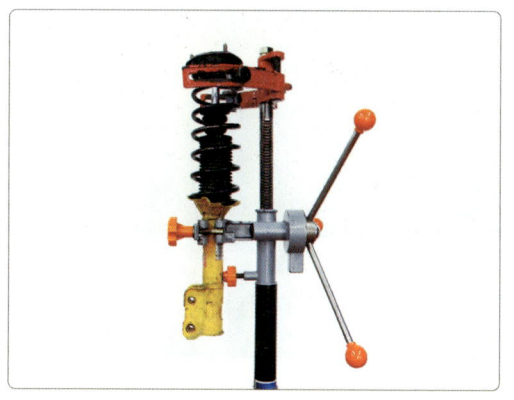

2) 스프링 탈착기 압축레버를 스프링에 고정한다.

3) 높이 조절 장치를 스프링과 수평이 되도록 조정한다.

4) 스프링이 시트에서 분리될 때까지 압축한다.

5) 고정 너트를 푼다.

6) 고정 너트를 탈거한다.

7) 더스트 커버를 탈거한다.

8) 압축기 레버를 분리한다.

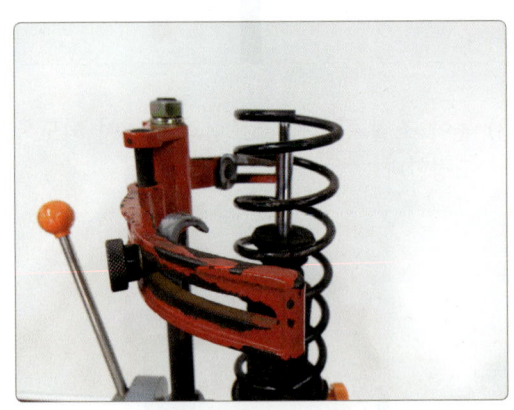

9) 스프링을 분리한다.

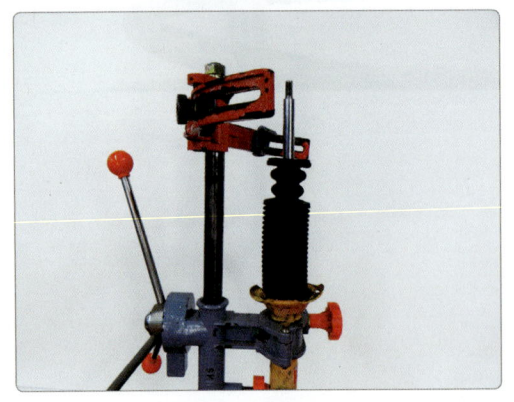

10) 범퍼 고무를 분리한다.

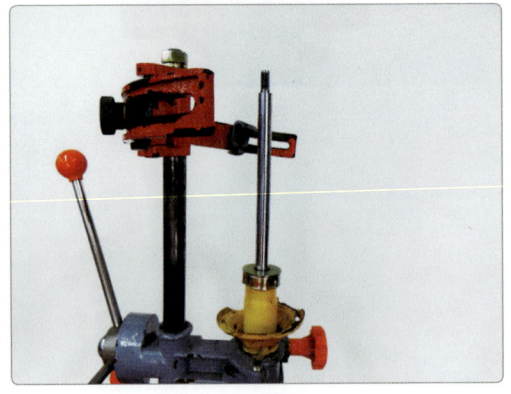

11) 탈거한 스프링을 감독위원에게 확인받는다.

12) 스프링을 다시 장착한다.

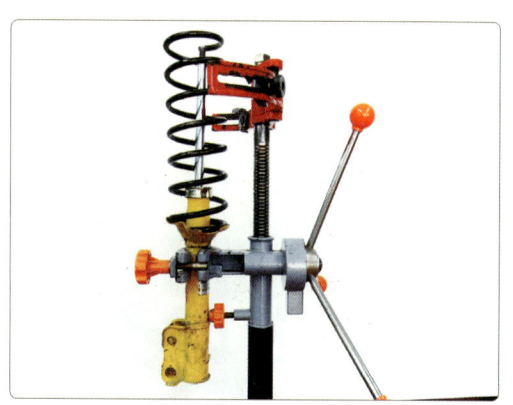

13) 범퍼 고무를 장착한다.

14) 탈착기 압축레버를 스프링에 고정한다.

15) 높이 조절 장치를 스프링과 수평이 되도록 조정한다.

16) 압축레버를 1회전하여 스프링을 압축한다.

17) 더스트 커버를 장착한다.

18) 스프링 시트를 장착하고 고정 너트를 장착한다.

19) 고정 너트를 규정 토크로 조인다.

20) 감독위원에게 확인받는다.

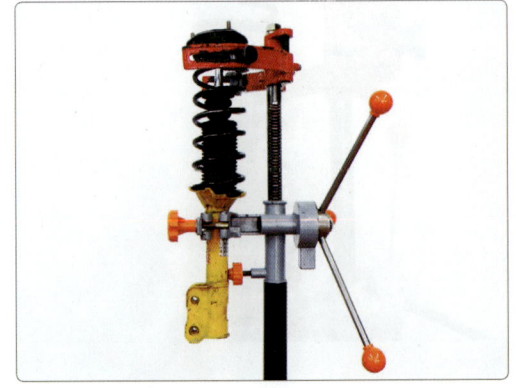

| 나. 섀시 | 2. 주어진 자동차에서 감독위원의 지시에 따라 휠 얼라인먼트 시험기를 사용하여 캐스터 각과 캠버각을 점검하여 기록·판정하시오. |

2-1. 캐스터각, 캠버각 측정

2-1-1. 포터블 게이지 사용

1) 시험 차량 모든 바퀴에 턴테이블을 설치한다.

2) 감독위원이 지정한 바퀴에 게이지를 설치한다.

3) 핸들을 직진 방향, 턴테이블을 각도 0°로 맞춘다.

4) 게이지를 좌우로 돌려 수평 기포를 중앙에 오도록 한다.

5) 캠버값을 읽는다.(+1°30′)

6) 바퀴를 바깥쪽으로 20° 회전시킨다.

7) 턴테이블 각도를 바깥쪽으로 20°에 맞춘다.

8) 게이지를 좌우로 돌려 수평 기포를 중앙에 오도록 한다.

9) 뒷면 캐스터 게이지 영점 조정 볼트를 돌려 기포가 0°에 오도록 조정한다.

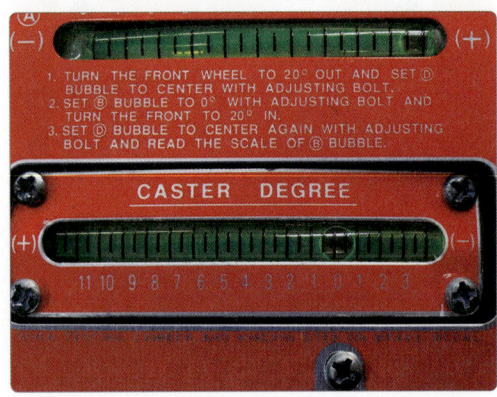

10) 뒷면 킹핀 게이지 영점 조정 볼트를 돌려 기포가 LEFT 0°에 오도록 조정한다.(우측 바퀴 RIGHT 0°, 좌측 바퀴 LEFT 0°)

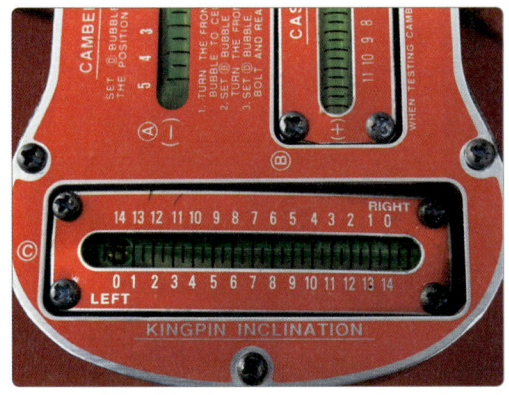

11) 핸들을 직진 방향으로 한다.

12) 턴테이블 각도 0°로 한다.

13) 킹핀 경사각 측정값을 읽는다.(8°30′)

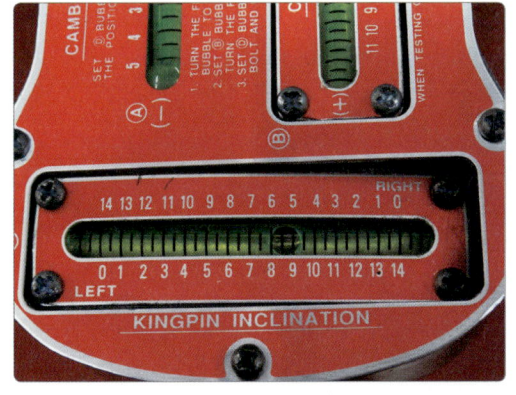

14) 바퀴를 안쪽으로 20° 회전시킨다.

15) 턴테이블 각도 안쪽으로 20°로 맞춘다.

16) 게이지를 좌우로 돌려 수평 기포를 중앙에 오도록 한다.

17) 캐스터 측정값을 읽는다.(+4°)

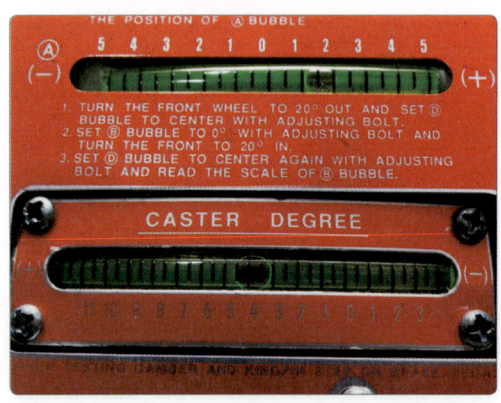

2-1-2. 휠 얼라이먼트 측정기 사용

1) 시험차량을 리프트로 들어올린 후 측정기 클램프를 장착한다.

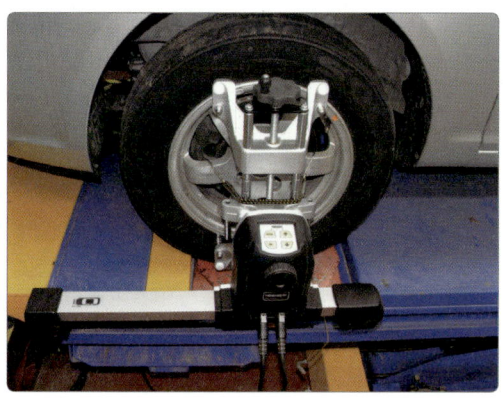

2) HA-710 아이콘을 실행한다.

3) 작업시작 F1을 클릭한다.

4) 차량을 선택(현대 베르나) 후 F6을 클릭한다.

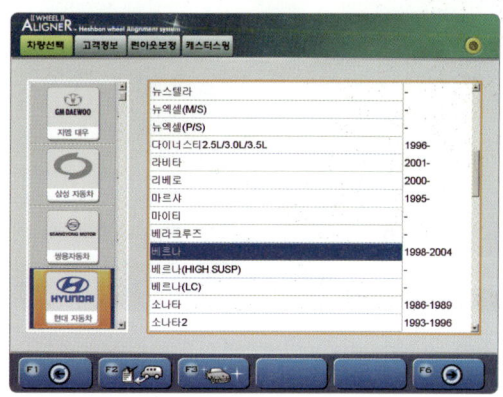

5) 고객 정보창이 표시되면 무시하고 F6을 클릭한다.

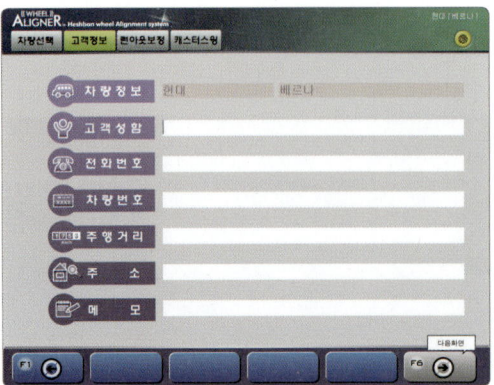

6) 화면에 적색 휠 런아웃 보정 화살표가 표시된다.

7) 운전석 타이어를 180°회전시킨다.

8) 녹색 램프가 점등되도록 수평을 잡은 후 OK 버튼을 누른다.

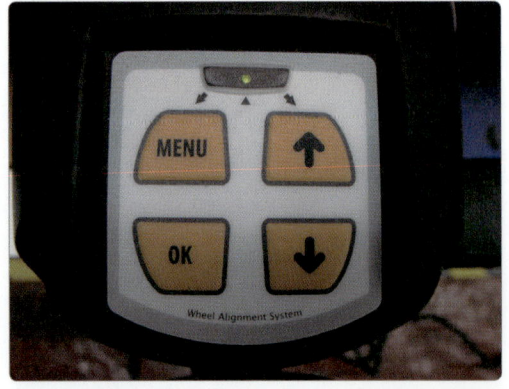

9) 운전석 앞바퀴 표시 오른쪽 적색 화살표가 녹색으로 바뀐다.

10) 타이어를 다시 180°회전(초기위치) 후 녹색 램프가 점등 되도록 수평을 잡은 후 OK 버튼을 누른다.

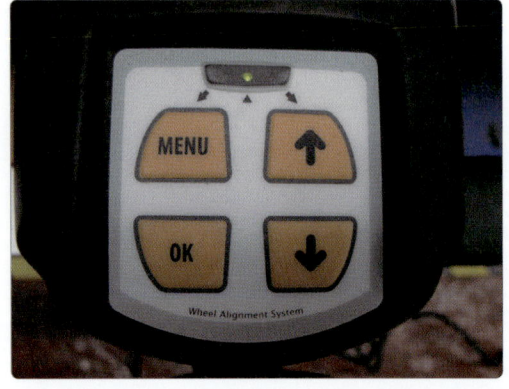

11) 운전석 앞바퀴 표시 왼쪽 적색 화살표가 녹색으로 바뀐다.

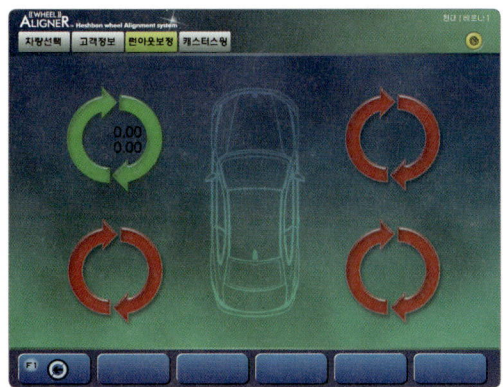

12) 같은 방법으로 운전석 앞바퀴 → 운전석 뒷바퀴 → 조수석 앞바퀴 → 조수석 뒷바퀴 순으로 휠 런아웃을 보정하면 적색 화살표가 모두 녹색 화살표로 바뀐다.

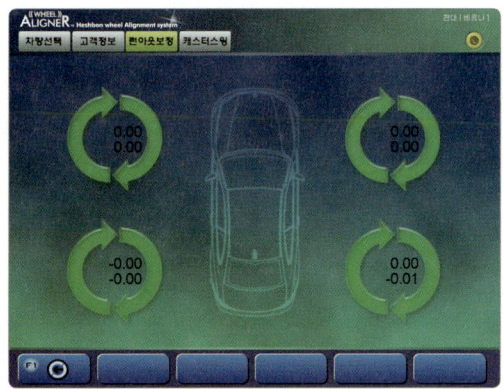

13) 아래 화면에 표시순서대로 작업을 실행한다.

14) 화면에 OK 표시가 될 때까지 핸들을 화살표 방향(직진)으로 회전한다.

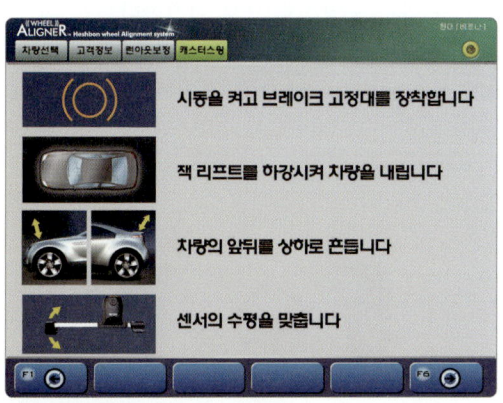
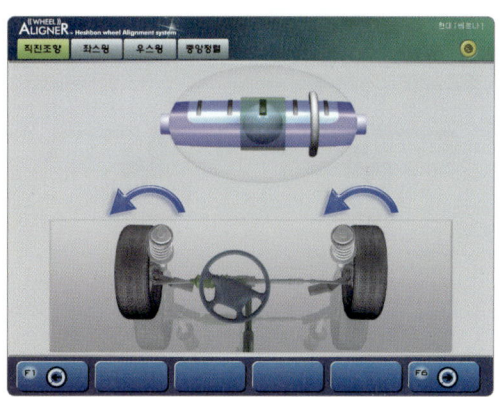

15) 화면에 OK 표시가 되면 정지한다.

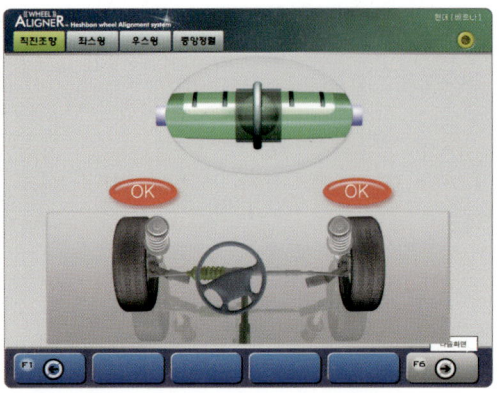

17) 화면에 OK 표시가 되면 정지한다.

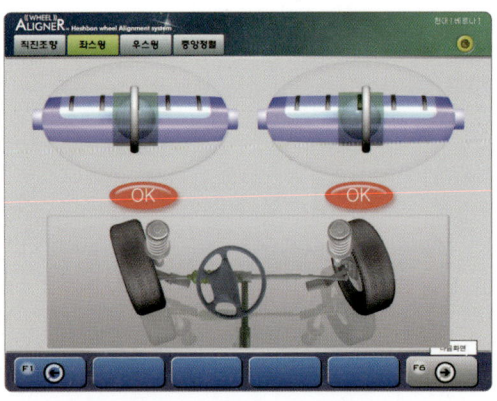

19) 화면에 OK 표시가 되면 정지한다.

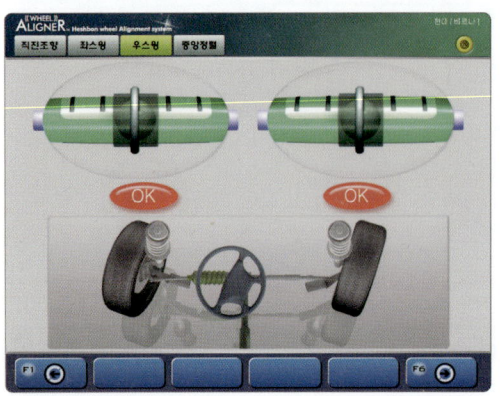

16) 화면에 OK 표시가 될 때까지 핸들을 화살표 방향(좌측)으로 회전한다.

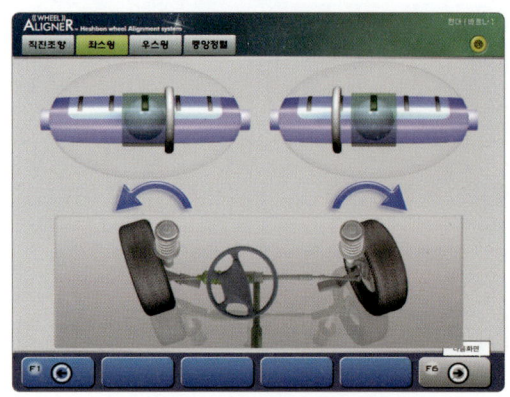

18) 화면에 OK 표시가 될 때까지 핸들을 화살표 방향(우측)으로 회전한다.

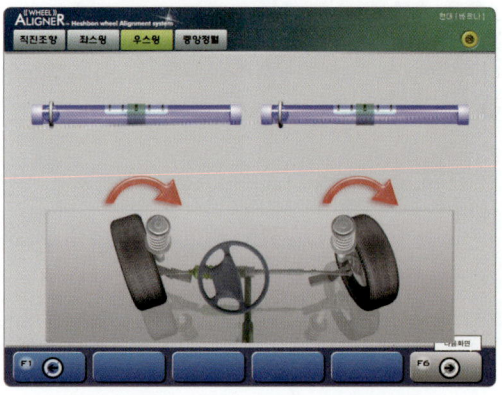

20) 화면에 OK 표시가 될 때까지 핸들을 화살표 방향(중앙정렬)으로 회전한다.

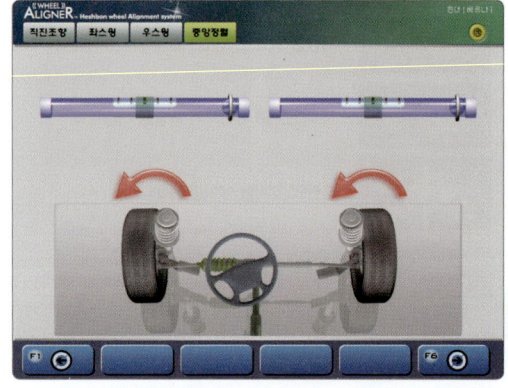

21) 화면에 OK 표시가 되면 정지한다.

22) F6을 클릭하면 측정결과가 표시된다.

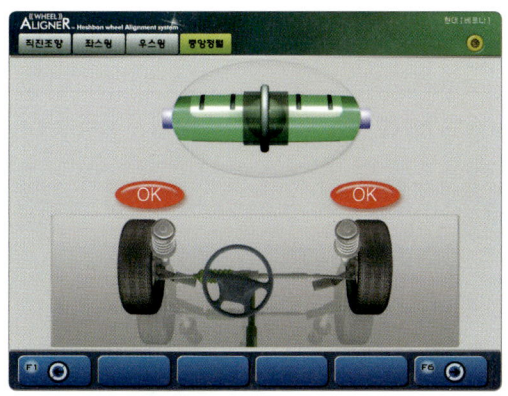
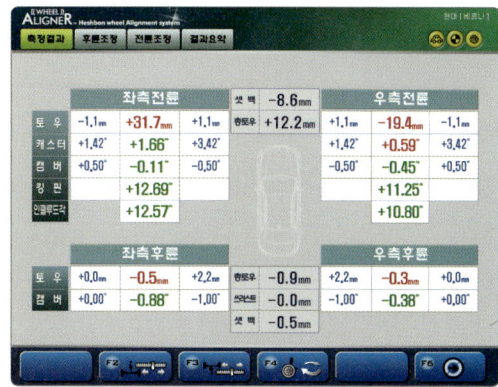

2-1-3. 답안지 작성

1) 감독위원이 지정한 한쪽만 측정한다.(예 : 좌측 전륜)
2) 좌측 전륜 캐스터 측정값 +1.66°, 기준값 +1.42~+3.42°를 답안지에 기입한다.
3) 좌측 전륜 캠버 측정값 -0.11°, 기준값 +0.50~-0.50°를 답안지에 기입한다.

[섀시 2] 시험결과 기록표

자동차 번호 :

항목	① 측정(또는 점검)		② 판정 및 정비(또는 조치)사항		득점
	측정값	규정(정비한계)값	판정 (□에 'V'표)	정비 및 조치할 사항	
캐스터각	+1.66°	+1.42~+3.42°	☑ 양호 □ 불량	없음	
캠버각	-0.11°	+0.50~-0.50°			

2-1-4. 판정 및 정비 조치사항

1) 캐스터, 캠버가 기준값 범위 내에 있으므로 양호에 ☑ 표시 후 정비 및 조치사항 없음으로 기입한다.
2) 캐스터, 캠버가 불량이면 "휠 얼라인먼트 조정/재점검"으로 답안지를 작성한다.

나. 섀시   3. 주어진 자동차(ABS 장착차량)에서 감독위원의 지시에 따라 브레이크 패드(좌 또는 우측)를 탈거(감독위원에게 확인)하고, 다시 조립하여 브레이크의 정상 상태를 확인하시오.

3-1. ABS 브레이크 패드 탈, 부착

1) 타이어를 탈거한다.

2) 캘리퍼의 아래쪽 슬라이딩 볼트를 탈거한다.

3) 피스톤 어셈블리를 들어올린다.

4) 패드를 탈거한다.

5) 마모 인디게이터를 점검 후 감독위원에게 확인을 받고 재조립한다.

6) 피스톤 압축기를 사용하여 압축한다.

7) 압축기가 없는 경우 피스톤 쪽 패드만 장착한 상태에서 드라이버를 이용하여 피스톤을 압축한다.

8) 브레이크 패드를 장착한다.

9) 캘리퍼를 덮고 슬라이딩 볼트를 조립한다.

10) 타이어를 장착하고 감독위원에게 확인받는다.

나. 섀시

4. 주어진 자동차에서 감독위원의 지시에 따라 인히비터 스위치와 변속 선택레버 위치를 점검하고, 기록·판정하시오.

4-1. 인히비터 스위치와 선택레버 점검

4-1-1. 점검

1) 시험차량의 변속레버를 N 레인지에 위치한다.

2) 인히비터 스위치의 레버위치를 확인한다.
   (R 레인지에 위치함)

4-1-2. 답안지 작성

1) 변속레버의 현재위치 "N"을 답안지에 기입한다.
2) 인히비터 스위치의 현재위치 "R"을 답안지에 기입한다.
3) 인히비터 스위치가 틀어진 원인 " 변속케이블 조정불량"을 답안지에 기입한다.

[섀시 4] 시험결과 기록표

자동차 번호 :

항목	① 측정(또는 점검)		② 판정 및 정비(또는 조치)사항		득점
	점검위치	내용 및 상태	판정 (□에 'V'표)	정비 및 조치할 사항	
변속 선택 레버	N	변속 케이블 조정 불량	□ 양호 ☑ 불량	변속 케이블 조정/재점검	
인히비터 스위치	R				

4-1-3. 판정 및 정비 조치사항

1) 변속레버 위치와 인히비터 스위치 위치가 다르므로 불량에 ☑ 표시한다.
2) 인히비터 스위치의 ○와 레버의 ○가 일치하면 양호에 ☑ 표시 후 "없음"으로 답안지를 작성한다.

나. 섀시

5. 주어진 자동차에서 감독위원의 지시에 따라 제동력을 측정하여 기록·판정하시오.

5-1. 제동력 측정

5-1-1. 앞 제동력 측정(구형 측정기)

1) 제동력 측정 차량을 준비한다.

2) 메인 화면에서 대본검사기를 클릭한다.

3) 로그인 메뉴가 나오면 취소를 클릭한다.

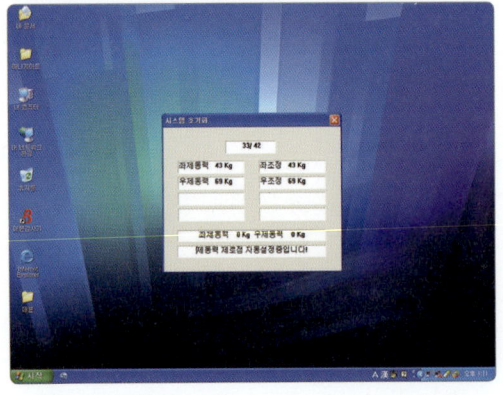

4) 수동, 브레이크, 검사시작을 순서대로 클릭한다.

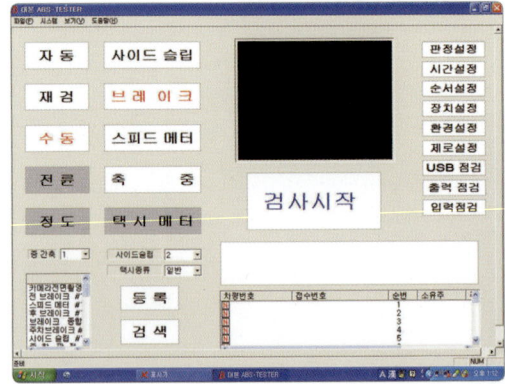

5) 전 브레이크를 클릭한다.

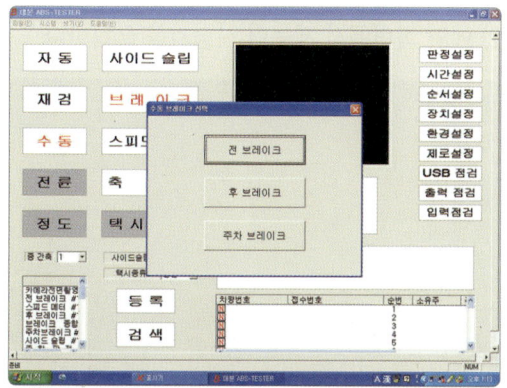

6) 좌측 하단의 상시 판정을 클릭하여 최대 판정으로 변경한다.

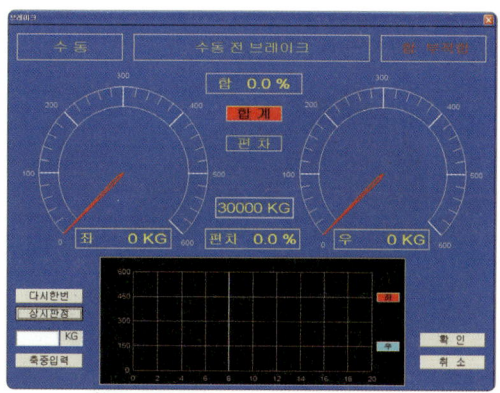

7) 축중 600kg을 입력한다.

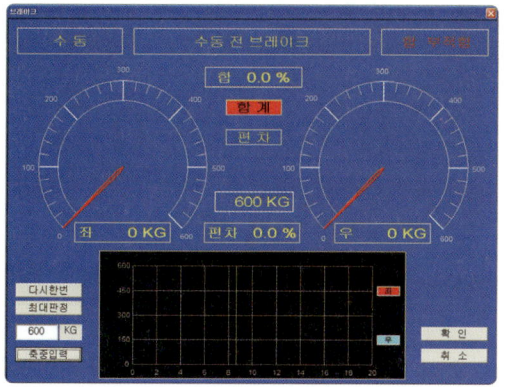

8) 운전석의 관리원에게 브레이크를 밟으라고 한다.

9) 좌, 우측 제동력의 최대값이 홀드된다.

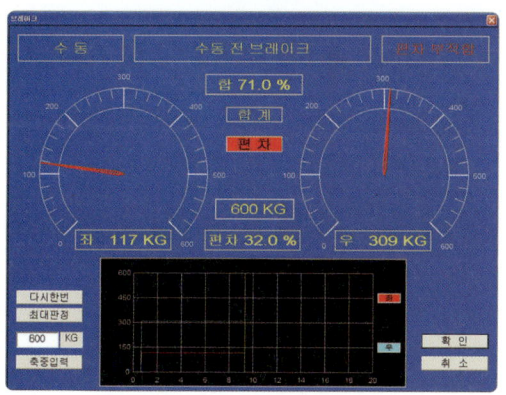

5-1-2. 앞 제동력 측정(신형 측정기)

1) 제동력 측정 차량을 준비한다.

2) 메인 화면에서 제동력 시험기를 클릭한다.

3) 시험기 화면에서 제동력을 클릭한다.

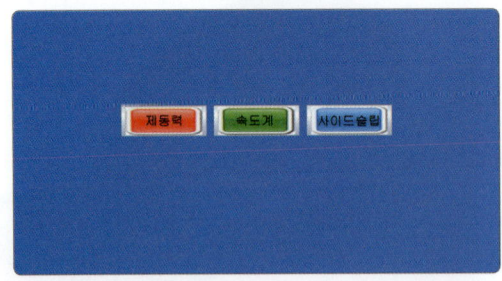

4) 화면 상단에 전륜을 클릭한다.

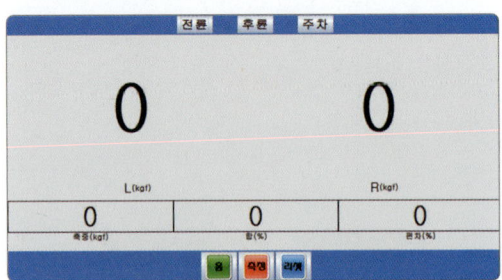

5) 전륜이 활성화되고 축중이 자동 입력된다.

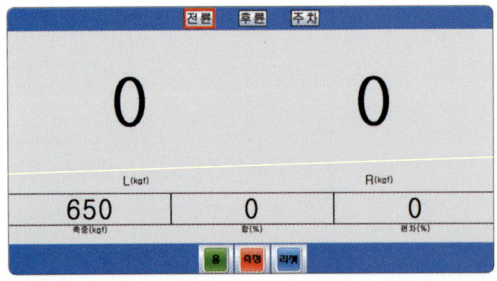

6) 측정 버튼을 클릭하면 좌, 우측 제동력이 측정된다.

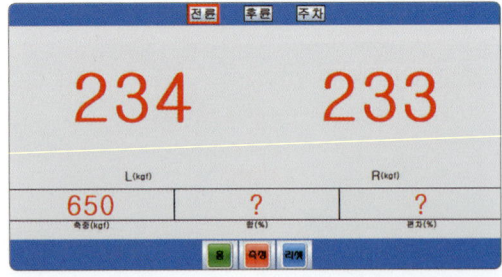

5-1-3. 답안지 작성

1) 측정 위치 앞에 ☑ 표시한다.
2) 측정된 제동력 좌: 234kgf, 우: 233kgf을 답안지에 기입한다.
3) 기준값 앞 축중의 앞에 ☑ 표시한다
4) 측정위치 앞의 기준값 편차 8% 이하, 합 50% 이상은 수검자가 외워서 기록한다
5) 축중 수동 입력시 전축중 650kgf은 시험위원이 제시한다.
6) 앞 제동력 편차 $\frac{234-233}{650} \times 100 = 0.1\%$를 산출근거 편차 칸에 기록한다.
7) 앞 제동력 합 $\frac{234+233}{650} \times 100 = 71.8\%$를 산출근거 합 칸에 기록한다.
8) 계산 값이 규정값 범위 내에 있음으로 양호에 ☑ 표시한다

[섀시 5] 시험결과 기록표

자동차 번호 :

항목	구분	측정값	기준값(%) (□에 'V'표)		산출근거		판정 (□에 'V'표)	득점
제동력위치 (□에 'V'표) ☑ 앞 □ 뒤	좌	234kgf	☑ 앞 □ 뒤	축중의	편차	$\frac{234-233}{650} \times 100 = 0.1\%$	☑ 양호 □ 불량	
	우	233kgf	제동력 편차	8% 이하	합	$\frac{234+233}{650} \times 100 = 71.8\%$		
			제동력 합	50% 이상				

5-1-4. 제동력 판정 공식

$$제동력의\ 총합 = \frac{앞\ 좌\cdot우,\ 뒤\ 좌\cdot우\ 제동력의\ 합}{차량\ 총중량} \times 100 = 차량\ 총중량의\ 50\%\ 이상\ 합격$$

$$앞바퀴\ 제동력의\ 총합 = \frac{앞\ 좌\cdot우\ 제동력의\ 합}{앞\ 축중} \times 100 = 앞축중의\ 50\%\ 이상\ 합격$$

$$뒷바퀴\ 제동력의\ 총합 = \frac{뒤\ 좌\cdot우\ 제동력의\ 합}{뒤\ 축중} \times 100 = 뒤축중의\ 20\%\ 이상\ 합격$$

$$좌우\ 제동력의\ 편차 = \frac{큰쪽\ 제동력\ -\ 작은쪽\ 제동력}{해당\ 축중} \times 100 = 좌\cdot우\ 편차\ 8\%\ 이하\ 합격$$

$$주차\ 브레이크\ 제동력 = \frac{뒤\ 좌\cdot우\ 제동력의\ 합}{차량\ 총중량} \times 100 = 차량\ 총중량의\ 20\%\ 이상\ 합격$$

다. 전기

1. 주어진 자동차에서 윈드 실드 와이퍼 모터를 탈거(감독위원에게 확인)한 후, 다시 부착하여 와이퍼 브러시가 작동되는지 확인하시오.

1-1. 와이퍼 모터 탈, 부착

1) 와이퍼 모터 커넥터를 분리한다.

2) 와이퍼 모터에 장착된 메인 커넥터를 탈거한다.

3) 와이퍼 모터 고정 볼트를 탈거한다.

4) 와이퍼 모터를 약간 기울이고 드라이버로 볼 조인트 부분을 벌려서 링크를 분리한다.

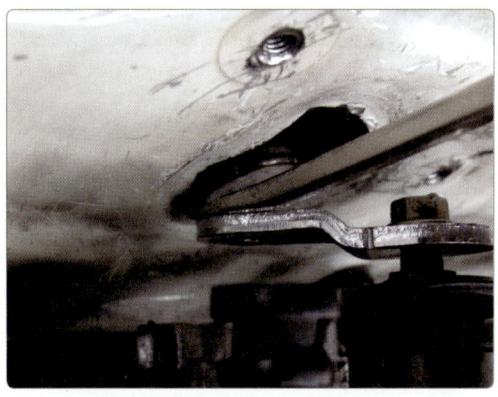

5) 탈거한 모터를 감독위원에게 확인을 받고 다시 장착한다.

6) 링크 뒷면에 드라이버를 삽입하여 링크를 고정한다.

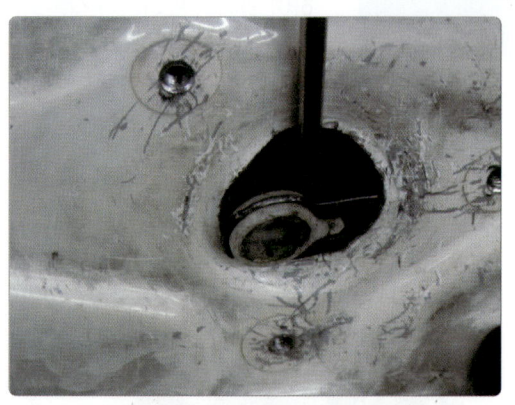

7) 볼 조인트를 눌러서 끼운다.

8) 와이퍼 모터 고정 볼트를 체결한다.

9) 와이퍼 모터에 장착된 메인 커넥터를 장착한다.

10) 와이퍼 모터 커넥터를 조립하고 감독위원에게 확인받는다.

다. 전기

2. 주어진 자동차에서 시동모터의 크랭킹 부하시험을 하여 고장부분을 점검한 후 기록표에 기록·판정하시오

2-1. 크랭킹 전류시험

2-1-1. 측정

1) 시험 차량의 축전지 용량을 확인한다.(12V 70AH)

2) 기동전동기 B 단자 터미널에 전류계를 설치하고 영점 조정한다.(DCA 레인지)

3) 기동 모터를 크랭킹시키면서 4회전 시 DATA HOLD 버튼을 누른 후 측정값을 읽는다.(130.5A)

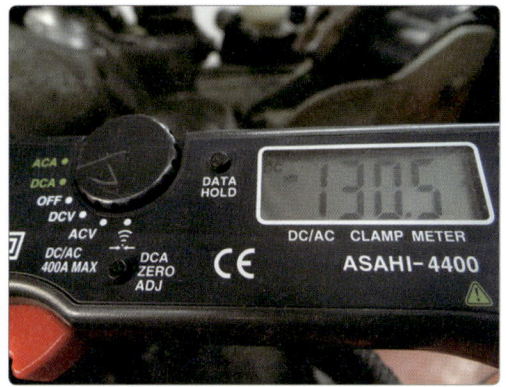

2-1-2. 답안지 작성

1) 측정값 130.5A를 답안지에 기입한다.
2) 규정값은 "축전지 용량의 3배 이하"이므로 70×3=210, 규정값은 "210A 이하"를 답안지에 기입한다.

[전기 2] 시험결과 기록표

자동차 번호 :

항목	① 측정(또는 점검)		② 판정 및 정비(또는 조치)사항		득점
	측정값	규정(정비한계)값	판정 (□에 'V'표)	정비 및 조치할 사항	
전류 소모	130.5A	210A 이하	☑ 양호 □ 불량	없음	

2-1-3. 판정 및 정비 조치사항

1) 측정값 130.5A가 규정값 210A 이내 범위 내에 있으므로 양호에 ☑ 표시한다.
2) 전류 소모 측정값이 규정값 범위를 벗어나면 정비 및 조치사항은 "기동 전동기 교환/재점검"으로 답안지를 작성한다.

| 다. 전기 | 3. 주어진 자동차에서 미등 및 번호등 회로에 고장부분을 점검한 후 기록·판정하시오. |

3-1. 미등 및 번호등 회로 점검

3-1-1. 미등 및 번호등 회로 점검

1) 미등 S/W 커넥터를 탈거를 확인한다.

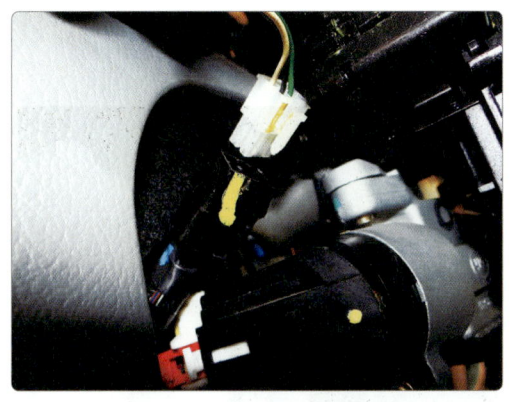

2) 앞 좌, 우측 미등 커넥터 탈거를 확인한다.

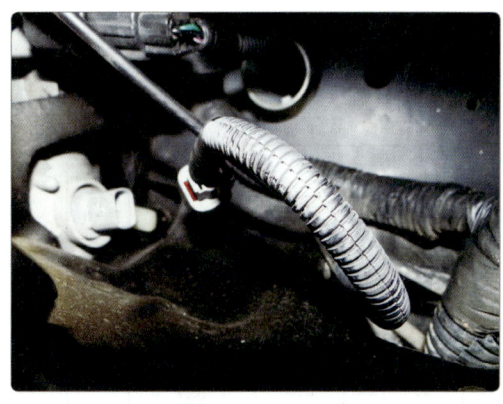

3) 앞 좌, 우측 미등전구 단선을 확인한다.

4) 뒤 좌, 우측 미등 커넥터 탈거를 확인한다.

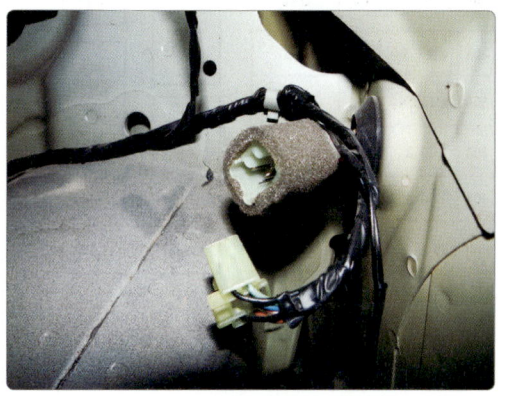

5) 뒤 좌, 우측 미등 전구를 확인한다.

6) 번호등 전구와 커넥터를 확인한다.

7) 엔진룸 퓨즈 박스에서 우측, 좌측 미등 퓨즈(10A), 미등 퓨즈(20A), 미등 릴레이를 점검한다.

3-1-2. 답안지 작성

1) 부품의 정확한 명칭을 고장부분 답안지에 기입한다.
2) 전구가 끊어진 경우 "단선", 퓨즈, 전구, 릴레이가 없는 경우 "없음", 퓨즈, 릴레이 터미널이 부러진 경우 "파손"으로 기입한다.
3) 예상답안
① 미등 커넥터 탈거(앞, 뒤, 좌, 우측 방향 표시)
② 미등전구 단선(앞, 뒤, 좌, 우측 방향 표시)
③ 번호등 전구 단선(또는 없음)
④ 미등 퓨즈(20A) 단선, 파손(좌, 우측(10A) 방향 표시)
⑤ 미등 릴레이 파손(또는 없음)
⑥ 미등 S/W 커넥터 탈거

[전기 3] 시험결과 기록표

자동차 번호 :

항목	① 측정(또는 점검)		② 판정 및 정비(또는 조치)사항		득점
	이상부위	내용 및 상태	판정 (□에 'V'표)	정비 및 조치할 사항	
미등 및 번호등 회로	좌측 미등 퓨즈(10A)	단선	□ 양호 ☑ 불량	퓨즈(10A) 교환/재점검	

3-1-3. 판정 및 정비 조치사항

1) 불량에 ☑ 표시한다.
2) 커넥터, 퓨즈, 릴레이, 전구 등이 탈거 시 "연결"로 답안지를 작성한다.
3) 퓨즈 단선, 파손인 경우 "퓨즈 교환", 없는 경우 "퓨즈 장착"으로 답안지를 작성한다.

다. 전기 4. 주어진 자동차에서 좌 또는 우측의 전조등을 측정하고 기록·판정하시오

4-1. 전조등 광도 측정

4-1-1. 측정

1) 측정하고자 하는 차량의 전조등을 확인한다.

4등식

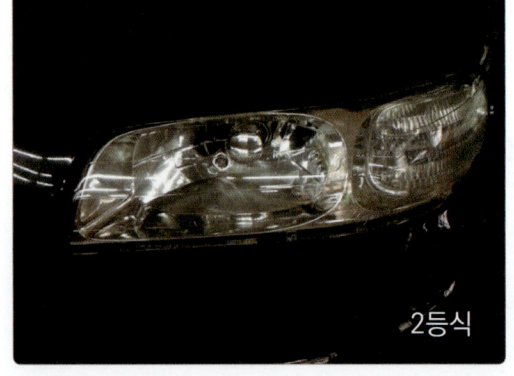
2등식

2) 차량 전조등을 하향등으로 점등하여 감독위원 이 지정한 쪽의 전조등 중앙에 측정기를 위치 한다(예 우측 측정)

3) 화면의 측정 버튼을 터치한다.

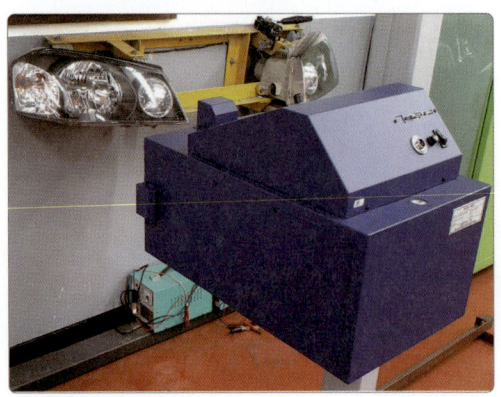

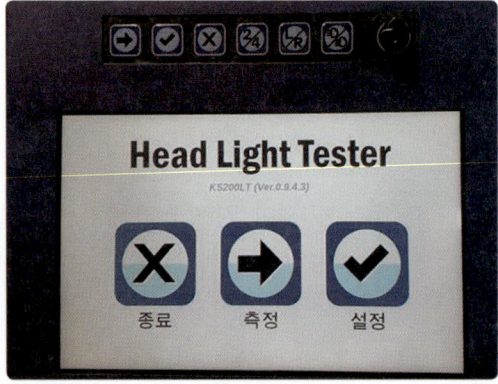

4) 2등식 아이콘을 터치하면 4등식으로 전환된다.

 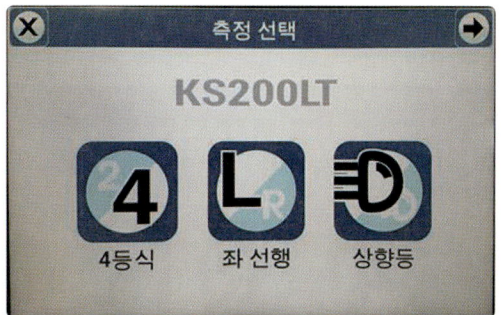

5) 좌 선행 L 아이콘을 터치하면 우 선행 R로 전환된다.

 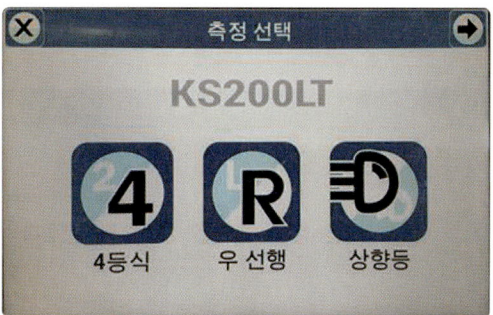

6) 상향등 아이콘을 터치하면 하향등으로 전환된다.

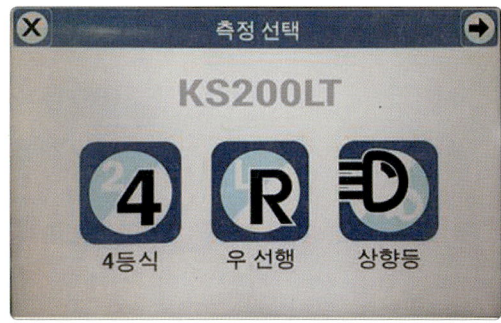 

7) 오른쪽 상단에 화살표 아이콘을 터치한다.

8) 측정기를 상, 하, 좌, 우로 움직여서 전조등 흑점을 맞춘 후 오른쪽 상단에 화살표 아이콘을 터치한다.

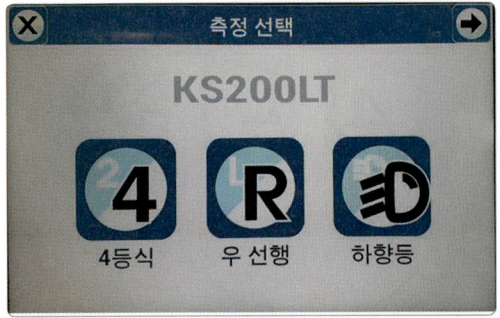
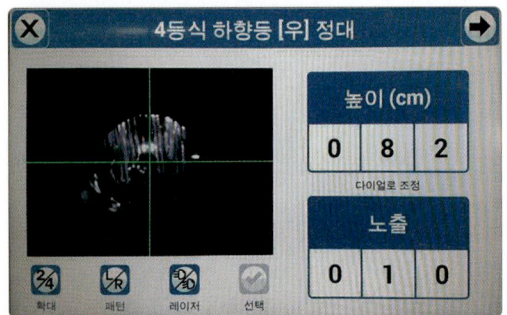

9) 상하(cm)아이콘을 터치하여 단위를 %로 전환한다.

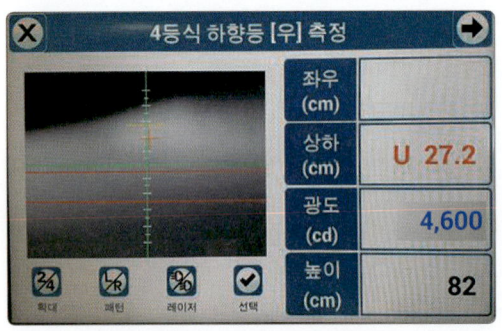
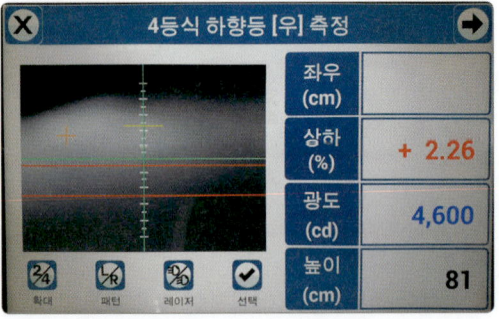

10) 측정값을 읽는다.(진폭 : +2.26%, 광도 : 4,600cd)

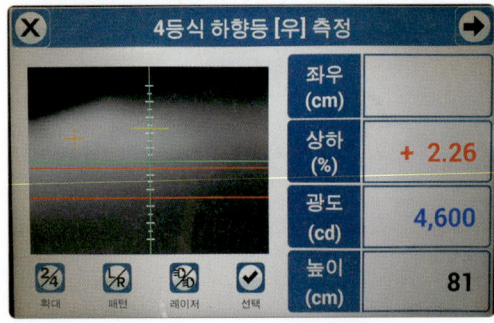

4-1-2. 답안지 작성

1) 전조등 구분 위치 우측에 ☑ 표시한다.
2) 등식 4등식에 ☑ 표시한다.
3) 전조등 광도 측정값 4.600cd를 기입한다.
4) 하향등 광도 기준값3,000cd 이상을 기입한다.

[전기 4] 시험결과 기록표

자동차 번호 :

구분	① 측정(또는 점검)			② 판정	득점
	측정항목	측정값	기준값	(□에 'V'표)	
(□에 'V'표) 위치 : 　□ 좌 　☑ 우 등식 　□ 2등식 　☑ 4등식	광도	4,600 cd	3,000 cd 이상	☑ 양호 □ 불량	

4-1-3. 판정 및 정비 조치사항

1) 광도 측정값이 규정값 범위 내에 있음으로 양호에 ☑ 표시한다.

> 📖 **참고**
>
> ※전조등 광도 개정 규정값(하향등)
>   가) 변환빔의 광도는 3000cd 이상일 것
>   나) 변환빔의 진폭은 10m 위치에서 다음 수치 이내일 것
>   설치 높이 ≤ 1.0m : -0.5 ~ -2.5%
>   설치 높이 〉1.0m : -1.0 ~ -3.0%
>   다) 컷오프선의 꺽임점(각)이 있는 경우 꺽임점의 연장선은 우측 상향일 것

MEMO

Craftsman
Motor Vehicles
Maintenance

2

Craftsman
Motor Vehicles
Maintenance 자동차정비기능사 실기

가. 엔진
1. 가솔린 기관 분해, 조립(헤드, 밸브 스프링 탈, 부착)
    1-1. 밸브 스프링 자유고 측정
2. 전자제어 가솔린 기관 시동
3. 인젝터 탈, 부착
    3-1. 센서 점검(기관 자기진단)
4. 배기가스 측정

나. 섀시
1. 앞 허브, 너클 탈, 부착
2. 캐스터각, 캠버각 측정
3. 브레이크 라이닝 탈, 부착
4. 자동변속기 점검
5. 최소 회전반경 측정

다. 전기
1. 발전기 탈, 부착
2. 점화코일 1, 2차 저항 측정
3. 전조등 회로 점검
4. 경음기 음량 측정

② 자동차정비기능사
국가기술자격검정 실기시험문제

자격종목	자동차정비기능사	과제명	자동차정비작업

※ 문제지는 시험종료 후 본인이 가져갈 수 있습니다.

비번호		시험일시		시험장명	

※ 시험시간 : 4시간 | 엔진 : 100분   섀시 : 80분   전기 : 60분

✓ 요구사항

가. 엔진	1. 주어진 가솔린 기관에서 실린더헤드와 밸브 스프링(1개)을 탈거(감독위원에게 확인)하고, 감독위원의 지시에 따라 기록표의 내용대로 기록·판정한 후 다시 조립하시오.

1-1. 가솔린 기관 분해, 조립

1) 시험용 엔진의 흡기다기관을 확인한다.

2) 흡기다기관을 탈거한다.

3) 탈거한 흡기다기관을 정렬한다.

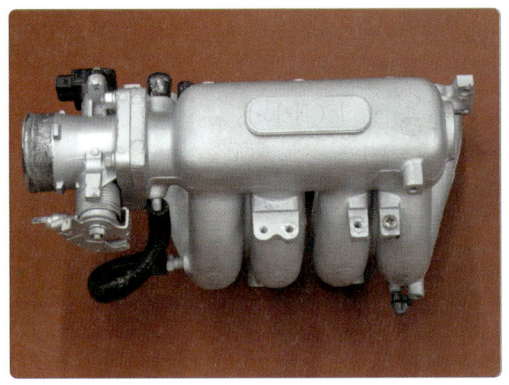

4) 배기다기관 위치를 확인한다.

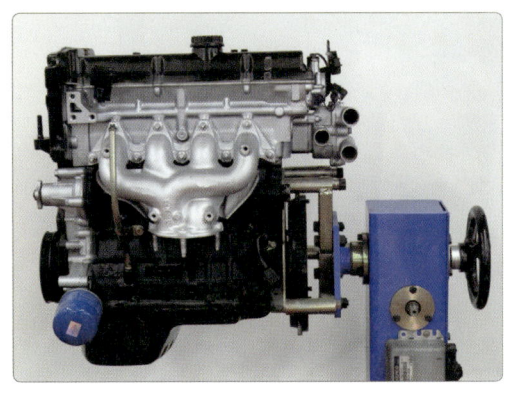

5) 배기다기관을 탈거한다.

6) 탈거한 배기다기관을 정렬한다.

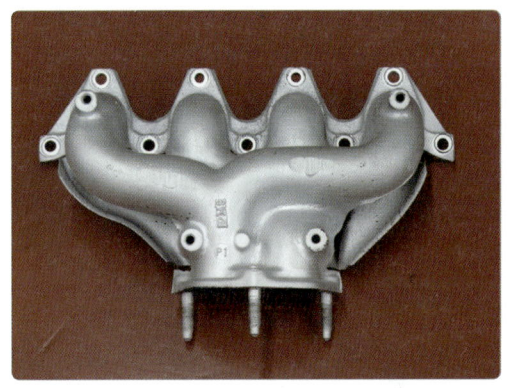

7) 크랭크축을 회전시켜 캠축 타이밍 마크를 정렬한다.

8) 크랭크축을 회전시켜 크랭크축 타이밍 마크를 정렬한다.

9) 타이밍 벨트 아이들 베어링을 확인한다.

10) 아이들 베어링과 타이밍 벨트를 탈거한다.

11) 탈거한 아이들 베어링을 정렬한다.

12) 탈거한 타이밍 벨트를 정렬한다.

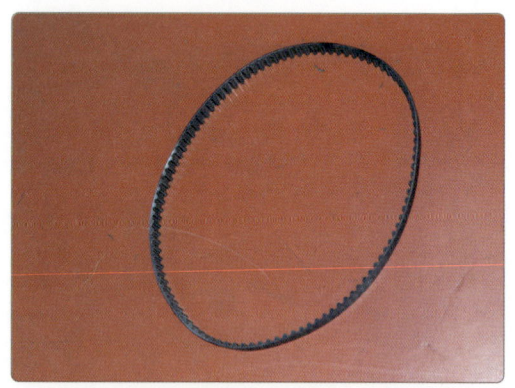

13) 텐션 베어링을 확인한다.

14) 텐션 베어링을 탈거한다.

15) 탈거한 텐션 베어링을 정렬한다.

16) 워터펌프를 확인한다.

17) 워터펌프를 탈거한다.

18) 탈거한 워터펌프를 정렬한다

19) 크랭크축 벨트 풀리를 탈거한다.

20) 벨트 풀리와 키를 정렬한다.

21) 로커암 커버를 확인한다.

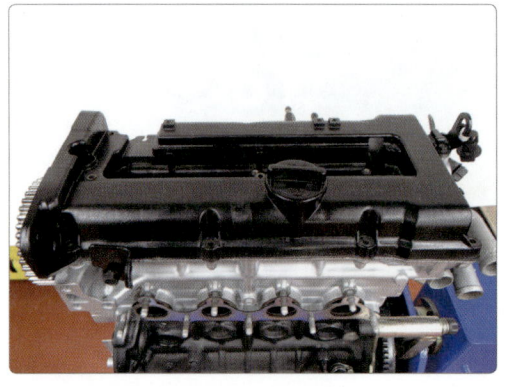

22) 로커암 커버를 탈거한다.

23) 로커암 커버를 정렬한다.

24) 흡, 배기 캠축을 확인한다.

25) 흡기 베어링 캡을 탈거 후 정렬한다.

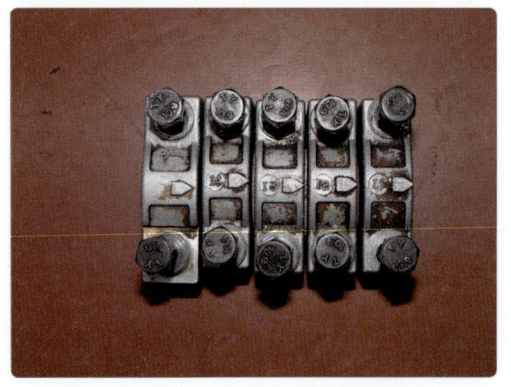

26) 배기 베어링 캡을 탈거 후 정렬한다.

27) 흡, 배기 캠축을 탈거 후 정렬한다.

28) 바깥쪽에서 안쪽으로 헤드볼트를 탈거한다.

29) 탈거한 헤드볼트를 정렬한다.

30) 실린더헤드를 탈거한다.

31) 실린더헤드를 정렬한다.

32) 헤드 가스켓을 탈거한다.

33) 오일팬을 확인한다.

34) 오일팬을 탈거한다.

35) 탈거한 오일팬을 정렬한다.

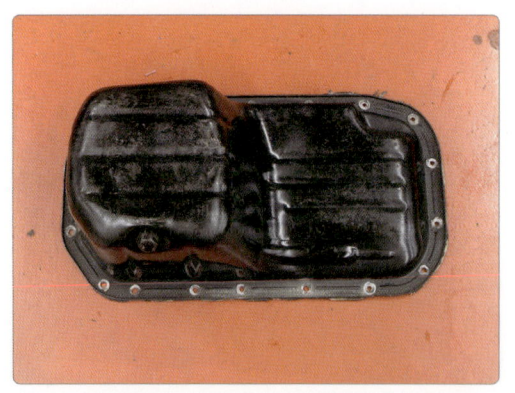

36) 오일 스트레이너를 확인한다.

37) 오일 스트레이너를 탈거한다.

38) 오일 스트레이너를 정렬한다.

39) 프런트 케이스를 확인한다.

40) 프런트 케이스를 탈거한다.

41) 프런트 케이스를 정렬한다.

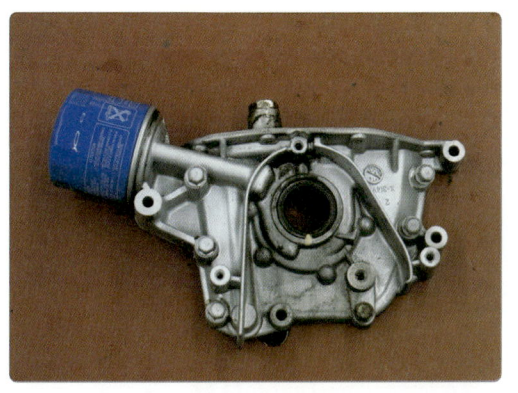

42) 1, 4번 커넥팅 로드를 12시 방향으로 돌린다.

43) 1, 4번 피스톤을 탈거한다.

44) 1,4번 피스톤을 정렬한다.

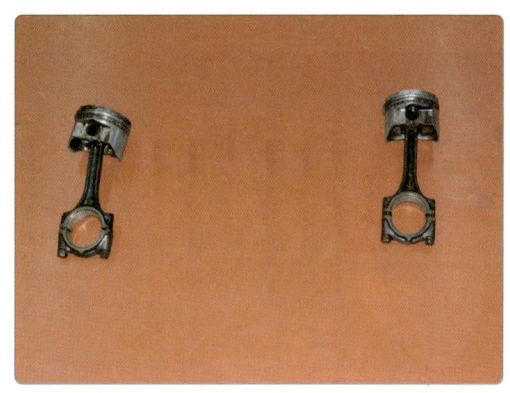

45) 2,3번 커넥팅 로드를 12시 방향으로 돌린다.

46) 2,3번 피스톤을 탈거한다.

47) 2,3번 피스톤을 정렬한다.

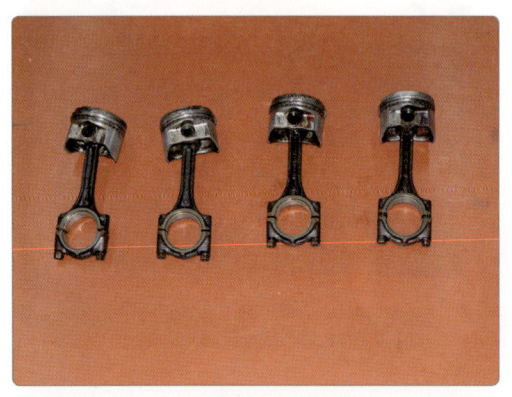

48) 크랭크축 리테이너를 확인한다.

49) 크랭크축 리테이너를 탈거한다.

50) 크랭크축 리테이너를 정렬한다.

51) 크랭크축 메인 베어링을 확인한다.

52) 1 → 5 → 2 → 4 → 3 순서로 베어링 캡을 탈거한다.

53) 크랭크축 메인 베어링 캡을 정렬한다.

54) 크랭크축을 확인한다.

55) 크랭크축을 탈거한다.

56) 크랭크축을 정렬 후 감독위원에게 확인받는다.

57) 크랭크축을 정착한다.

58) 3 → 2 → 4 → 1 → 5 순서로 베어링 캡을 장착한다.

59) 토크렌치를 사용하여 규정토크로 체결한다.
 (3 → 2 → 4 → 1 → 5)

60) 크랭크축 오일실을 장착한다.

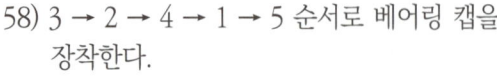

61) 1, 4번 핀 저널이 12시 방향으로 향하도록 크랭크축을 회전한다.

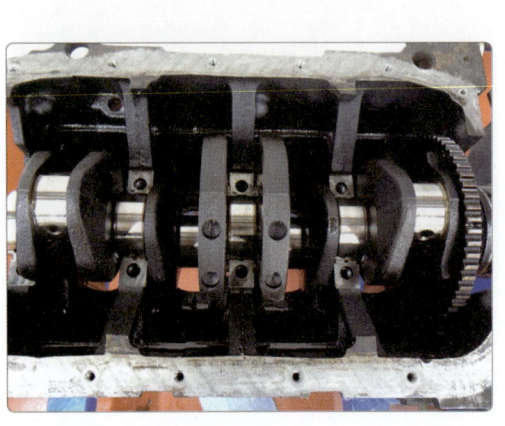

62) 엔진을 180° 회전시킨 후 밸브노치가 흡기 방향(왼쪽)으로 향하도록 1번 피스톤을 장착한다.

63) 피스톤링 컴프레서로 피스톤링을 압축 후 밀어 넣는다.

64) 1번 베어링 노치를 확인한다.

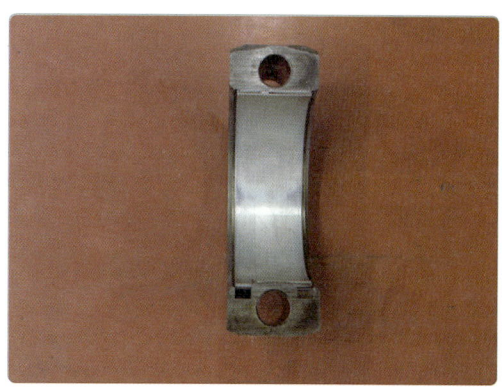

65) 커넥팅 로드쪽 베어링 노치를 확인한다.

66) 베어링 노치가 같은 방향으로 가도록 조립 후 규정토크로 체결한다.

67) 크랭크 축을 돌려가면서 1 → 4 → 2 → 3 순서로 피스톤을 장착한다.

68) 프런트 케이스를 장착한다.

69) 오일 스트레이너를 장착한다.

70) 오일팬을 장착한다.

71) 실린더헤드 가스켓을 장착한다.

72) 실린더헤드 장착 후 중앙에서 바깥쪽으로 규정토크로 헤드볼트를 체결한다.

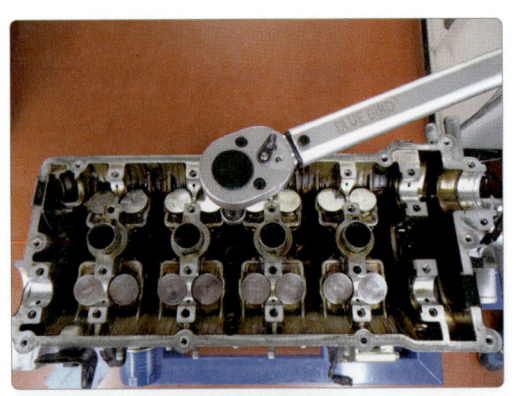

73) 검정색 체인 2조가 배기 캠축 방향으로, 1조가 흡기 방향으로 타이밍 체인을 조립한다.

74) 흡, 배기 캠축을 장착한다

75) 배기 캠축 베어링을 번호(E2 → E3 → E1 → E4 → R → 리테이너 커버) 순서대로 장착한다.

76) 흡기 캠축 베어링을 번호(I3 → I2 → I4 → I1 → L) 순서대로 장착한다.

77) 로커암 커버를 장착한다.

78) 아이들 베어링을 장착한다.

79) 텐션 베어링을 장착한다.

80) 스프링 윗쪽을 거치 후 아래쪽을 드라이버를 이용하여 밀어 넣는다.

81) 타이밍 벨트를 베어링에 걸고 당긴 후 고정 볼트를 고정한다

82) 드라이버를 사용하면 텐셔너가 손상되므로 절대금지

83) 크랭크축 타이밍 마크를 정렬한다.

84) 캠축 타이밍 마크①을 정렬한다.

85) 타이밍 벨트를 크랭크축에서 우측 방향으로 캠축에서는 벨트의 1/2만 풀리에 접촉되도록 장착한다.

86) 타이밍 벨트 1/2 장착 후 벨트를 밀어 넣는다.

87) 텐션 베어링 장력조정 볼트를 좌측으로 1 회전한다.(스프링 장력에 의해 벨트 텐션이 오른쪽으로 작동하는지 확인)

88) 타이밍 벨트에 장력을 주기위해 크랭크축을 오른쪽으로 45° 회전시킨다.

89) 장력 조정볼트를 규정토크로 체결한다.

90) 고정 볼트를 규정토크로 체결한다.

91) 크랭크축을 오른쪽으로 2회전 한 후 타이밍 마크를 확인한다.

92) 배기 다기관을 장착한다.

93) 흡기다기관을 장착한다.

1-2. 밸브 스프링 탈, 부착

1) 밸브 스프링 탈착기를 준비한다.

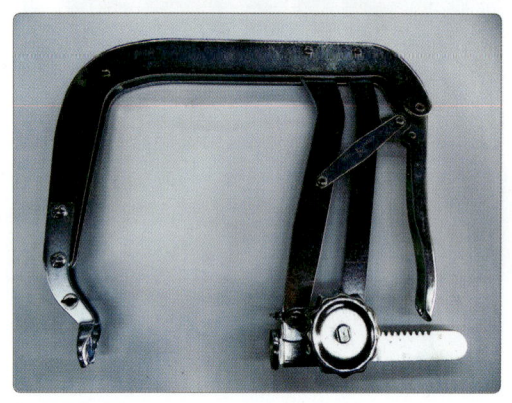

2) 탈착기를 밸브 스프링에 장착한다.

3) 거리조정 손잡이를 돌려 맞춘 후 스프링을 압축한다.

4) 밸브 고정키가 밀려 올라올 때까지 압축한다.

5) 밸브 고정키를 탈거한다.

6) 탈착기 확장 레버를 움직여 탈착기를 제거한다.

7) 고정키와 스프링 시트, 스프링, 밸브를 탈거한다.

8) 탈거한 부품을 정렬 후 감독위원에게 확인받는다.

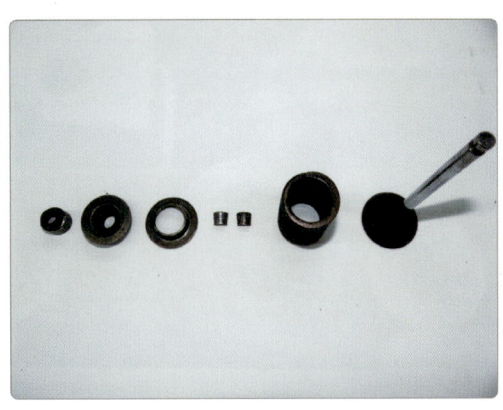

9) 밸브를 장착한다.

10) 밸브 스프링과 시트를 장착한다.

11) 스프링 탈착기를 장착하고 스프링을 압축한다.

12) 밸브 고정키를 장착한다.

13) 스프링 탈착기를 제거 후 감독위원에게 확인받는다.

1-3. 밸브 스프링 자유고 측정

1-3-1. 측정기로 측정

1) 밸브 스프링 측정기를 확인한다.

2) 측정기 레버를 들어올려 밸브 스프링을 장착한다.

3) 측정값을 읽는다.(43mm)

1-3-2. 버니어 캘리퍼스로 측정

1) 밸브 스프링 길이를 측정한다.

2) 측정값을 읽는다.(43.7mm)

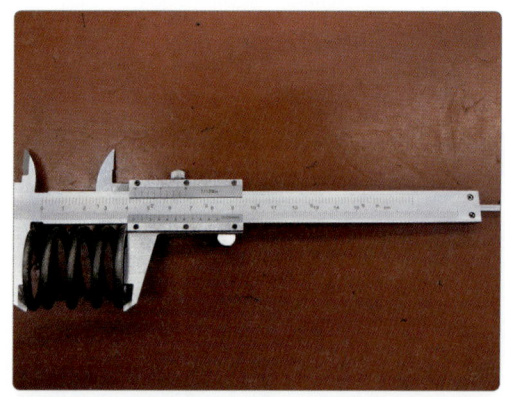

1-3-3. 답안지 작성

1) 측정값 43.7mm을 답안지에 기록한다.
2) 규정값 46mm을 답안지에 기록한다.

[엔진 1] 시험결과 기록표

자동차 번호 :

항목	① 측정(또는 점검)		② 판정 및 정비(또는 조치)사항		득점
	측정값	규정(정비한계)값	판정 (□에 'V'표)	정비 및 조치할 사항	
밸브 스프링 길이	43.7mm	46mm	□ 양호 ☑ 불량	밸브 스프링 교환/재측정	

1-3-4. 판정 및 정비 조치사항

1) 밸브 스프링 자유고는 규정값의 3% 이내이다.
2) $\dfrac{46-43.7}{46} \times 100 = 5\%$ 이므로 불량에 ☒ 표시한다.
3) 측정값이 규정값 3% 범위 내에 있으면 양호에 ☒ 표시 후 "없음"으로 답안지를 작성한다.

가. 엔진

2. 주어진 전자제어 가솔린 기관에서 감독위원의 지시에 따라 시동에 필요한 연료장치 회로의 고장부분 1개소를 점검 및 수리하여 시동하시오.

2-1. 전자제어 가솔린 기관 시동

📖 **1안 참조 - p.33**

가. 엔진

3. 주어진 자동차에서 기관의 인젝터 1개를 탈거(감독위원에게 확인)한 후 다시 조립하고, 감독위원의 지시에 따라 진단기(스캐너)를 사용하여 기관의 각종 센서(액추에이터) 점검 후 고장부분을 기록하시오.

3-1. 인젝터 탈, 부착

1) 시험 차량의 인젝터 위치를 확인한다.

2) 인젝터 전원 케이블을 탈거한다.

3) 연료압력 조절기 진공호스를 탈거한다.

4) 연료공급 파이프와 리턴 파이프를 분리한다.

5) 인젝터 어셈블리 고정 볼트를 탈거한다.

6) 인젝터 어셈블리를 탈거한다.

7) 인젝터 레일 받침대를 탈거한다.

8) 레일 받침대를 정렬한다.

9) 탈거한 인젝터 어셈블리를 감독위원에게 확인받는다.

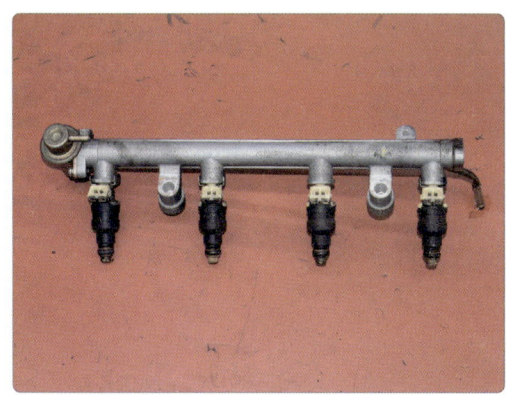

10) 레일 받침대를 장착한다.

11) 인젝터 어셈블리를 장착한다.

12) 연료압력 조절기 진공호스를 연결한다.

13) 연료공급 파이프와 리턴 파이프를 연결한다.

14) 인젝터 전원 케이블 연결 후 감독위원의 확인을 받는다.

3-2. 센서 점검

📖 **1안 참조 - p.39**

| 가. 엔진 | 4. 주어진 가솔린 자동차에서 감독위원의 지시에 따라 배기가스를 측정하여 기록·판정하시오. |

4-1. 배기가스 측정

4-1-1. CO, HC 측정

1) 배출가스 시험기 설치 후 시험차량을 시동하고 채취 프로브를 배기 머플러에 연결 후 예열한다.

2) 측정기 전면의 측정 버튼을 누른다.

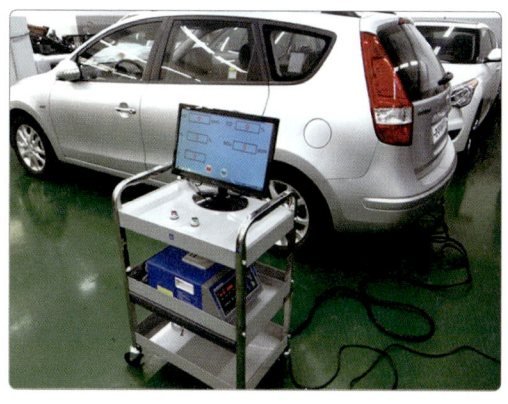

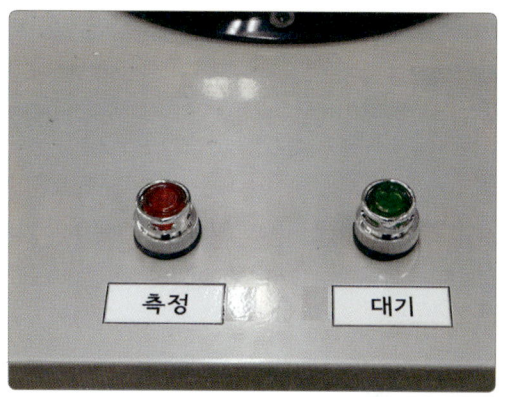

3) 시험기가 작동하면 측정값이 고정되지 않고 계속 변화한다.

4) 현재 보이는 값을 그대로 읽는다.
   (CO : 0.8%, HC : 94ppm)

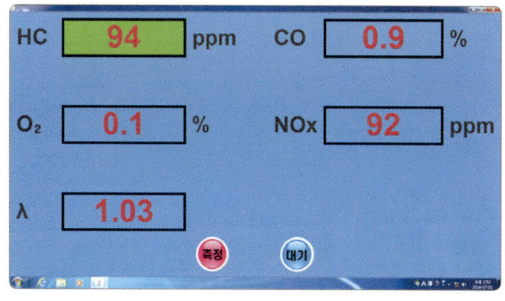

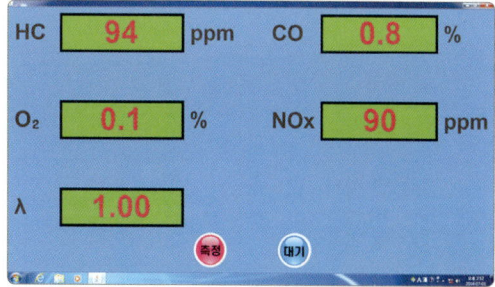

4-1-2. 답안지 작성

1) 측정값 CO : 0.8%, HC : 94ppm을 답안지에 기입한다.
2) 등록증상 2002년 기준값 CO : 1.2% 이하, HC : 220ppm 이하를 답안지에 기입한다.

자동차 등록증					
제 호				최초등록일 : 0000년 00월 00일	
① 자동차등록번호	48 나 3702	② 차종	중형승용	③ 용도	자가용
④ 차 명	NF 소나타	⑤ 형식 및 연식	UP203A		
⑥ 차대 번호	KNHUP75232S712220	⑦ 원동기 형식	K5		
⑧ 사용본거지	서울특별시 노원구 덕릉로 70가길 81				
소유자	⑨ 성명(명칭)	자동차	⑩ 주민(사업자)등록번호	1233456-1234567	
	⑪ 주소	서울특별시 노원구 덕릉로 70가길 81			

자동차관리법 제8조의 규정에 의하여 위와 같이 등록하였음을 증명합니다.

0000년 00월 00일

서울특별시 노원구청장

대기환경보전법 [별표21] 〈개정 2013. 2. 1〉					
승용	수시, 정기검사				정밀검사
배기가스	CO	HC	λ		년도별 배기량별로 구분
2005년 까지	1.2% 이하	220ppm 이하	1±0.1		
2006년 이후	1.0% 이하	120ppm 이하			

※ 규정값은 수시, 정기검사 규정값 적용

[엔진 4] 시험결과 기록표

자동차 번호 :

항목	① 측정(또는 점검)		판정 (□에 'V'표)	득점
	측정값	기준값		
CO	0.8%	1.2% 이하	☑ 양호 □ 불량	
HC	94ppm	220ppm 이하		

※ 감독위원이 제시한 자동차등록증(또는 차대번호)을 활용하여 차종 및 연식을 적용합니다.
※ 자동차검사기준 및 방법에 의하여 기록 · 판정합니다.
※ CO는 소수점 둘째자리 이하는 버리고 0.1% 단위로 기록합니다.
※ HC는 소수점 첫째자리 이하는 버리고 1ppm 단위로 기록합니다.

4-1-3. 판정 및 정비 조치사항

1) 측정값 CO : 0.8%, HC : 94ppm이 규정값 CO : 1.2% 이하, HC : 220ppm 이하 범위 내에 있으므로 양호에 ☑ 표시한다.
2) 측정값이 규정값 범위를 벗어나면 불량에 ☑ 표시한다.

나. 섀시

1. 주어진 자동차에서 감독위원의 지시에 따라 (좌 또는 우측) 앞 허브 및 너클을 탈거(감독위원에게 확인)한 후 다시 조립하시오.

1-1. 앞 허브, 너클 탈, 부착

1) 타이어를 탈거한다.

2) 허브 너트를 탈거한다.

3) 타이 로드 엔드 고정핀을 탈거 후 너트를 1/2정도 회전시킨다.

4) 타이 로드 엔드 풀러를 장착 후 압축한다. (풀러를 사용하지 않으면 감점)

5) 타이 로드 엔드를 탈거한다.

6) 캘리퍼 고정 볼트를 탈거한다.

7) 캘리퍼를 탈거한다.

8) 쇽업소버 고정 볼트를 탈거한다.

9) CV조인트를 탈거한다.

10) 로워암 볼조인트 고정 너트를 1/2정도 탈거한다.

11) 엔드 풀러를 장착 후 압축한다.(풀러를 사용하지 않으면 감점)

12) 허브 너클 어셈블리를 탈거한다.

13) 탈거한 허브 어셈블리를 감독위원에게 확인받는다.

14) 허브 너클 어셈블리를 장착 후 볼 조인트를 체결한다.

15) 쇽업소버 고정 볼트를 체결한다.

16) 브레이크 캘리퍼를 장착한다.

17) 타이 로드 엔드를 장착한다.

18) 허브너트를 체결하고 분할핀을 설치한다.

19) 타이어 장착 후 감독위원에게 확인받는다.

| 나. 섀시 | 2. 주어진 자동차에서 감독위원의 지시에 따라 휠 얼라이먼트 시험기를 사용하여 캐스터각과 캠버각을 점검하여 기록·판정하시오. |

2-1. 캐스터각, 캠버각 측정

 1안 참조 - p.53

나. 섀시

3. 주어진 자동차에서 감독위원의 지시에 따라(좌 또는 우측)브레이크 라이닝(슈)를 탈거(감독위원에게 확인)하고, 다시 조립하여 브레이크의 작동 상태를 확인하시오.

3-1. 브레이크 라이닝 탈, 부착

1) 브레이크 슈의 방향 스프링 위치 등을 확인한다.

2) 전, 후진 슈 홀드다운 스프링을 탈거한다.

3) 브레이크 슈 어셈블리를 통째로 아래로 밀어서 탈거한다.

4) 탈거한 슈 방향과 스프링 위치 등을 다시 한 번 확인한다.

5) 각 부품을 분리하고 감독위원의 확인을 받는다.

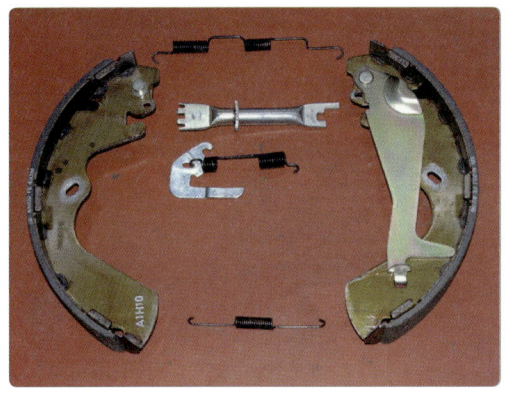

6) 주차레버 쪽이 좌측 방향으로 뒤집어 놓고 간극 조절기 어셈블리를 조립한다.

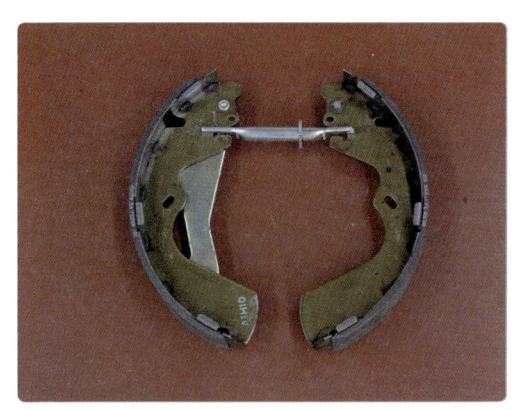

7) 뒤쪽 리턴 스프링을 장착한다.

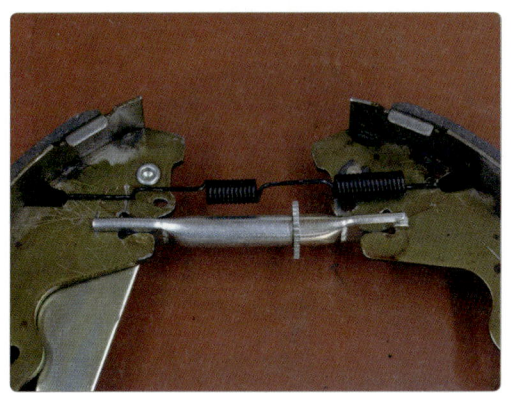

8) 슈 어셈블리를 통째로 뒤집는다.

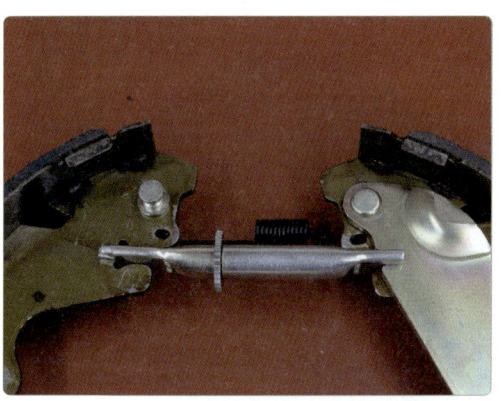

9) 슈 앞쪽에 자동간극 조절기 레버와 스프링을 조립한다.

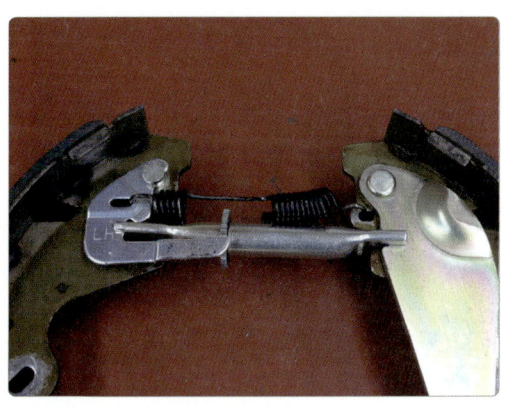

10) 슈 아래쪽 리턴 스프링을 뒤쪽으로 장착한다.

11) 조립상태를 다시 한번 확인한다.

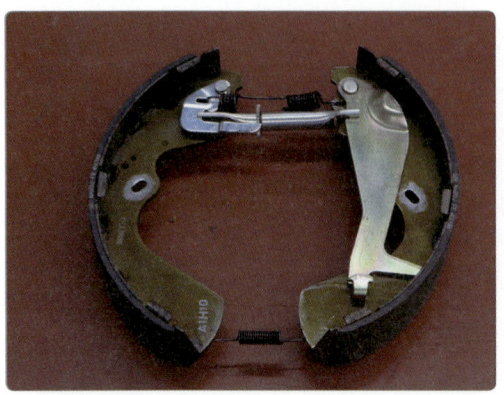

12) 브레이크 슈 어셈블리를 통째로 위쪽으로 밀어 올린다.

13) 브레이크 슈 어셈블리를 백 플레이트에 밀착시킨다.

14) 전, 후진 슈 홀드 다운 스프링을 장착 후 감독위원의 확인을 받는다.

나. 섀시

4. 주어진 자동차에서 감독위원의 지시에 따라 진단기(스캐너)로 자동변속기를 점검하고, 기록·판정하시오.

4-1. 자동변속기 점검

4-1-1. A/T 자기진단

1) 차량 진단장비를 연결하고 자기진단 커넥터를 연결 후 시동 키를 ON 한다.(기관 정지 상태)

2) 기능선택 메뉴에서 차량 통신을 선택한다.

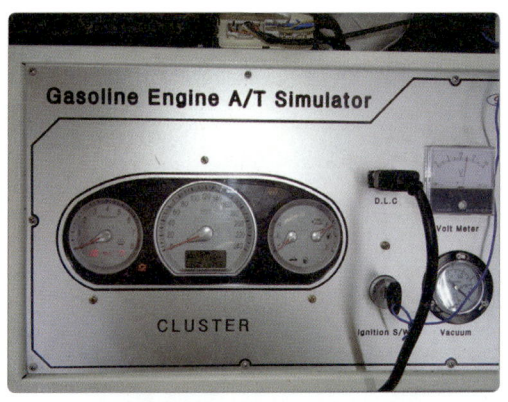
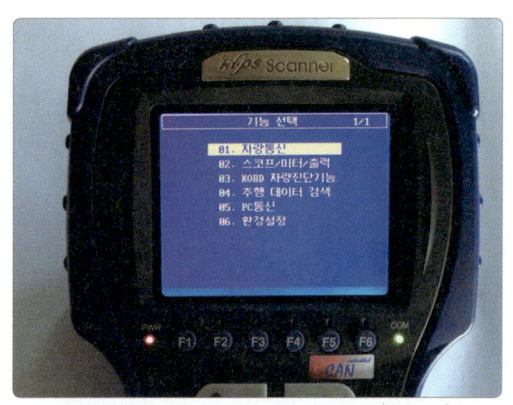

3) 현재 진단하고자 하는 차량 제조회사를 선택 한다.

4) 차종을 선택한다.

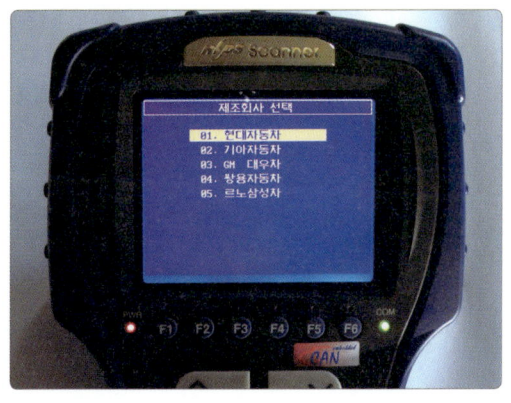
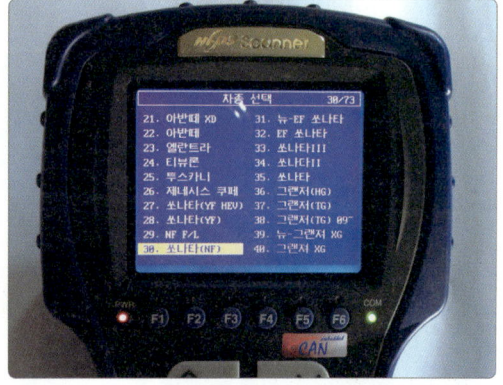

5) 자동변속을 선택한다.

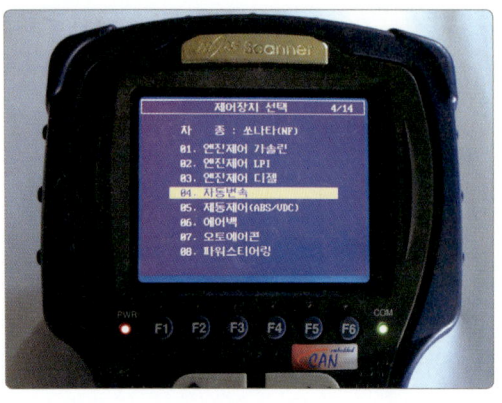

6) 2.0/2.4를 선택한다

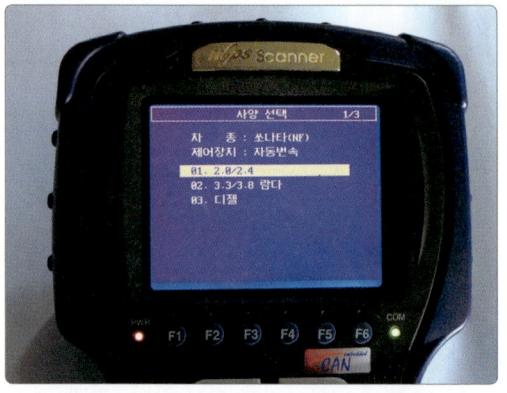

7) 자기진단을 선택한다.

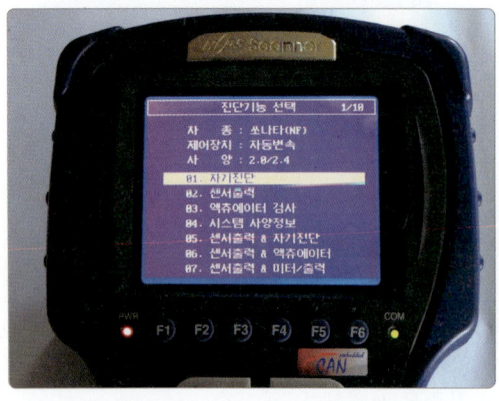

8) 고장코드가 표시된다.(언더DRV클러치SOL 밸브)

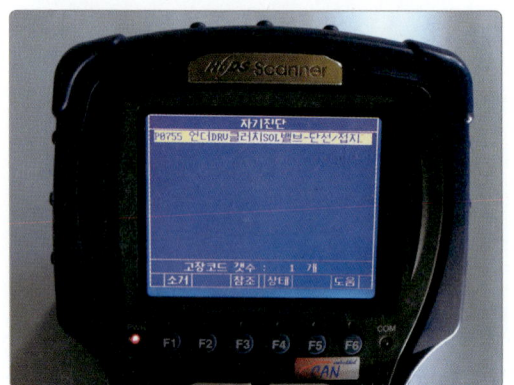

9) 시험차량의 언더DRV클러치 SOL밸브커넥터를 확인한다.(커넥터 정상 연결)

4-1-2. 답안지 작성

1) 답안지 이상 부위에 언더DRV클러치 SOL밸브 - 접지/단선에서 "언더DRV클러치 SOL밸브"만 기입한다.(접지/단선 제외)
2) 해당 부품의 커넥터 탈거 시 "커넥터 탈거", 커넥터 연결 시 "밸브 단선" 이라고 기입한다.

[섀시 4] 시험결과 기록표

자동차 번호 :

항목	① 측정(또는 점검)		② 판정 및 정비(또는 조치)사항		득점
	이상부위	내용 및 상태	판정 (□에 'V'표)	정비 및 조치할 사항	
변속기 자기진단	언더DRV클러치 SOL밸브	밸브 단선	□ 양호 ☑ 불량	밸브 교환/고장코드 삭제 후 재점검	

4-1-3. 판정 및 정비 조치사항

1) 배선 커넥터가 연결되어 있으면 솔레노이드 밸브 단선으로 판정한다.
2) 불량에 ☑ 표시 후 밸브교환/고장코드 삭제 후 재점검으로 기입한다.

나. 섀시

5. 주어진 자동차에서 감독위원의 지시에 따라 좌 또는 우회전 시 최소 회전반경을 측정하여 기록·판정하시오.

5-1. 최소 회전반경 측정

5-1-1. 측정

1) 핸들 직진 상태에서 시험 차량 앞, 뒷바퀴 양쪽에 턴테이블을 설치한다.

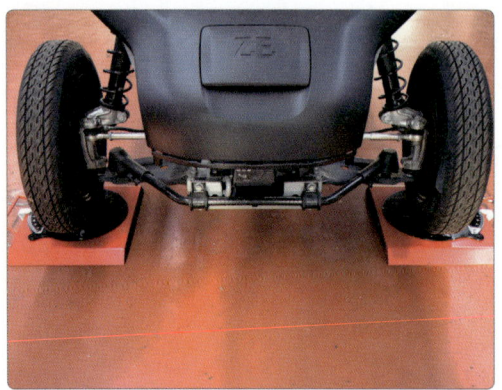

2) 차량 앞, 뒷 차축의 거리(축거)를 측정한다. (170cm, 1.7m)

3) 차량의 회전방향을 확인한다.(감독위원이 제시, 예 : 좌회전)

4) 핸들을 좌측으로 완전히 회전 후 좌측 바퀴의 최대 회전 각도를 측정한다.(39°)

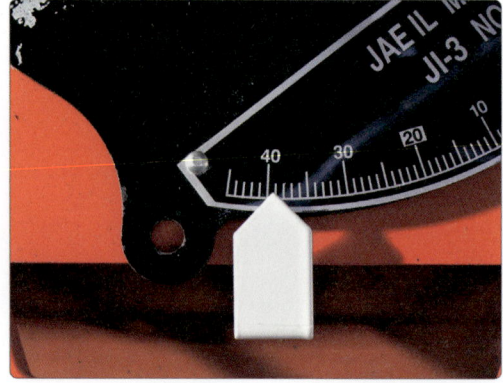

5) 좌회전 시 우측 바퀴의 최대 회전 각도를 측정한다.(30°)

6) 바퀴를 직진 상태로 원위치한다.

5-1-2. 답안지 작성

1) 회전방향 좌에 ☑ 표시한다.
2) 좌측 최대 조향 시 좌측 바퀴 각도(39°)를 답안지에 기입한다.
3) 좌측 최대 조향 시 우측 바퀴 각도(30°)를 답안지에 기입한다.
4) 기준값 12m 이내를 기입한다.(법규사항이므로 암기)
5) 좌회전 이므로 우측 바퀴 각도 30°의 sin 값 0.5를 구한다.

6) 계산식은 $\dfrac{L}{\sin\alpha} + r$ 이다. 계산값 $\dfrac{1.7}{0.5}$ + 0.02 = 3.42m를 측정값 칸에 기입한다.

7) 축거는 앞바퀴 중심에서 뒷바퀴 중심까지의 거리 1.7m이다.(감독위원이 제시)
8) 바퀴의 접지면 중심과 킹핀 각과의 거리(r)는 감독위원이 제시한다.(20mm)
9) 각도별 sin값 : sin 28° : 0.4695
　　　　　　　　sin 29° : 0.4848
　　　　　　　　sin 30° : 0.5
　　　　　　　　sin 31° : 0.515
　　　　　　　　sin 32° : 0.5299
　　　　　　　　sin 33° : 0.5446
　　　　　　　　sin 34° : 0.5592
　　　　　　　　sin 35° : 0.5736

[섀시 5] 시험결과 기록표

자동차 번호 :

항목	① 측정(또는 점검)				② 판정 및 정비(또는 조치)사항		득점
	최대 조향각 (□에 'V'표)		기준값 (최소 회전반경)	측정값 (최소 회전반경)	산출근거	판정 (□에 'V'표)	
	좌측 바퀴	우측 바퀴					
회전방향 (□에 'V'표) ☑ 좌 □ 우	39°	30°	12m 이내	3.42m	$\dfrac{1.7}{0.5} + 0.02$ $= 3.42m$	☑ 양호 □ 불량	

※ 회전방향은 감독위원의 지정하는 위치에 ☑ 표시합니다.
※ 최대 조향 시 각도 항목은 두 바퀴 모두 기록합니다.
※ 축거는 감독위원이 제시합니다.
※ 자동차검사기준 및 방법에 의하여 기록·판정합니다.
※ 산출근거에는 단위를 기록하지 않아도 됩니다.

5-1-3. 판정 및 정비 조치사항

1) 좌회전이므로 우측 바퀴 최대 조향각 30°의 sin값 0.5로 계산한다.
2) 측정값 3.42m가 규정값 12m 이내에 들어오므로 양호에 ☑ 표시한다.
3) 측정값이 기준값 범위를 벗어나면 불량에 ☑ 표시한다

| 다. 전기 | 1. 주어진 자동차에서 발전기를 탈거(감독위원에게 확인)한 후, 다시 부착하여 벨트 장력이 규정값에 맞는지 확인하시오. |

1-1. 발전기 탈, 부착

1) 축전지 (-) 단자 케이블을 분리한다.

2) 발전기 L 단자 커넥터를 탈거한다.

3) 발전기 B 단자를 탈거한다.

4) 발전기 하부 고정 볼트를 2회전한다.

5) 발전기 상부 고정 볼트를 2회전한다.

6) 장력 조정기 볼트가 위로 들릴때까지 회전한다.

7) 장력 조정기 볼트를 들어올린다.

8) 발전기 상부 고정 볼트를 탈거한다.

9) 발전기 벨트를 탈거한다.

10) 발전기 하부 고정 볼트를 탈거한다.

11) 발전기를 탈거한다.

12) 탈거한 발전기를 감독위원에게 확인받는다.

13) 발전기를 장착하고 하부 고정 볼트를 가조립한다.

14) 벨트를 장착한다.

15) 벨트 장력 조절기를 장착한다.

16) 벨트 조정 볼트를 돌려 장력을 조정한다.

17) 상부 고정 볼트를 조인다.

18) 가조립한 하부 고정 볼트를 조인다.

19) 발전기 B 단자를 연결한다.

20) 발전기 L 단자 커넥터를 연결한다.

21) 축전지 (-) 단자 케이블을 연결하고, 감독위원에게 확인받는다.

| 다. 전기 | **2.** 자동차에서 점화코일 1, 2차 저항을 측정하고 코일의 고장 유무를 확인하여 기록표에 기록·판정하시오. |

2-1. 점화코일 1, 2차 저항 측정

2-1-1. 측정

1) 멀티미터 200Ω레인지에서 점화코일 1차 저항을 측정한다.(1.2Ω)

2) 멀티미터 20㏀ 레인지에서 점화코일 2차 저항을 측정한다.(10.59㏀)

2-1-2. 답안지 작성

1) 1차 저항 측정값 1.2Ω을 답안지에 기입한다.
2) 2차 저항 측정값 10.59 ㏀ 을 답안지에 기입한다.
3) 기준값 1차 0.8~1.2Ω, 2차 12~13 ㏀ 을 답안지에 기입한다.

[전기 2] 시험결과 기록표

자동차 번호 :

항목	① 측정(또는 점검)		② 판정 및 정비(또는 조치)사항		득점
	측정값	규정(정비한계)값	판정 (□에 'V'표)	정비 및 조치할 사항	
1차 저항	1.2Ω	0.8~1.2Ω	☑ 양호 □ 불량	점화코일 교환/재점검	
2차 저항	10.59kΩ	12~13kΩ	□ 양호 ☑ 불량		

2-1-3. 판정 및 정비 조치사항

1) 1차 저항 측정값 1.2Ω이 규정값 0.8~1.2Ω 범위 내에 들어오므로 양호하다.
2) 2차 저항 측정값 10.59kΩ이 규정값 12~13kΩ 범위를 벗어나므로 불량에 ☑ 표시한다.
3) 1, 2차 저항 측정값 모두가 규정값 범위 내에 있으면 "없음"으로 답안지를 작성한다.

다. 전기

3. 주어진 자동차에서 전조등 회로의 고장부분을 점검한 후 기록·판정하시오.

3-1. 전조등 회로 점검

3-1-1. 점검

1) 좌, 우측 전조등 전구와 커넥터를 점검한다.

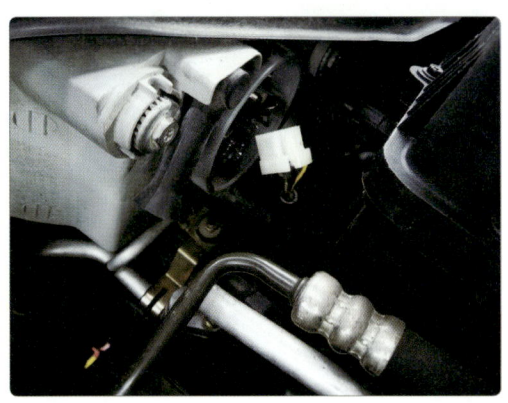

2) 엔진룸 퓨즈박스에서 전조등 퓨즈(25A), 상, 하향등 릴레이, 좌, 우측 상향등, 좌, 우측 하향등 퓨즈(10A), IG 2 퓨즈(30A)를 점검한다.

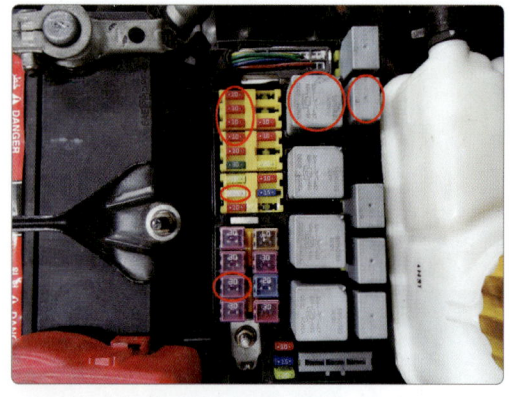

3) 전조등 S/W 커넥터를 점검한다.

4) 딤머, 패싱 S/W 커넥터를 점검한다.

3-1-2. 답안지 작성

1) 부품의 정확한 명칭을 고장부분 답안지에 기입한다.
2) 전구가 끊어진 경우 "단선", 퓨즈, 전구, 릴레이가 없는 경우 "없음", 퓨즈, 릴레이 터미널이 부러진 경우 "파손"으로 기입한다.
3) 예상답안
① 좌, 우측 상향등 퓨즈(10A) 단선(또는 파손, 없음)
② 좌, 우측 하향등 퓨즈(10A) 단선(또는 파손, 없음
③ 상, 하향등 릴레이 단선(또는 파손, 없음)
④ 좌, 우측 전조등 전구 단선(또는 없음, 커넥터 탈거)
⑤ IG2 퓨즈(30A) 단선(또는 파손, 없음)
⑥ 전조등 스위치 커넥터 탈거
⑦ 딤머, 패싱 S/W 커넥터 탈거

[전기 3] 시험결과 기록표

자동차 번호 :

항목	① 측정(또는 점검)		② 판정 및 정비(또는 조치)사항		득점
	이상부위	내용 및 상태	판정 (□에 'V'표)	정비 및 조치할 사항	
전조등 회로	우측 상향등 퓨즈(10A)	단선	□ 양호 ☑ 불량	퓨즈(10A) 교환/재점검	

3-1-3. 판정 및 정비 조치사항

1) 불량에 ☑ 표시한다.
2) 커넥터, 퓨즈, 릴레이, 전구 등이 탈거 시 "연결"로 답안지를 작성한다.
3) 퓨즈 단선, 파손인 경우 "퓨즈 교환/재점검", 없는 경우 "퓨즈 장착/재점검"으로 답안지를 작성한다.

| 다. 전기 | 4. 주어진 자동차에서 경음기 음량을 측정하여 기록·판정하시오. |

4-1. 경음기 음량 측정

4-1-1. 측정

1) 차량 전방 2m 위치, 높이 1.2±0.05m 위치에 혼 시험기를 설치한다.

2) C 특성을 선택한다.

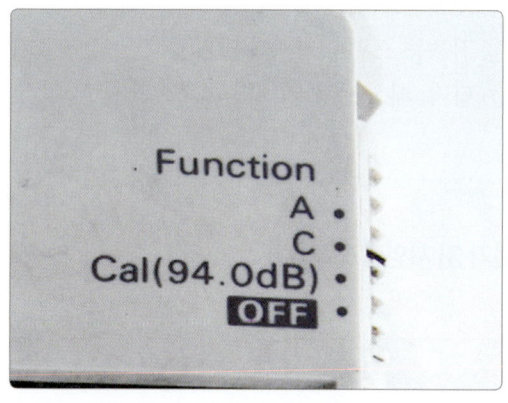

3) 레인지는 90~130dB을 선택한다.

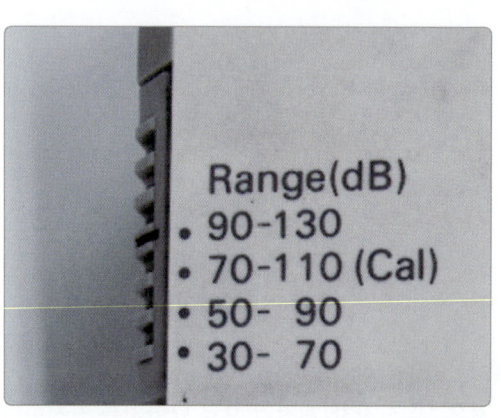

4) Fast, Max Hold를 선택하고 Reset 버튼을 누른다.

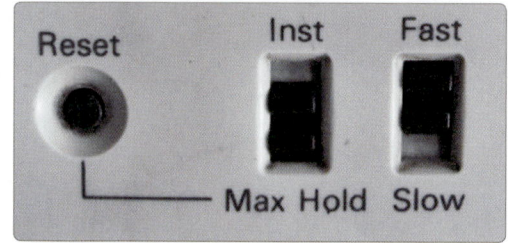

5) 수검자 본인이 경음기를 누른다. "빵"

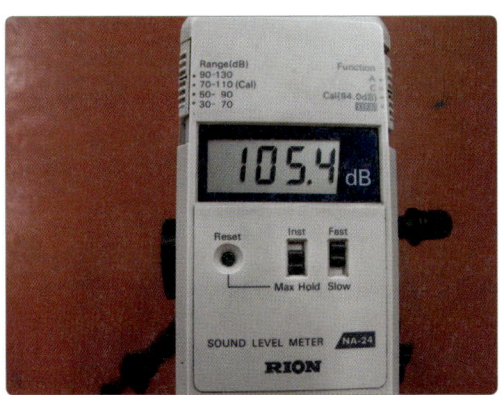

6) 측정값이 홀드된다.(105.4dB)

7) 시험 차량의 자동차 등록증의 차대번호 앞에서 10번째 부호 X를 보고 99년식임을 확인한다.

자동차 등록증						
① 자동차 등록번호	서울 29더 9099	② 차종	소형승용	③ 용도		자가용
④ 차명	베르나		⑤ 형식 및 연식			LC5-15LA-1
⑥ 차대번호	KMHCG51BPXU090115		⑦ 원동기 형식			G4FK
⑧ 사용본거지	서울특별시 노원구 상계동 771번지					
소유자	⑨ 성명(명칭)	홍길동	⑩ 주민(사업자) 등록번호			510909-1000002
	⑪ 주소	서울특별시 노원구 상계동 771번지				
생산연도(M : 91, N : 92, P : 93, R : 94, S : 95, T : 96, V : 97, W : 98, X : 99, Y : 2000, 1 : 2001, 2 : 2002 , 3 : 2003 ……, A : 2010)						

경음기 음량 규정값	
1999년까지	90~115dB
2000년 이후	90~110dB

4-1-2. 답안지 작성

1) 측정값 105.4dB을 답안지에 기록한다.
2) 1999년 기준값 90~115dB을 답안지에 기록한다.
3) 경음기 기준값은 감독위원이 제시하지 않는다.(차량 등록증만 제시, 연식별 기준값 암기)

[전기 4] 시험결과 기록표

자동차 번호 :

항목	① 측정(또는 점검)		② 판정 및 정비(또는 조치)사항		득점
	측정값	규정(정비한계)값	판정 (□에 'V'표)	정비 및 조치할 사항	
경음기 음량	105.4dB	<u>90 dB 이상</u> <u>115 dB 이하</u>	☑ 양호 □ 불량	없음	

4-1-3. 판정 및 정비 조치사항

1) 측정값 105.4dB이 규정값 90~115dB 범위 내에 있으므로 양호에 ☑ 표시한다.
2) 측정값이 규정값 범위를 벗어나면 불량에 ☑ 표시 후 "경음기 교환/재점검"으로 답안지를 작성한다.

MEMO

Craftsman
Motor Vehicles
Maintenance

3

Craftsman

Motor Vehicles

Maintenance 자동차정비기능사 실기

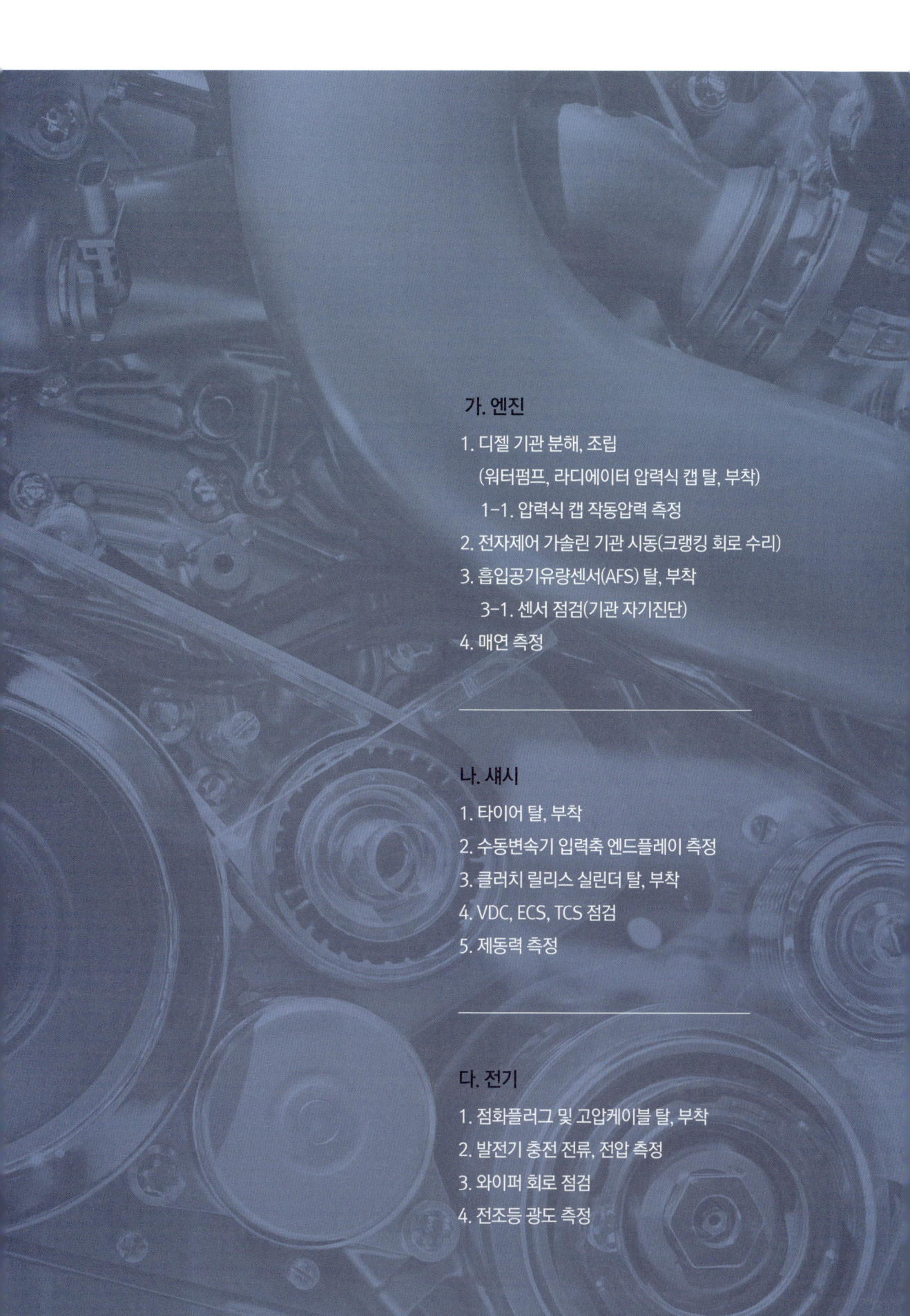

가. 엔진

1. 디젤 기관 분해, 조립
   (워터펌프, 라디에이터 압력식 캡 탈, 부착)
   1-1. 압력식 캡 작동압력 측정
2. 전자제어 가솔린 기관 시동(크랭킹 회로 수리)
3. 흡입공기유량센서(AFS) 탈, 부착
   3-1. 센서 점검(기관 자기진단)
4. 매연 측정

나. 섀시

1. 타이어 탈, 부착
2. 수동변속기 입력축 엔드플레이 측정
3. 클러치 릴리스 실린더 탈, 부착
4. VDC, ECS, TCS 점검
5. 제동력 측정

다. 전기

1. 점화플러그 및 고압케이블 탈, 부착
2. 발전기 충전 전류, 전압 측정
3. 와이퍼 회로 점검
4. 전조등 광도 측정

3. 자동차정비기능사 국가기술자격검정 실기시험문제

자격종목	자동차정비기능사	과제명	자동차정비작업

※ 문제지는 시험종료 후 본인이 가져갈 수 있습니다.

비번호		시험일시		시험장명	

※ 시험시간 : 4시간 | 엔진 : 100분   섀시 : 80분   전기 : 60분

☑ 요구사항

가. 엔진	1. 주어진 디젤 기관에서 워터펌프와 라디에이터 압력식 캡을 탈거 후 (감독위원에게 확인)하고, 감독위원의 지시에 따라 기록표의 내용대로 기록·판정 후 다시 조립하십시오.

1-1. 디젤 기관 분해, 조립(워터펌프, 라디에이터 압력식 캡 탈, 부착)

📖 1안 참조 - p.4

1-2. 라디에이터 캡 개방압력 측정

1-2-1. 캡 개방압력 측정

1) 시험차량의 라디에이터 캡을 탈거한다.

2) 시험기에 라디에이터 캡을 장착한다.

3) 라디에이터 캡이 개방될 때까지 펌프를 2~3회 작동 후 측정값을 읽는다.(0.74bar)

1-2-2. 답안지 작성

1) 측정값 0.74bar를 답안지에 기록한다.
2) 규정값 0.6~0.9bar 10초간 유지는 감독위원이 제시한다.

[엔진 1] 시험결과 기록표

자동차 번호 :

항목	① 측정(또는 점검)		② 판정 및 정비(또는 조치)사항		득점
	측정값	규정(정비한계)값	판정 (□에 'V'표)	정비 및 조치할 사항	
압력식 캡	0.74bar	0.6~0.9bar 10초간 유지	☑ 양호 □ 불량	없음	

1-2-3. 판정 및 정비조치사항

1) 캡 개방압력이 규정값 범위를 벗어나면 "라디에이터 캡 교환/재점검"으로 답안지를 작성한다.

> **가. 엔진** 2. 주어진 전자제어 가솔린 기관에서 감독위원의 지시에 따라 시동에 필요한 크랭킹회로의 고장부분 1개소를 점검 및 수리하여 시동하시오.

2-1. 전자제어 가솔린 기관 시동(크랭킹 회로 수리)

📖 **1안 참조 - p.33**

| 가. 엔진 | 3. 주어진 자동차에서 흡입공기유량센서를 탈거(감독위원에게 확인)한 후 다시 조립하고, 감독위원의 지시에 따라 진단기(스캐너)를 사용하여 기관의 각종 센서(액추에이터) 점검 후 고장부분을 기록하시오. |

3-1. 흡입공기유량센서(AFS) 탈, 부착

3-1-1. 일체형 AFS 탈, 부착

1) 에어필터 커버를 탈거한다.

2) 에어필터를 탈거한다.

3) AFS 고정 밴드 볼트를 푼다.

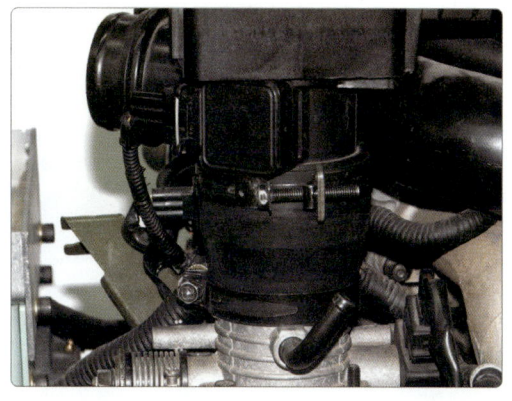

4) 에어필터 케이스 고정 볼트를 탈거한다.

5) 에어필터 케이스를 탈거한다.

6) AFS 고정 볼트를 탈거한다.

7) AFS를 탈거한다.

8) 탈거한 AFS를 감독위원에게 확인받는다.

9) AFS를 케이스에 조립한다.

10) 케이스를 기관에 장착 후 클램프를 체결한다.

11) 케이스 고정 볼트를 체결한다.

12) 에어필터를 장착한다.

13) 에어필터 케이스 커버를 조립 후 감독위원
의 확인받는다.

3-1-2. 연결형 AFS 탈, 부착

1) AFS 위치를 확인한다.

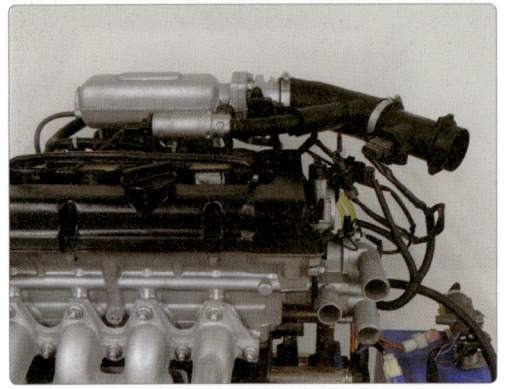

2) AFS 커넥터를 탈거 후 AFS를 탈거한다.

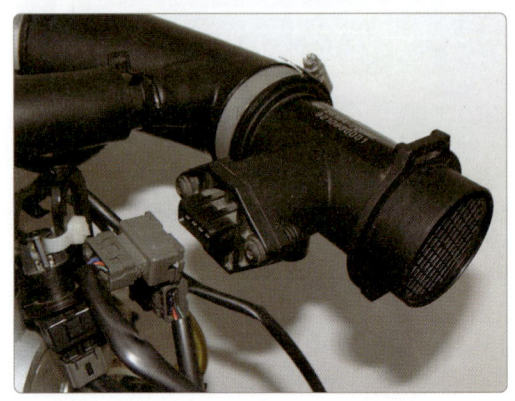

3) 탈거한 AFS를 감독위원에게 확인받는다.

4) AFS ⇦ 가 서지탱크 쪽으로 가도록 장착한다.

5) AFS 커넥터를 연결한다.

6) 감독위원에게 확인받는다.

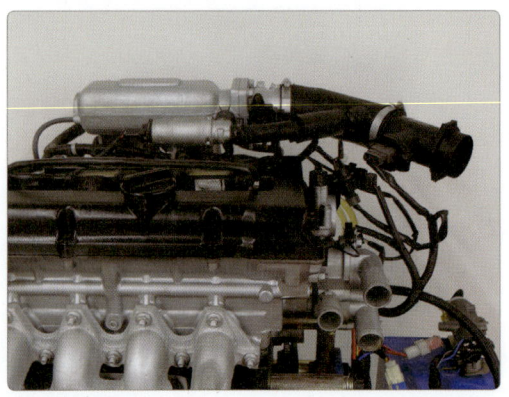

3-2. 기관 자기진단

 1안 참조 – p.39

| 가. 엔진 | 4. 주어진 자동차에서 기록표에 제시된 내용을 측정하고 기록·판정하시오.(매연 측정) |

4-1. 매연 측정

1안 참조 – p.42

| 나. 섀시 | 1. 주어진 자동차에서 감독위원의 지시에 따라 림(휠)에서 타이어 1개를 탈거(감독위원에게 확인)한 후, 다시 조립하시오. |

1-1. 타이어 탈, 부착

1) 타이어를 회전 테이블에 올린다.

2) 탈거한 에어밸브를 정렬한다.

3) 타이어 탈, 부착기 작동페달 위치를 확인한다.

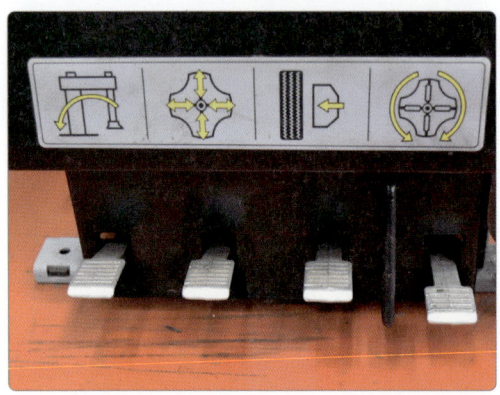

4) 왼쪽에서 세 번째 페달을 밟아 타이어를 압착한다.

5) 타이어 뒷면도 압착한다.

6) 타이어 앞, 뒷면에 비눗물을 바른다.

7) 타이어를 회전테이블에 올려놓는다.

8) 왼쪽에서 두 번째 페달을 밟아 타이어를 고정한다.

9) 탈착 레버를 하강하여 림에 밀착시킨다.

10) 고정 레버를 눌러 고정한다.

11) 탈착 레버로 타이어 윗면을 들어올린다.

12) 왼쪽에서 네 번째 페달을 밟아 타이어를 회전한다.

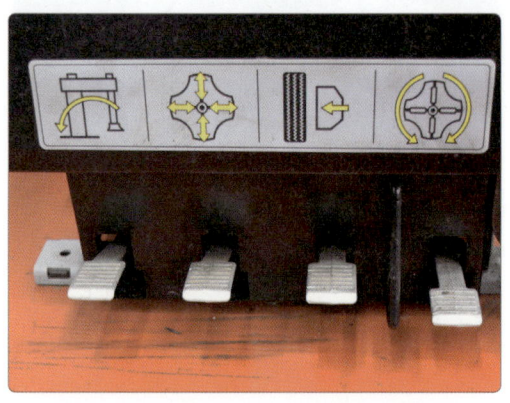

13) 탈착 레버를 타이어를 따라 회전시킨다.

14) 탈착 레버로 타이어 아랫면을 들어올린다.

15) 왼쪽에서 네 번째 페달을 밟아 타이어를 회전한다.

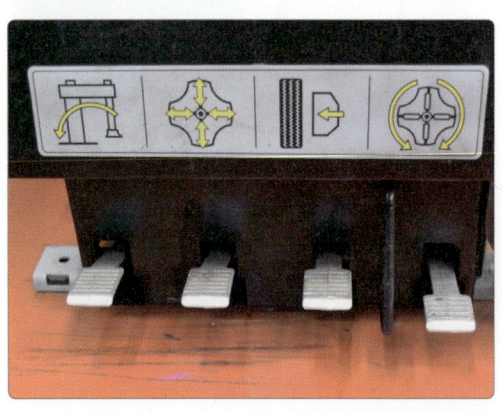

16) 탈착 레버를 타이어를 따라 회전시킨다.

17) 1번 페달을 밟아서 붐대를 뒤로 틸트한다.

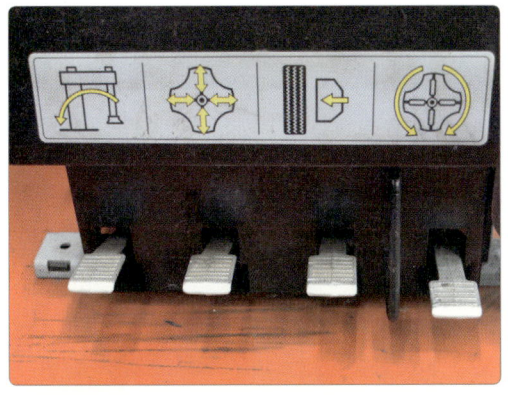

18) 붐대가 뒤로 틸트된다.

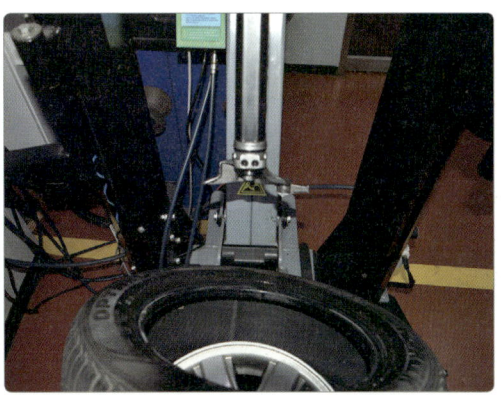

19) 탈착한 타이어를 감독위원에게 확인받는다.

20) 타이어 앞, 뒷면에 비눗물을 바른다.

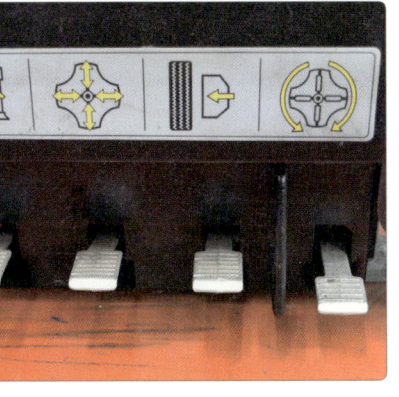

21) 타이어를 회전 테이블에 올린다.

22) 1번 페달을 밟아서 붐대를 앞으로 틸트한다.

23) 타이어 밑면을 좌측 지그에 밀착시킨다.

24) 왼쪽에서 네 번째 페달을 밟아 타이어를 회전한다.

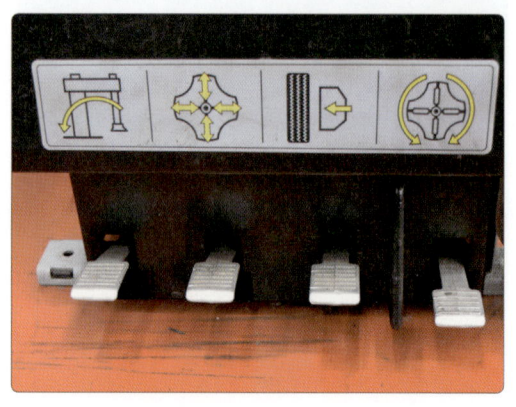

25) 타이어 윗면을 좌측 지그에 밀착시킨다.

26) 왼쪽에서 네 번째 페달을 밟아 타이어를 회전한다.

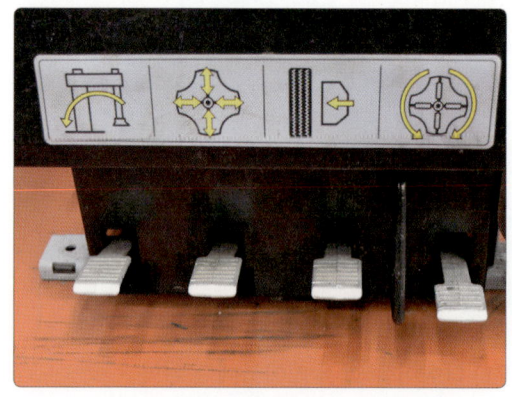

27) 타이어를 누르면서 회전한다.

28) 1번 페달을 밟아서 붐대를 뒤로 틸트한다.

29) 에어밸브를 장착한다.

30) 에어주입기를 연결한다.

31) 자동 주입기 +, - 로 규정압력을 셋팅한다.
    (예 : 32bar)

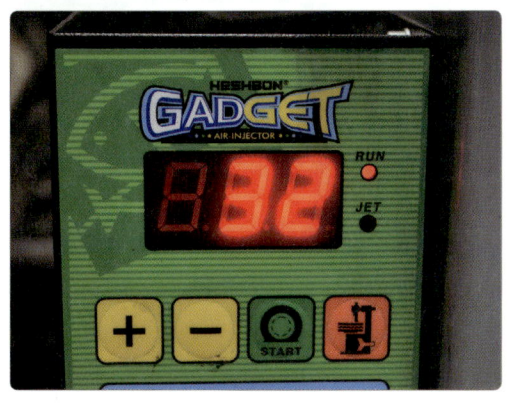

32) Start 버튼을 누른다.

33) 에어 주입이 완료되면 삑삑삑 소리가 들린다.

34) 에어밸브 캡을 닫은 후 감독위원의 확인을 받는다.

| 나. 섀시 | 2. 주어진 수동변속기에서 감독위원의 지시에 따라 입력축 엔드플레이를 점검하여 기록·판정하시오. |

2-1. 수동변속기 입력축 엔드플레이 측정

2-1-1. 측정

1) 변속기에 다이얼 게이지 설치 후, 드라이버를 5단 기어 하단에 삽입한다.

2) 드라이버로 5단 기어를 들어 올린 후 게이지를 읽는다.

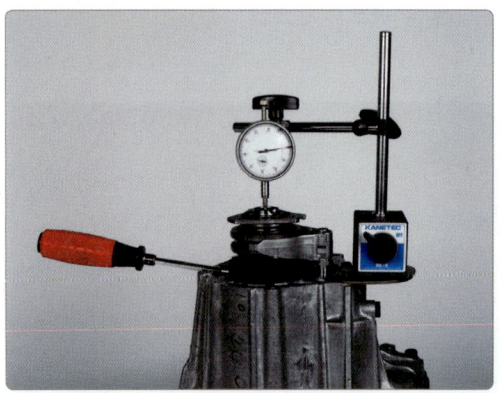

2-1-2. 답안지 작성

1) 엔드플레이 측정값 0.04mm를 답안지에 기입한다.
2) 기준값 0.03~0.05mm를 답안지에 기입한다.

[섀시 2] 시험결과 기록표

자동차 번호 :

항목	① 측정(또는 점검)		② 판정 및 정비(또는 조치)사항		득점
	측정값	규정(정비한계)값	판정 (□에 'V'표)	정비 및 조치할 사항	
엔드플레이	0.04mm	0.03~0.05mm	☑ 양호 □ 불량	없음	

2-1-3. 판정 및 정비 조치사항

1) 측정값 0.04mm가 기준값 0.03~0.05mm 범위 내에 있으므로 양호에 ☑ 표시한다.
2) 엔드플레이가 규정값 범위를 벗어나면 불량에 ☑ 표시 후 "입력축 베어링 시임으로 조정/재점검"으로 답안지를 작성한다.

나. 섀시

3. 주어진 자동차에서 감독위원의 지시에 따라 클러치 릴리스 실린더를 탈거(감독위원에게 확인)하고, 다시 조립하여 공기빼기 작업 후 클러치의 작동상태를 확인하시오.

3-1. 클러치 릴리스 실린더 탈, 부착

1) 시험 차량의 릴리스 실린더를 확인한다.

2) 릴리스 실린더 유압 호스를 탈거한다.

3) 릴리스 실린더를 탈거한다.

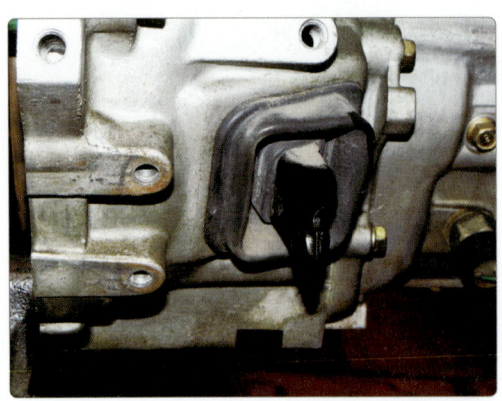

4) 탈거한 릴리스 실린더를 감독위원에게 확인 받는다.

5) 릴리스 실린더를 장착한다.

6) 릴리스 실린더 유압 파이프를 연결한다.

7) 클러치 마스터 실린더에 오일을 보충한다.

8) 클러치 페달을 밟고 릴리스 실린더 에어 브리더로 에어를 배출한다.

9) 2~3회 에어빼기 작업을 반복 후 감독위원에게 확인받는다.

나. 섀시

4. 주어진 자동차에서 감독위원의 지시에 따라 진단기(스캐너)로 전자제어 현가장치 (VDC, ECS, TCS 등)를 점검하고, 기록·판정하시오.

4-1. VDC, ECS, TCS 점검

4-1-1. 센서 진단

1) 차량통신을 선택한다.

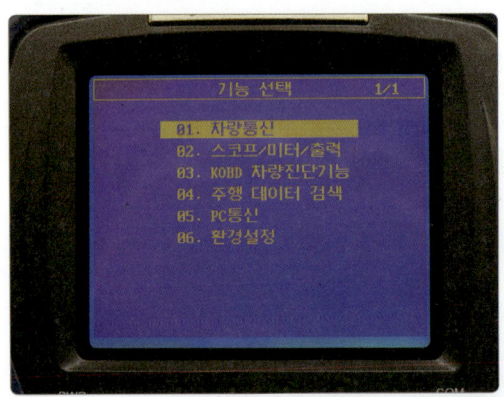

2) 현대자동차를 선택한다.

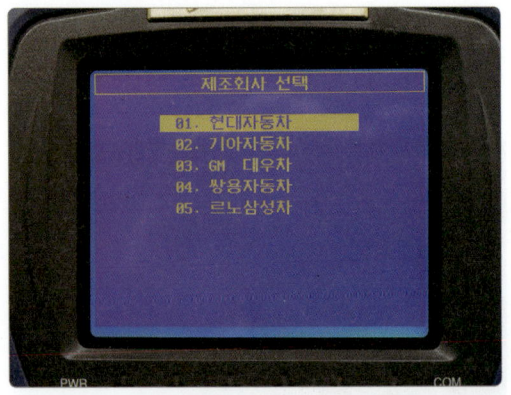

3) i30(FD)를 선택한다.

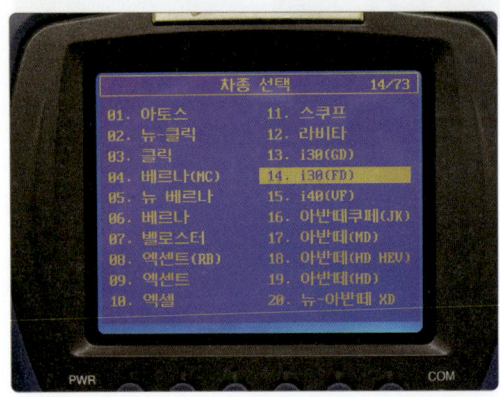

4) 제동제어를 선택한다.

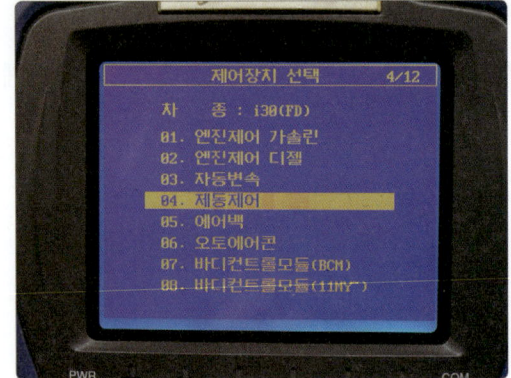

5) 자기진단을 선택한다.

6) 고장코드가 표시된다.
   (앞 좌측 휠센서 - 단선/단락)

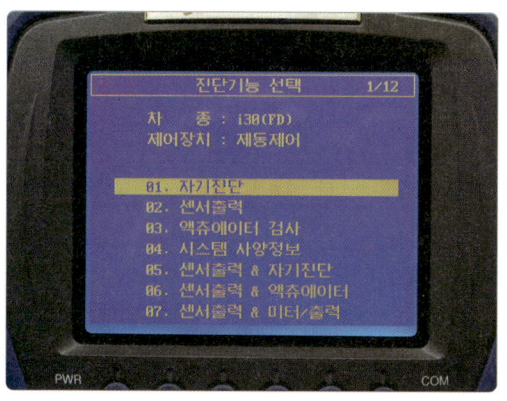
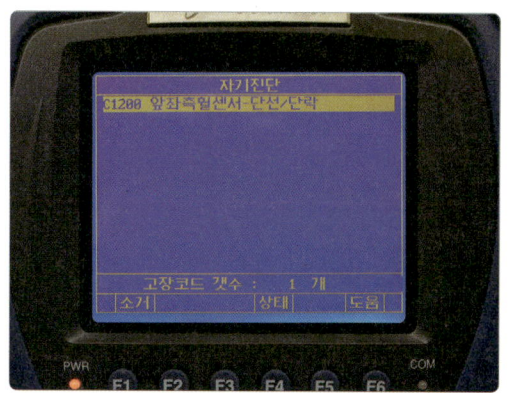

7) 앞 좌측 휠센서 커넥터를 확인한다.(커넥터 탈거)

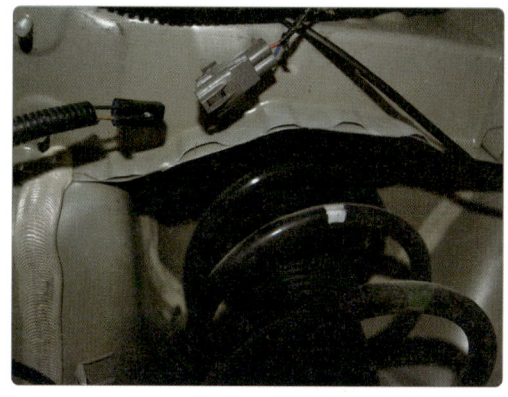

4-1-2. 답안지 작성

1) 답안지 이상부위에 "앞 좌측 휠센서 단선/단락"에서 "앞 좌측 휠센서"만 기입한다.(단선/단락 제외)
2) 앞 좌측 휠센서 커넥터를 확인하여 탈거 시 "커넥터 탈거", 커넥터 연결 시 "센서 불량"으로 답안지를 작성한다.

[섀시 4] 시험결과 기록표

자동차 번호 :

항목	① 측정(또는 점검)		② 판정 및 정비(또는 조치)사항		득점
	이상부위	내용 및 상태	판정 (□에 'V'표)	정비 및 조치할 사항	
자기진단	앞 좌측 휠센서	커넥터 탈거	□ 양호 ☑ 불량	커넥터 연결 / 고장코드 삭제 후 재점검	

4-1-3. 판정 및 정비 조치사항

1) 불량에 ☑ 표시한다.
2) 고장 코드가 표시 된 부품의 커넥터를 확인하고 커넥터가 연결되어 있으면 내용 및 상태에는 "센서 불량", 정비 및 조치사항은 "센서 교환/고장코드 삭제 후 재점검"으로 답안지를 작성한다.

나. 섀시 5. 주어진 자동차에서 감독위원의 지시에 따라 제동력을 측정하여 기록·판정하시오.

5-1. 제동력 측정

1안 참조 – p.66

| 다. 전기 | 1. DOHC 기관의 자동차에서 점화플러그 및 고압케이블을 탈거(감독위원에게 확인)한 후, 다시 부착하고 시동이 되는지 확인하시오. |

1-1. 점화플러그 및 고압케이블 탈, 부착

1) 시험 엔진의 점화코일 보호 커버를 탈거한다.

2) 감독위원이 지정한 4번 점화코일 커넥터를 탈거한다.

3) 점화코일을 탈거한다.

4) 플러그 렌치를 이용하여 점화플러그를 탈거한다.

5) 점화코일을 집어넣어 플러그를 뽑아 올린다.

6) 탈거한 점화코일과 플러그를 감독위원에게 확인받는다.

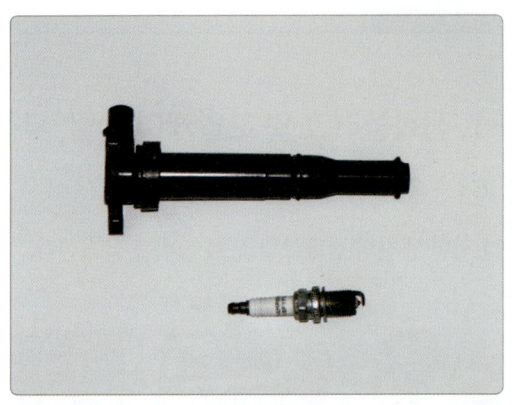

7) 점화플러그를 코일에 꽂아 집어넣는다.

8) 점화코일을 오른쪽으로 3회전 정도 회전시켜 점화플러그가 조여지도록 한다.

9) 점화코일을 뽑아 올린다.

10) 점화플러그 렌치를 이용하여 규정토크로 체결한다.

11) 점화코일을 장착한다.

12) 점화코일 커넥터를 연결한다.

13) 점화코일 보호 커버를 장착 후 감독위원에게 확인받는다.

다. 전기

2. 주어진 자동차의 발전기에서 감독위원의 지시에 따라 충전되는 전류와 전압을 점검하여 확인사항을 기록·판정하시오.

2-1. 발전기 충전 전류, 전압 측정

2-1-1. 측정

1) 발전기 B 단자에서 퓨즈박스로 연결된 충전 케이블에 전류계를 설치한다.

2) DCA 위에서 ZERO ADJ 버튼을 눌러 영점 조정한다.

3) 엔진을 시동하고 측정값을 읽는다.(28.5A)

4) 배터리 양단에서 전압을 측정한다.(14.19V)

2-1-2. 답안지 작성

1) 충전 전류 측정값 28.5A를 답안지에 기록한다.
2) 충전 전압 측정값 14.19V를 답안지에 기록한다.
3) 전압 규정값 : 13.5-15.5V을 답안지에 기록한다.
4) 전류 기준값은 기록하지 않고 판정에 참고만 한다.

[전기 2] 시험결과 기록표

자동차 번호 :

항목	① 측정(또는 점검)		② 판정 및 정비(또는 조치)사항		득점
	측정값	규정(정비한계)값	판정 (□에 'V'표)	정비 및 조치할 사항	
충전 전류	28.5A		☑ 양호 □ 불량	없음	
충전 전압	14.19V	13.5~15.5V			

※ 측정조건은 감독위원이 제시합니다.

2-1-3. 판정 및 정비 조치사항

1) 전압 측정값 14.19V가 기준값 13.5-15.5V 범위내에 있으므로 양호에 ☑ 표시한다.
2) 측정값이 규정값 범위를 벗어나면 불량에 ☑ 표시 후 "발전기 교환/재점검"으로 답안지를 작성한다.

| **다. 전기** | 3. 주어진 자동차에서 와이퍼 회로에 고장부분을 점검한 후 기록·판정하시오. |

3-1. 와이퍼 회로 점검

3-1-1. 점검

1) 엔진룸 퓨즈 박스에서 IG2 퓨즈(30A)를 확인한다.

2) 실내 퓨즈 박스에서 와이퍼 퓨즈(20A)와 와이퍼 릴레이를 확인한다.

3) 와이퍼 모터 커넥터 탈거를 확인한다.

4) 와이퍼 스위치 커넥터를 확인한다.

3-1-2. 답안지 작성

1) 부품의 정확한 명칭을 고장부분 답안지에 기입한다.
2) 전구가 끊어진 경우 "단선", 퓨즈, 전구, 릴레이가 없는 경우 "없음", 퓨즈, 릴레이 터미널이 부러진 경우 "파손"으로 기입한다.
3) 예상답안
① 와이퍼 모터 커넥터 탈거
② IG2 퓨즈(30A) 단선(또는 없음, 파손)
③ 와이퍼 퓨즈(20A) 단선(또는 없음, 파손)
④ 와이퍼 릴레이 없음(또는 파손)
⑤ 와이퍼 S/W 커넥터 탈거

[전기 3] 시험결과 기록표

자동차 번호 :

항목	① 측정(또는 점검)		② 판정 및 정비(또는 조치)사항		득점
	이상부위	내용 및 상태	판정 (□에 'V'표)	정비 및 조치할 사항	
와이퍼 회로	와이퍼 퓨즈(20A)	단선	□ 양호 ☑ 불량	퓨즈(20A) 교환/재점검	

3-1-3. 판정 및 정비 조치사항

1) 불량에 ☑ 표시한다.
2) 커넥터 탈거 시 "연결"로 답안지를 작성한다.
3) 퓨즈 단선, 파손인 경우 "퓨즈 교환", 없는 경우 "퓨즈 장착"으로 답안지를 작성한다.

다. 전기

4. 주어진 자동차에서 좌 또는 우측의 전조등을 측정하고 기록·판정하시오.

4-1. 전조등 광도 측정

📖 **1안 참조** - p.78

4

Craftsman
Motor Vehicles
Maintenance 자동차정비기능사 실기

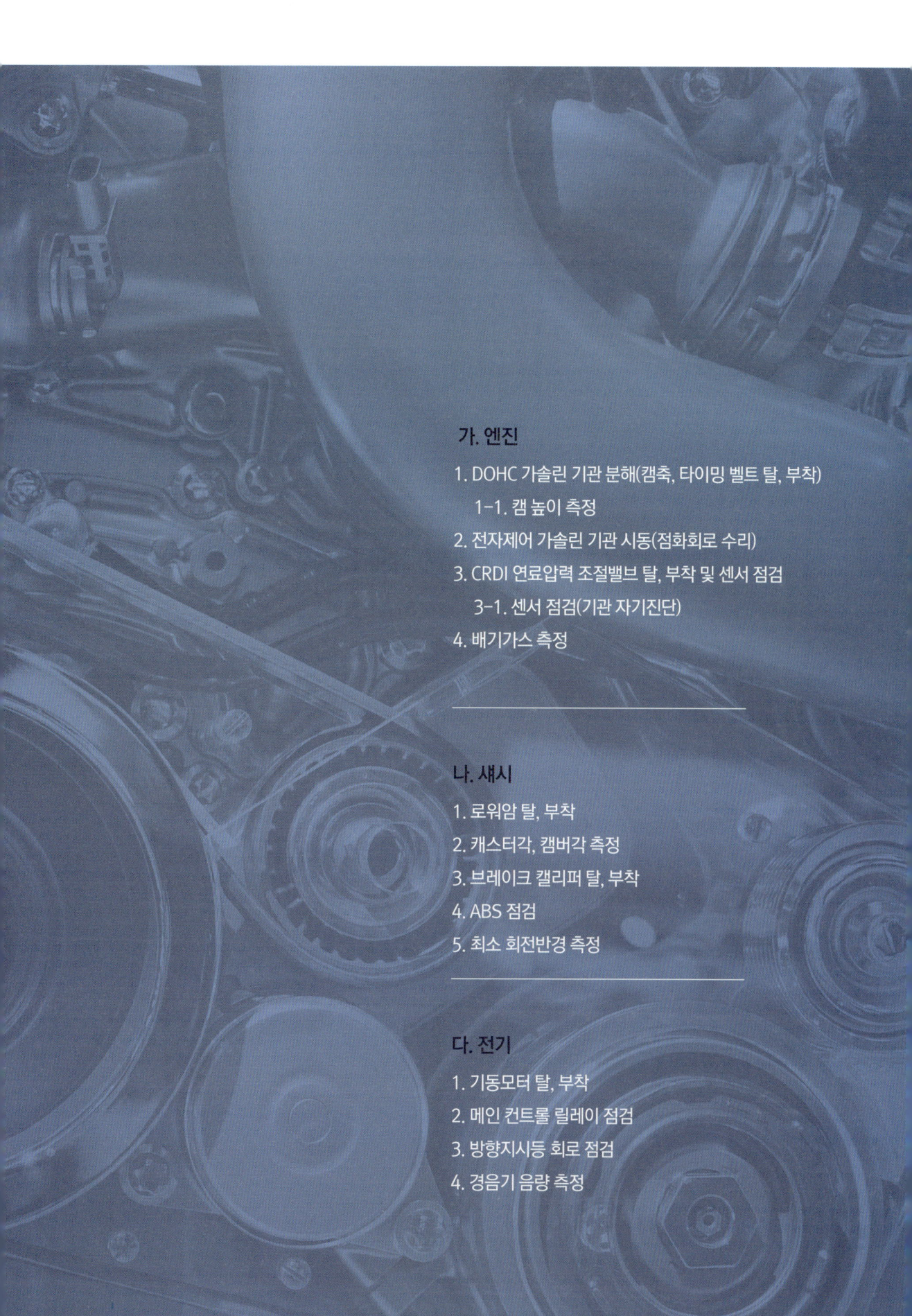

가. 엔진

1. DOHC 가솔린 기관 분해(캠축, 타이밍 벨트 탈, 부착)
   - 1-1. 캠 높이 측정
2. 전자제어 가솔린 기관 시동(점화회로 수리)
3. CRDI 연료압력 조절밸브 탈, 부착 및 센서 점검
   - 3-1. 센서 점검(기관 자기진단)
4. 배기가스 측정

나. 섀시

1. 로워암 탈, 부착
2. 캐스터각, 캠버각 측정
3. 브레이크 캘리퍼 탈, 부착
4. ABS 점검
5. 최소 회전반경 측정

다. 전기

1. 기동모터 탈, 부착
2. 메인 컨트롤 릴레이 점검
3. 방향지시등 회로 점검
4. 경음기 음량 측정

4

자격종목	자동차정비기능사	과제명	자동차정비작업

※ 문제지는 시험종료 후 본인이 가져갈 수 있습니다.

비번호		시험일시		시험장명	

※ 시험시간 : 4시간 | 엔진 : 100분   섀시 : 80분   전기 : 60분

☑ 요구사항

가. 엔진	1. 주어진 DOHC 가솔린 기관에서 캠축과 타이밍 벨트를 탈거(감독위원에게 확인)하고, 감독위원의 지시에 따라 기록표의 내용대로 기록·판정한 후 다시 조립하시오.

1-1. 가솔린 기관 분해, 조립(캠축, 타이밍 벨트 탈, 부착)

📖 **2안 참조 - p.86**

1-2. 캠 높이 측정

1-2-1. 측정

1) 감독위원이 지정한 실린더의 캠을 확인한다. (예 : 3번 실린더 흡기 캠, 미지정 시 가장 위쪽 캠)

2) 캠 높이를 측정한다.(39.30mm)

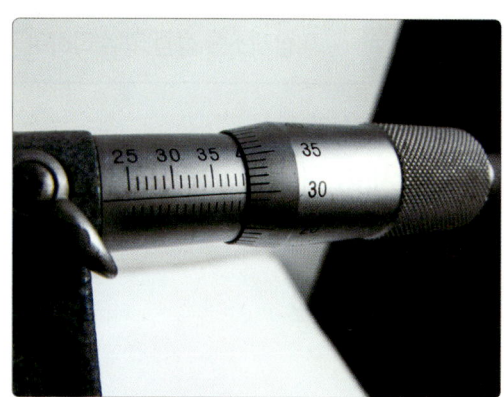

1-2-2. 답안지 작성

1) 캠 높이 측정값 39.30mm를 답안지에 기입한다.
2) 규정값 40.50~42.00mm를 답안지에 기입한다.

[엔진 1] 시험결과 기록표

자동차 번호 :

항목	① 측정(또는 점검)		② 판정 및 정비(또는 조치)사항		득점
	측정값	규정(정비한계)값	판정 (□에 'V'표)	정비 및 조치할 사항	
캠 높이	39.30mm	40.50~42.00mm	□ 양호 ☑ 불량	캠축 교환/재점검	

1-2-3. 판정 및 정비 조치사항

1) 측정값 39.30mm가 규정값 40.50~42.00mm 범위를 벗어나므로 불량에 ☒ 표시한다.
2) 캠 높이가 규정값 범위 내에 있으면 양호에 ☒ 표시 후 "없음"으로 답안지에 기록한다.

가. 엔진	2. 주어진 전자제어 가솔린 기관에서 감독위원의 지시에 따라 시동에 필요한 점화회로의 이상개소를 점검 및 수리하여 시동하시오.

2-1. 전자제어 가솔린 기관 시동(점화회로 수리)

📖 1안 참조 - p.33

가. 엔진

3. 주어진 자동차에서 CRDI 기관의 연료압력 조절밸브를 탈거(감독위원에게 확인)한 후 다시 조립하고, 감독위원의 지시에 따라 진단기(스캐너)를 사용하여 기관의 각종 센서 (액추에이터) 점검 후 고장부분을 기록하시오.

3-1. CRDI 연료압력 조절밸브 탈, 부착

1) 시험 차량의 연료압력 조절밸브를 확인한다.

2) 연료압력 조절밸브 커넥터를 탈거한다.

3) 연료압력 조절밸브를 탈거한다.

4) 탈거한 압력 조절밸브를 감독위원에게 확인 받는다.

5) 연료압력 조절밸브를 장착한다.　　6) 연료압력 조절밸브 커넥터를 연결 후 감독위
　　　　　　　　　　　　　　　　　　　원에게 확인받는다.

3-2. 센서 점검

📖 **1안 참조** - p.39

가. 엔진　4. 주어진 자동차에서 기록표에 제시된 내용을 측정하고 기록·판정하시오.(CO, HC)

4-1. 배기가스 측정

📖 **2안 참조** - p.111

| 나. 섀시 | 1. 주어진 자동차에서 감독위원의 지시에 따라(좌 또는 우측) 로워암(lower control arm)을 탈거(감독위원에게 확인)한 후, 다시 조립하시오. |

1-1. 로워암 탈, 부착

1) 타이어를 탈거한다.

2) 허브너트 고정 분할핀을 탈거한다.

3) 허브너트를 탈거한다.

4) 쇽업소버, 브레이크 호스 고정 볼트를 탈거한다.

5) 스태빌라이저 볼조인트를 탈거한다.

6) 등속 조인트를 탈거한다.

7) 탈거한 너클을 쇽업소버에 임시로 고정한다.

8) 로워암 볼조인트 너트를 볼트면까지 푼다.

9) 볼조인트 탈착기를 장착한다.

10) 탈착기를 압축하여 볼 조인트를 탈거한다.

11) 볼조인트 고정 너트를 탈거한다.

12) 허브너클을 탈거한다.

13) 앞쪽 로워암 고정 볼트를 탈거한다.

14) 뒷쪽 로워암 고정 볼트를 탈거한다.

15) 로워암을 탈거한다.

16) 탈거한 로워암을 감독위원에게 확인받는다.

17) 로워암을 장착하고 전, 후 고정 볼트를 조립한다.

18) 허브너클을 장착하고 볼조인트 너트를 고정한다.

19) 임시 고정한 쇽업소버 볼트를 탈거한다.

20) 등속 조인트를 장착한다.

21) 허브너트를 체결하고 분할핀을 장착한다.

22) 스태빌라이저 볼조인트를 장착한다.

23) 쇽업소버, 브레이크 호스 고정 볼트를 장착한다.

24) 타이어를 장착하고 감독위원에게 확인받는다.

| 나. 섀시 | 2. 주어진 자동차에서 감독위원의 지시에 따라 휠 얼라인먼트 시험기를 사용하여 캐스터각과 캠버각을 점검하여 기록·판정하시오. |

2-1. 캐스터각, 캠버각 측정

📖 **1안 참조** - p.53

나. 섀시

3. 주어진 자동차에서 감독위원의 지시에 따라 제동장치의(좌 또는 우측) 브레이크 캘리퍼를 탈거(감독위원에게 확인)하고, 다시 조립하여 공기빼기 작업 후 브레이크의 작동 상태를 확인하시오.

3-1. 브레이크 캘리퍼 탈, 부착

1) 캘리퍼 브레이크 호스 볼트를 탈거한다.

2) 캘리퍼 하부 고정 볼트를 탈거한다.

3) 캘리퍼 상부 고정 볼트를 탈거한다.

4) 캘리퍼를 탈거한다.

5) 탈거한 캘리퍼를 감독위원에게 확인받는다.

6) 캘리퍼를 장착하고 캘리퍼 상, 하부 고정 볼트를 규정토크로 조인다.

7) 캘리퍼 브레이크 호스 볼트를 규정토크로 조인다.

3-2. 공기 빼기

1) 에어 브리더 캡을 탈거한다.

2) 조합 렌치를 설치하고 오일 교환기를 연결한다.

3) 마스터 실린더 오일보충탱크에 브레이크 오일을 보충한다.

4) 교환기 레버를 누른 후 브리더를 좌측으로 1/2 회전하여 에어를 배출한다.

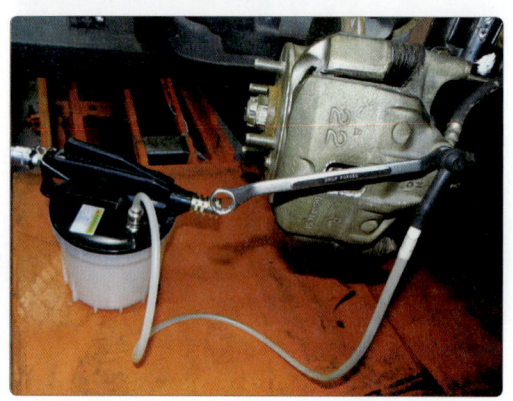

5) 약 5초 후 에어 브리더를 우측으로 잠근다.

6) 오일을 다시 보충한다.

7) 교환기 레버를 누른 후 브리더를 좌측으로 1/2 회전한다.

8) 약 5초 후 에어 브리더를 우측으로 잠근다.

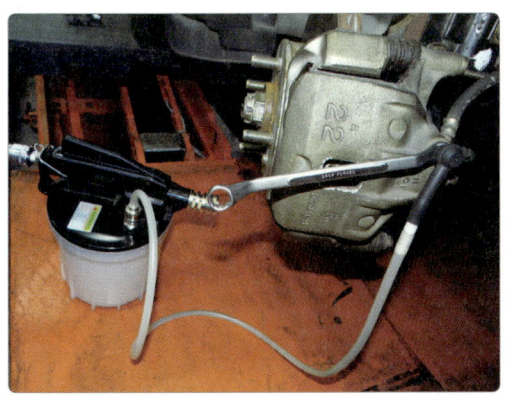

9) 오일을 다시 보충한 후 위 작업을 에어가 나오지 않을 때까지 2~3회 반복한다.

10) 브리더 캡을 닫는다.

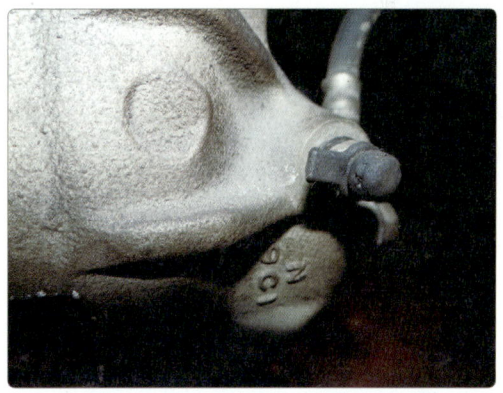

나. 섀시

4. 주어진 자동차에서 감독위원의 지시에 따라 진단기(스캐너)로 전자제어 제동장치(ABS)를 점검하고, 기록·판정하시오.

4-1. ABS 점검

4-1-1. 센서 진단

1) 차량통신을 선택한다.

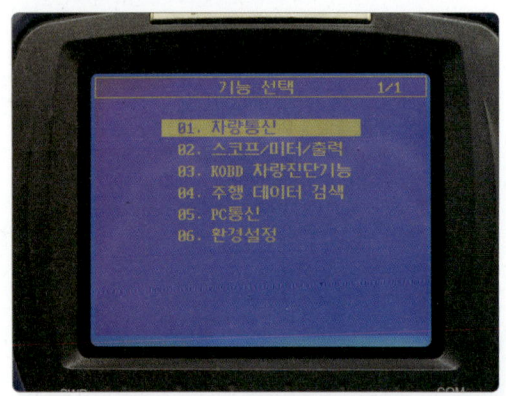

2) 현대자동차를 선택한다.

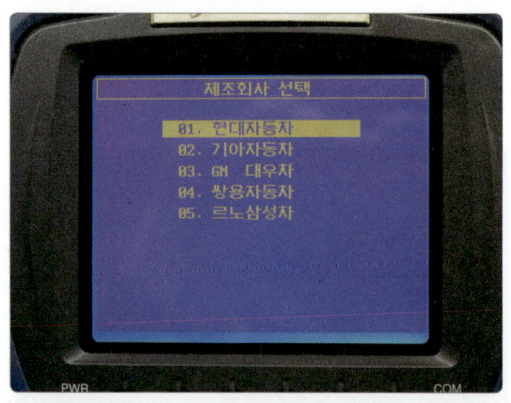

3) i30(FD)를 선택한다.

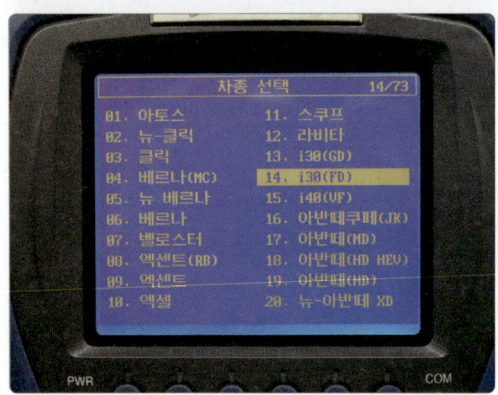

4) 제동제어를 선택한다.

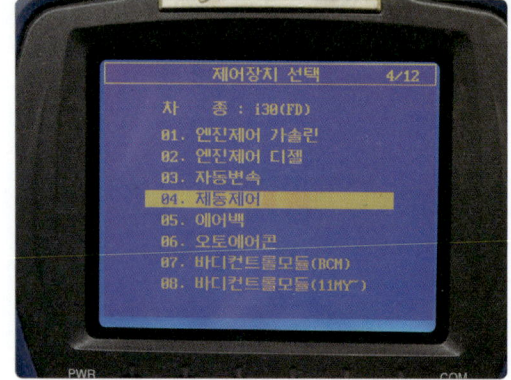

5) 자기진단을 선택한다.

6) 고장코드가 표시된다.
   (뒤 우측 휠센서 단선/단락)

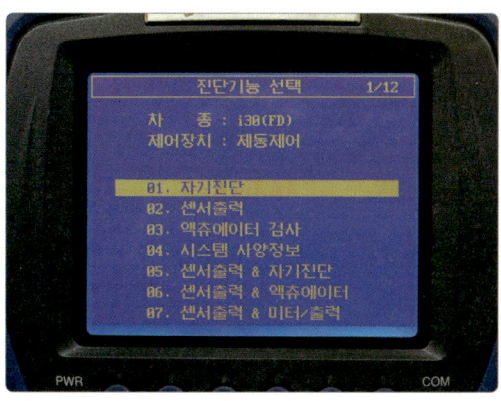
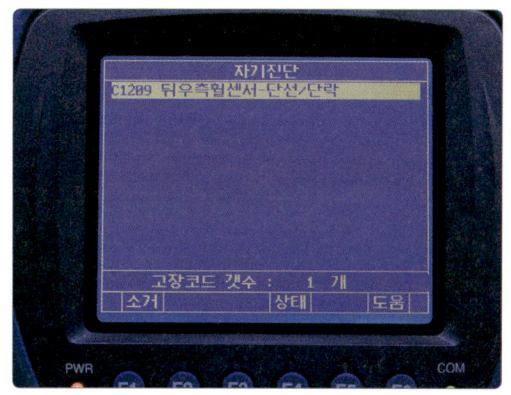

7) 뒤 우측 휠센서 커넥터를 확인한다.
   (커넥터 탈거)

4-1-2. 답안지 작성

1) 답안지 이상 부위에 "뒤 우측 휠센서 단선/단락"에서 "뒤 우측 휠센서"만 기입한다.(단선/단락제외)
2) 내용 및 상태에는 커넥터 연결 시 "센서 불량", 커넥터 탈거 시 "커넥터 탈거"로 답안지를 작성한다.

[섀시 4] 시험결과 기록표

자동차 번호 :

항목	① 측정(또는 점검)		② 판정 및 정비(또는 조치)사항		득점
	이상부위	내용 및 상태	판정 (□에 'V'표)	정비 및 조치할 사항	
ABS 자기진단	뒤 우측 휠센서	커넥터 탈거	□ 양호 ☑ 불량	커넥터 연결 / 고장코드 삭제 후 재점검	

4-1-3. 판정 및 정비 조치사항

1) 불량에 ☑ 표시한다.
2) 고장코드가 표시된 부품의 커넥터를 확인하고 연결 시 "센서 교환/고장코드 삭제 후 재점검"으로 답안지를 작성한다.
3) 커넥터가 탈거 시 "커넥터 연결/고장코드 삭제 후 재점검"으로 답안지를 작성한다.

나. 섀시 5. 주어진 자동차에서 감독위원의 지시에 따라 좌 또는 우회전 시 최소 회전반경을 측정하여 기록·판정하시오.

5-1. 최소 회전반경 측정

 **2안 참조 - p.124**

다. 전기	1. 주어진 자동차에서 기동모터를 탈거(감독위원에게 확인)한 후, 다시 부착하고 크랭킹하여 기동모터가 작동되는지 확인하시오.

1-1. 기동모터 탈, 부착

1) 축전지 (-) 단자의 케이블을 분리한다.

2) 기동모터의 솔레노이드 스위치 B 단자 보호 튜브를 밀어낸다.

3) B 단자 고정 너트를 탈거한다.

4) B 단자 축전지 케이블을 분리한다.

5) ST 단자 커넥터를 분리한다.

6) 트랜스 액슬 하우징에 두개의 고정 볼트를 탈거한다.

7) 기동모터를 떼어낸다.

8) 기동모터를 탈거하여 감독위원에게 확인받는다.

9) 기동모터를 트랜스 액슬 하우징에 장착하고 두개의 고정 볼트를 조립한다.

10) 기동모터의 솔레노이드 스위치 단자의 B 단자 배선을 연결한다.

11) 기동모터의 솔레노이드 스위치 ST 단자 배선을 연결한다.

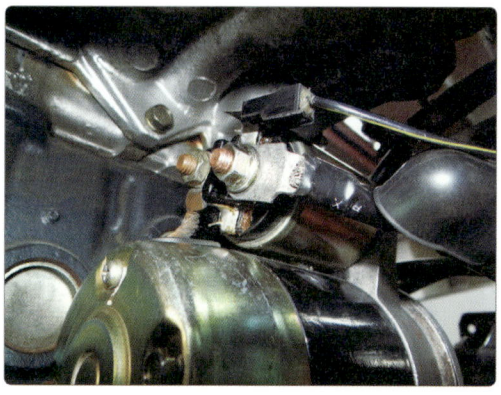

12) 기동모터의 솔레노이드 스위치 B 단자 보호 튜브를 장착한다.

13) 축전지 (-) 단자의 케이블을 연결하고 감독위원에게 확인받는다.

다. 전기

2. 주어진 자동차에서 감독위원의 지시에 따라 메인 컨트롤 릴레이의 고장부분을 점검한 후 기록표에 기록·판정하시오.

2-1. 메인 컨트롤 릴레이 점검

2-1-1. 점검

■ 코일이 여자되었을 때

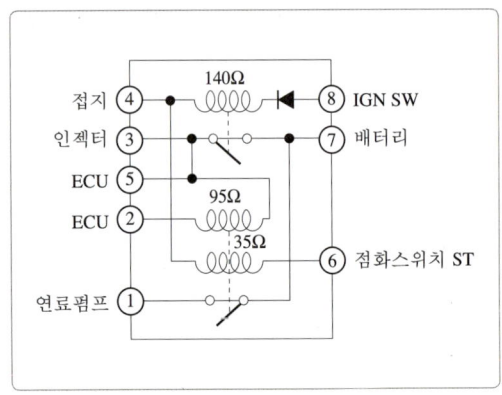 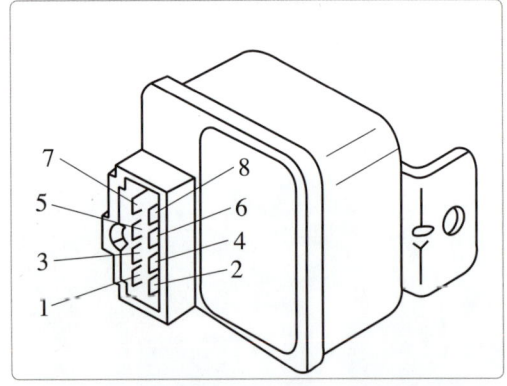

1) ⑧번 핀 +, ④번 핀 - 전원 공급 시 ③~⑦번 핀 통전 시 양호이다.

2) ⑤번 핀 +, ②번 핀 - 전원 공급 시 ①~⑦번 핀 통전 시 양호이다.

 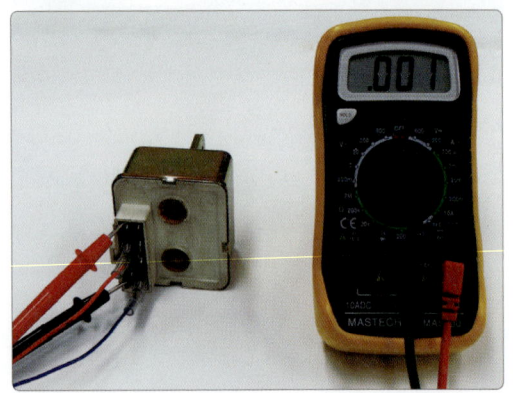

3) ⑥번 핀 +, ④번 핀 - 전원 공급 시 ①~⑦번 핀 통전 시 양호이다.

■ 코일이 여자되지 않았을 때

1) ③~⑦번 핀 비통전 시 양호이다.

2) ①~⑦번 핀 비통전 시 양호이다.

2-1-2. 답안지 작성

1) 코일 여자 시 S1, S2 모두 통전되므로 양호에 ☑ 표시한다.
2) 코일 비여자 시 S1, S2 모두 비통전되므로 양호에 ☑ 표시한다.

[전기 2] 시험결과 기록표

자동차 번호 :

항목	① 측정(또는 점검)	② 판정 및 정비(또는 조치)사항		득점
		판정 (□에 'V'표)	정비 및 조치할 사항	
코일이 여자되었을 때	☑ 양호, □ 불량	☑ 양호 □ 불량	없음	
코일이 여자되지 않았을 때	☑ 양호, □ 불량			

2-1-3. 판정 및 정비 조치사항

1) 컨트롤 릴레이가 정상이므로 양호에 ☑ 표시한다.
2) 컨트롤 릴레이가 불량하면 "컨트롤 릴레이 교환/재점검"으로 답안지를 작성한다.

| 다. 전기 | 3. 주어진 자동차에서 방향지시등 회로에 고장부분을 점검한 후 기록표에 기록·판정하시오. |

3-1. 방향지시등 회로 점검

3-1-1. 점검

1) 앞쪽 좌, 우 방향지시등 전구와 커넥터를 확인한다.

2) 뒤쪽 좌, 우 방향지시등 전구와 커넥터를 확인한다.

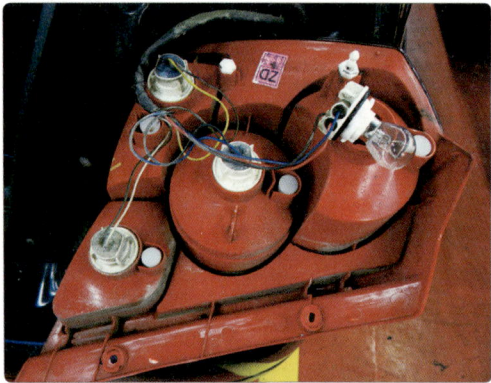

3) 엔진룸 퓨즈 박스에서 IG2 퓨즈(30A)를 확인한다.

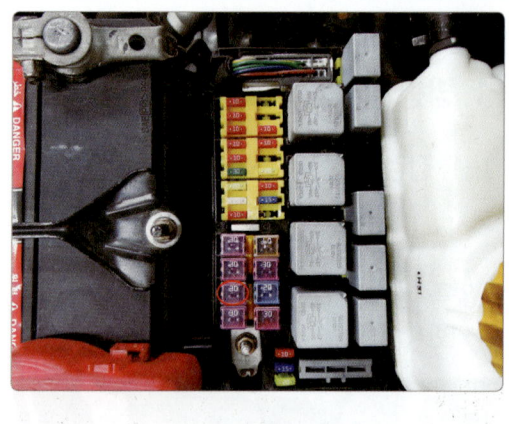

4) 실내 퓨즈 박스에서 방향 지시등 퓨즈(15A), 비상등 퓨즈(15A)와 블링크 유니트, 블링크 릴레이를 확인한다.

5) 방향지시등 S/W 커넥터를 점검한다.

6) 비상등 S/W 커넥터를 확인한다.

3-1-2. 답안지 작성

1) 부품의 정확한 명칭을 고장부분 답안지에 기입한다.
2) 전구가 끊어진 경우 "단선", 퓨즈, 전구, 릴레이가 없는 경우 "없음", 퓨즈, 릴레이 터미널이 부러진 경우 "파손"으로 기입한다.
3) 예상답안
① 방향지시등 커넥터 탈거(앞, 뒤, 좌, 우측 방향 표시)
② 방향지시등 전구 단선, 없음(앞, 뒤, 좌, 우측 방향 표시)
③ IG2 퓨즈(30A) 단선, 파손(또는 없음)
④ 방향지시등 퓨즈(15A), 비상등 퓨즈(15A) 단선, 파손(또는 없음)
⑤ 방향지시등 릴레이 파손(또는 없음)
⑥ 방향지시등 S/W 커넥터 탈거
⑦ 비상등 S/W 커넥터 탈거

[전기 3] 시험결과 기록표

자동차 번호 :

항목	① 측정(또는 점검)		② 판정 및 정비(또는 조치)사항		득점
	이상부위	내용 및 상태	판정 (□에 'V'표)	정비 및 조치할 사항	
방향지시등 회로	방향지시등 퓨즈(15A)	단선	□ 양호 ☑ 불량	퓨즈(15A) 교환/재점검	

3-1-3. 판정 및 정비 조치사항

1) 불량에 ☑ 표시한다.
2) 커넥터, 퓨즈, 릴레이, 전구 등이 탈거 시 "연결"로 답안지를 작성한다.
3) 퓨즈 단선, 파손인 경우 "퓨즈 교환", 없는 경우 "퓨즈 장착/재점검"으로 답안지를 작성한다.

다. 전기

4. 주어진 자동차에서 경음기 음량을 측정하여 기록표에 기록·판정하시오.

4-1. 경음기 음량 측정

 **2안 참조 – p.136**

5

Craftsman
Motor Vehicles
Maintenance 자동차정비기능사 실기

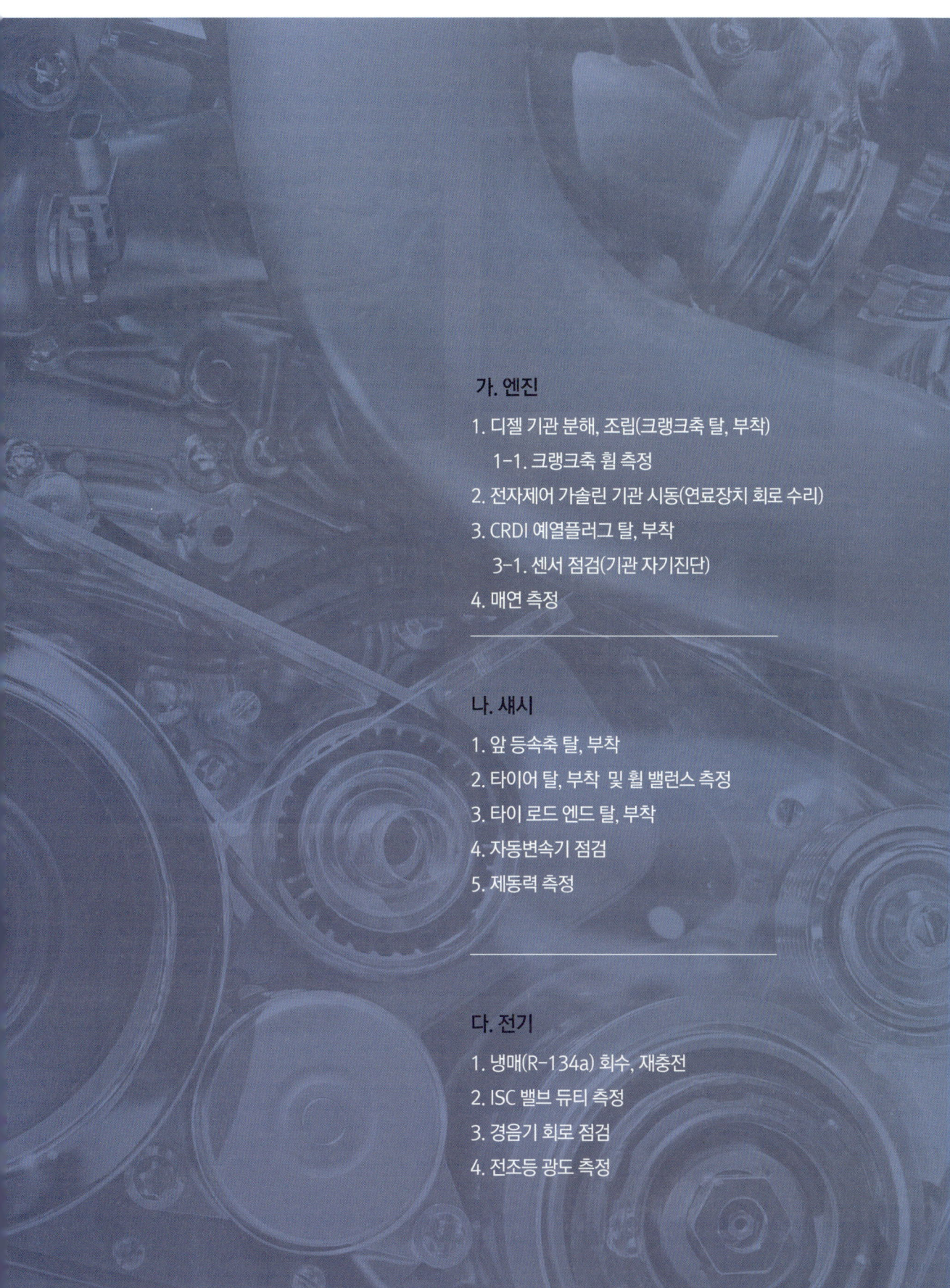

가. 엔진

1. 디젤 기관 분해, 조립(크랭크축 탈, 부착)
   1-1. 크랭크축 휨 측정
2. 전자제어 가솔린 기관 시동(연료장치 회로 수리)
3. CRDI 예열플러그 탈, 부착
   3-1. 센서 점검(기관 자기진단)
4. 매연 측정

나. 섀시

1. 앞 등속축 탈, 부착
2. 타이어 탈, 부착 및 휠 밸런스 측정
3. 타이 로드 엔드 탈, 부착
4. 자동변속기 점검
5. 제동력 측정

다. 전기

1. 냉매(R-134a) 회수, 재충전
2. ISC 밸브 듀티 측정
3. 경음기 회로 점검
4. 전조등 광도 측정

자동차정비기능사 국가기술자격검정 실기시험문제

자격종목	자동차정비기능사	과제명	자동차정비작업

※ 문제지는 시험종료 후 본인이 가져갈 수 있습니다.

비번호		시험일시		시험장명	

※ 시험시간 : 4시간 | 엔진 : 100분   섀시 : 80분   전기 : 60분

✅ 요구사항

가. 엔진	1. 주어진 디젤 기관에서 크랭크축을 탈거(감독위원에게 확인)하고, 감독위원의 지시에 따라 기록표의 내용대로 기록·판정한 후 다시 조립하시오.

1-1. 디젤 기관 분해, 조립(크랭크축 탈, 부착)

📖 **1안 참조 - p.4**

1-2. 크랭크축 휨 측정

1-2-1. 측정

1) 메인 베어링을 모두 제거하고 다이얼 게이지를 설치한다.

2) 크랭크축을 1회전 시키면서 게이지 값을 읽는다.

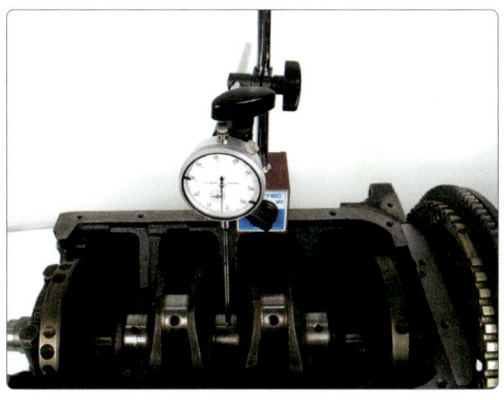
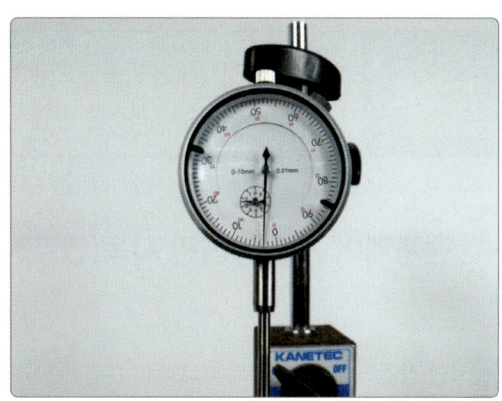

1-2-2. 답안지 작성

1) 측정값은 다이얼게이지 값의 1/2이다.
2) 게이지값 0.03÷2=0.015, 측정값 0.015mm를 답안지에 기록한다.
3) 규정값 0.03mm 이하를 답안지에 기록한다.

[엔진 1] 시험결과 기록표

자동차 번호 :

항목	① 측정(또는 점검)		② 판정 및 정비(또는 조치)사항		득점
	측정값	규정(정비한계)값	판정 (□에 'V'표)	정비 및 조치할 사항	
크랭크축 휨	0.015mm	0.03mm 이하	☑ 양호 □ 불량	없음	

1-2-3. 판정 및 정비 조치사항

1) 측정값 0.015mm가 규정값 0.03mm 이하 범위내에 있으므로 양호에 ☒ 표시한다.
2) 측정값이 규정값 범위를 벗어나면 불량에 ☒ 표시 후 "크랭크축 교환/재점검"으로 답안지를 작성한다.

가. 엔진

2. 주어진 전자제어 가솔린 기관에서 감독위원의 지시에 따라 시동에 필요한 연료장치 회로의 고장부분 1개소를 점검 및 수리하여 시동하시오.

2-1. 전자제어 가솔린 기관 시동(연료장치 회로 수리)

1안 참조 - p.33

가. 엔진

3. 주어진 자동차에서 전자제어 디젤(CRDI)기관의 예열플러그(예열장치) 1개를 탈거(감독위원에게 확인)한 후 다시 조립하고, 감독위원의 지시에 따라 진단기(스캐너)를 사용하여 기관의 각종 센서(액추에이터) 점검 후 고장부분을 기록하시오.

3-1. CRDI 기관 예열플러그 탈, 부착

1) 시험 차량의 예열플러그 위치를 확인한다.

2) 예열플러그 전원케이블 고정 너트를 탈거한다.

3) 예열플러그 전원 케이블을 탈거한다.

4) 예열플러그를 탈거한다.

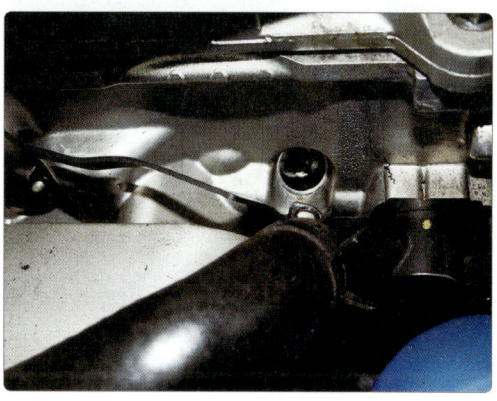

5) 탈거한 예열플러그를 감독위원에게 확인받는다.

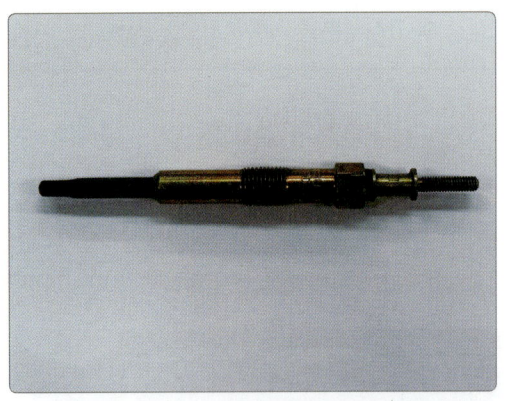

6) 예열플러그를 장착한다.

7) 예열플러그 전원 케이블을 연결한다.

8) 전원케이블 고정 너트를 체결 후 감독위원에게 확인받는다.

3-2. 센서 점검

 1안 참조 - p.39

| 가. 엔진 | 4. 주어진 자동차에서 기록표에 제시된 내용을 측정하고 기록·판정하시오.(매연 측정) |

4-1. 매연 측정

1안 참조 - p.42

| 나. 섀시 | 1. 주어진 자동차에서 감독위원의 지시에 따라(좌 또는 우측) 앞 등속축(drive shaft)을 탈거(감독위원에게 확인)한 후, 다시 조립하시오. |

1-1. 앞 등속축 탈, 부착

1) CV 조인트 허브 고정 너트를 탈거한다.

2) 쇽업소버 고정 볼트를 탈거한다.

3) 허브를 기울여서 CV조인트를 탈거한다.

4) CV조인트 아래에 폐오일통을 준비하고 변속기 결합 부분에 레버를 삽입하여 탈거한다.

5) 탈거한 CV조인트를 감독위원에게 확인받는다.

6) CV조인트를 변속기에 삽입한다.

7) 허브를 기울여 CV조인트를 장착한다.

8) 쇽업소버 고정 너트를 체결한다.

9) 허브너트를 체결한 후 감독위원에게 확인받는다.

| 나. 섀시 | 2. 주어진 자동차에서 감독위원의 지시에 따라 1개의 휠을 탈거하여 휠 밸런스 상태를 점검하여 기록·판정하시오. |

2-1. 타이어 탈, 부착

3안 참조 - p.150

2-2. 휠 밸런스 측정

2-2-1. 밸런스 측정

1) 휠 밸런스에 타이어를 장착 후 추를 모두 제거한다.

2) 휠 옆면에 51/2-JX14 림 치수를 확인한다.

3) 측정기와 타이어 거리를 측정한다.(10.5cm)

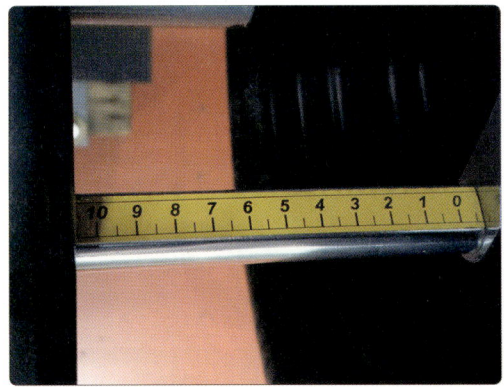

4) 입력버튼 L/L1 으로 10.5cm를 입력한다.

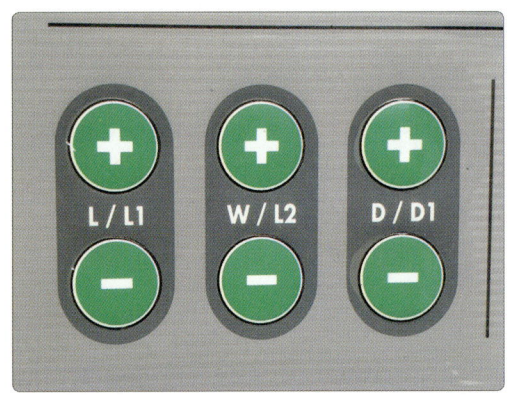
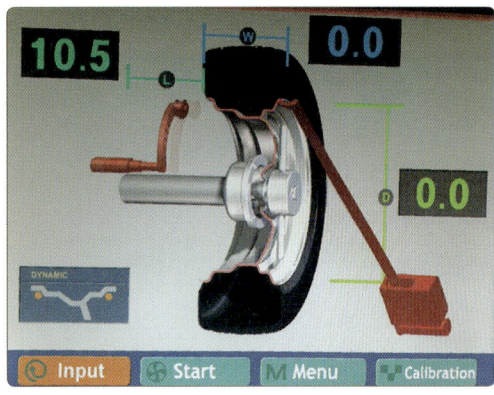

5) 입력버튼 W/W1 으로 림폭, 5.5 inch를 수동으로 입력한다.

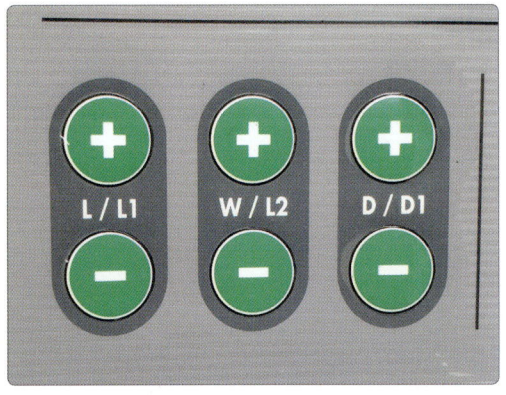
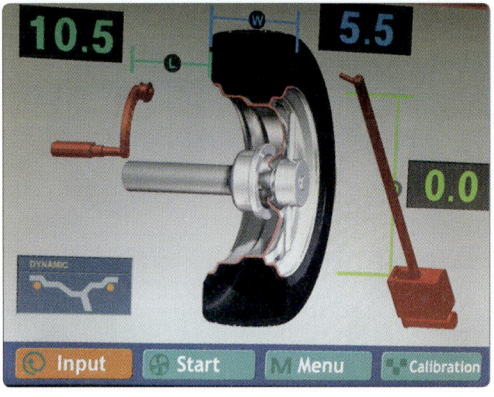

6) 입력버튼 D/D1 으로 림치수 5 1/2×JX14에서 림직경 14 inch를 수동으로 입력한다.

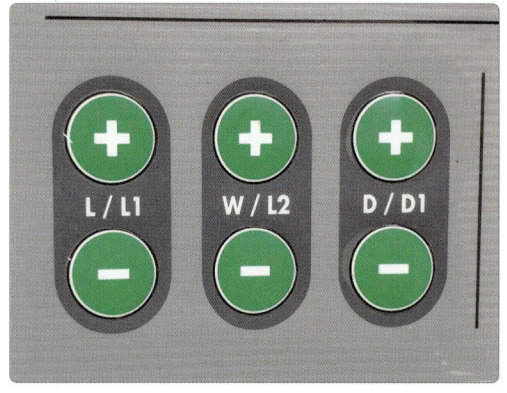
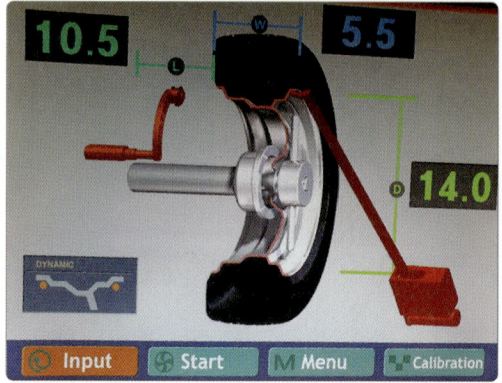

7) 덮개를 덮으면 타이어가 회전하면서 측정을 시작한다.

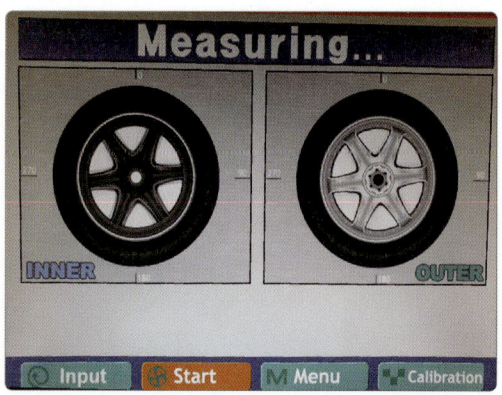

8) IN : 9gf OUT : 20gf이 측정되었다.

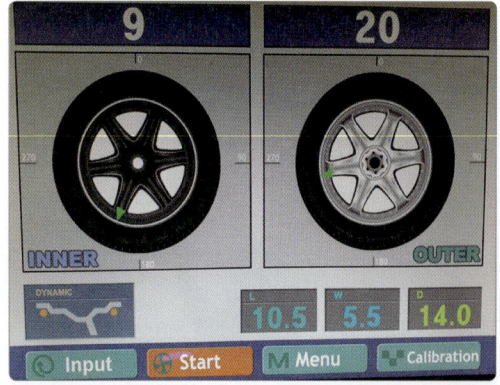

2-2-2. 답안지 작성

1) 측정값 IN : 9gf, OUT : 20gf을 답안지에 기록한다.
2) 규정값 IN : 0gf, OUT : 0gf을 답안지에 기록한다.

[섀시 2] 시험결과 기록표

자동차 번호 :
비번호 :
시험위원 확인 :

항목	① 측정(또는 점검)		② 판정 및 정비(또는 조치)사항		득점
	이상 부위	규정값	판정 (□에 'V'표)	정비 및 조치할 사항	
휠 밸런스	IN : 9gf OUT : 20gf	IN : 0gf OUT : 0gf	□ 양호 ☑ 불량	IN 9gf, OUT 20gf의 추를 추가/재점검	

2-2-3. 판정 및 정비 조치사항

1) 측정값 IN : 9gf, OUT : 20gf,이 규정값 범위를 벗어나므로 불량에 ☑ 표시한다.
2) 측정값이 규정값 범위 내에 있으면 양호에 ☑ 표시 후 "없음"으로 답안지를 작성한다.

| 나. 섀시 | 3. 주어진 자동차에서 감독위원의 지시에 따라 타이 로드 엔드를 탈거(감독위원에게 확인)하고, 다시 조립하여 조향휠의 직진상태를 확인하시오. |

3-1. 타이 로드 엔드 탈, 부착

1) 자동차를 리프트로 들어올리고 바퀴를 떼어낸다.

2) 타이로드 더블 너트를 돌린 후 다시 가조립한다.

3) 타이 로드 엔드의 분할핀을 탈거한다.

4) 타이 로드 엔드의 볼조인트 너트를 볼트 끝까지 회전시킨다.

5) 타이 로드 엔드에 풀러를 장착 후 압축한다.

6) 타이 로드 엔드를 너클에서 탈거한다.

7) 타이 로드 엔드를 탈거한다.

8) 탈거한 타이 로드 엔드를 감독위원에게 확인 받는다.

9) 타이 로드 엔드를 고정 너트까지 돌려서 조립한다.

10) 타이 로드 엔드 볼조인트 너트를 규정토크로 체결한다.

11) 타이 로드 엔드 분할핀을 장착한다.

12) 타이로드 고정 너트를 규정 토크로 체결한다.

13) 타이어를 장착 후 감독위원에게 확인받는다.

나. 섀시
4. 주어진 자동차에서 감독위원의 지시에 따라 진단기(스캐너)로 자동변속기를 점검하고 기록·판정하시오.

4-1. 자동변속기 점검

2안 참조 - p.121

나. 섀시
5. 주어진 자동차에서 감독위원의 지시에 따라 제동력을 측정하여 기록·판정하시오.

5-1. 제동력 측정

1안 참조 - p.66

| 다. 전기 | 1. 주어진 자동차에서 에어컨 시스템 냉매(R-134a)를 회수(감독위원에게 확인)후, 재충전하여 에어컨이 정상 작동되는지 확인하시오. |

1-1. 냉매(R-134a) 회수, 재충전

1) 냉매 회수 충전기에 전원을 연결한다.

2) 회수 충전기 전원을 ON한다.

3) STOP 버튼을 누르세요 라고 표시된다.

4) 제어 판넬에서 STOP버튼을 누른다.

5) 고압/저압 커플러를 차량과 연결하라고 표시된다.

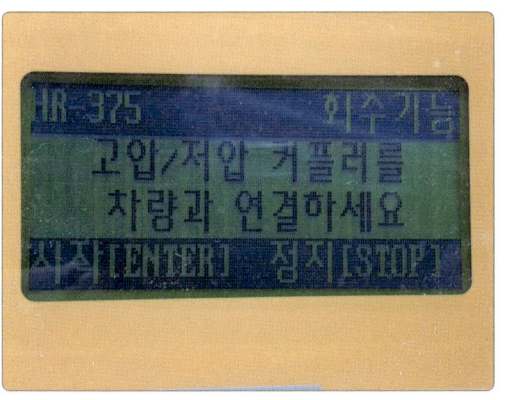

6) 충전기의 저압, 고압 호스를 연결하고 밸브를 오른쪽으로 돌려 밸브를 개방한다.

7) 차량의 저압, 고압이 표시된다.

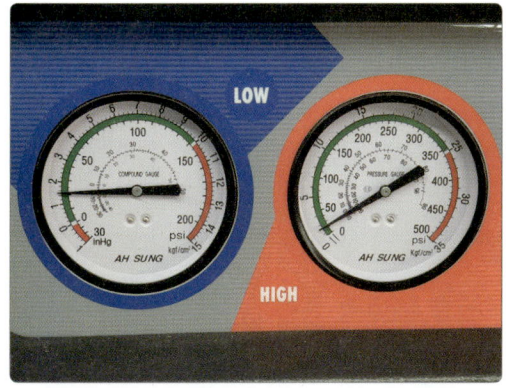

8) 회수 버튼을 누른 후 ENTER 키를 누른다.

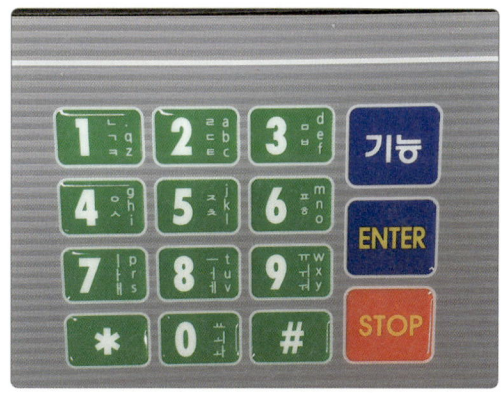

9) 청색 저압 게이지가 0 inHg로 이동하면서 냉매 회수량이 표시된다.

 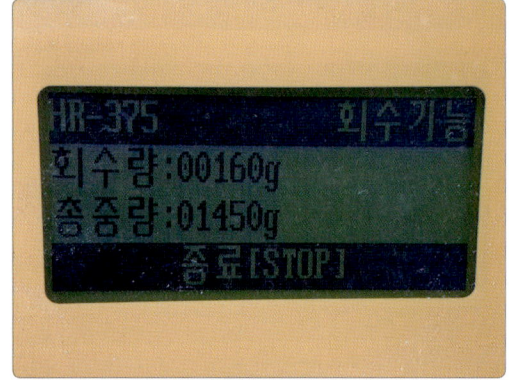

10) 청색 저압 게이지가 0 inHg에 도달하면 STOP버튼을 2회 누른다.

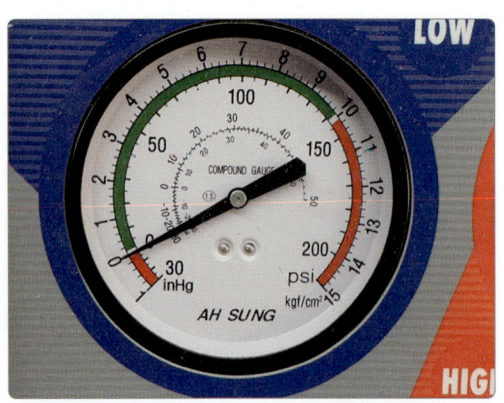 

11) 진공 버튼을 누른 후 ENTER 키를 누른다.

 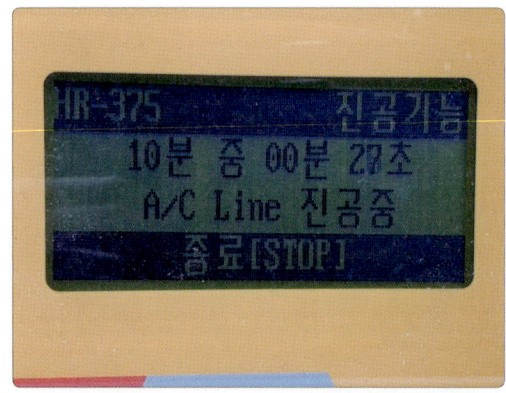

12) 청색 저압 게이지가 25 inHg에 도달하면 STOP버튼을 2회 누른다.

13) 충전 버튼을 누른 후 충전할 냉매량 200g을 입력한다.

14) 충전할 냉매량 200g을 확인 후 ENTER키를 누른다.

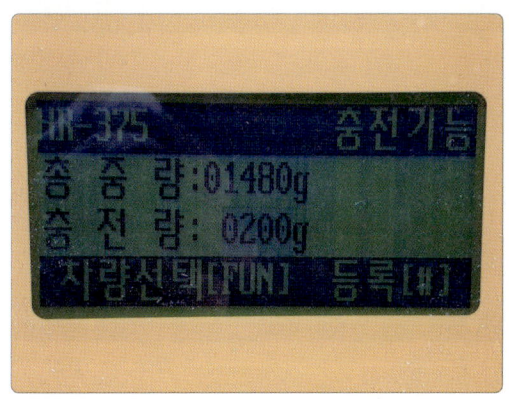 

15) 충전이 완료되면 삐- 부져소리가 나면서 자동 종료한다.

다. 전기

2. 주어진 자동차에서 ISC 밸브 듀티 값을 측정하여 ISC 밸브의 이상 유무를 확인하여 기록표에 기록·판정하시오.(측정조건 : 무부하 공회전시)

2-1. ISC 밸브 듀티 측정

2-1-1. 하이스캔으로 측정

1) 시험용 엔진에 진단기를 설치 후 시동을 건다.

2) 차량통신을 선택한다.

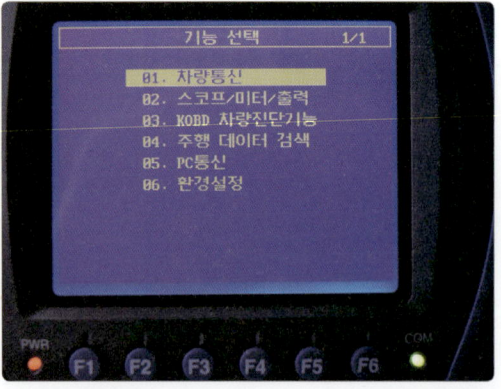

3) 현대자동차를 선택한다.

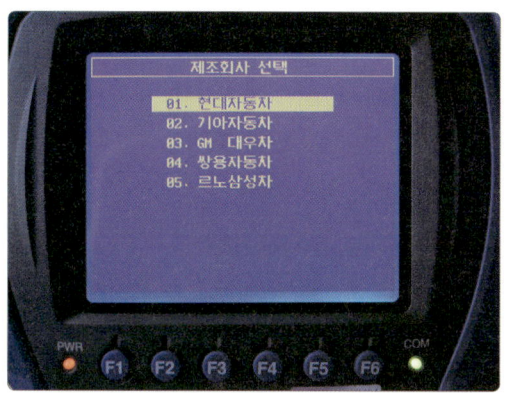

4) 쏘나타(NF)를 선택한다.

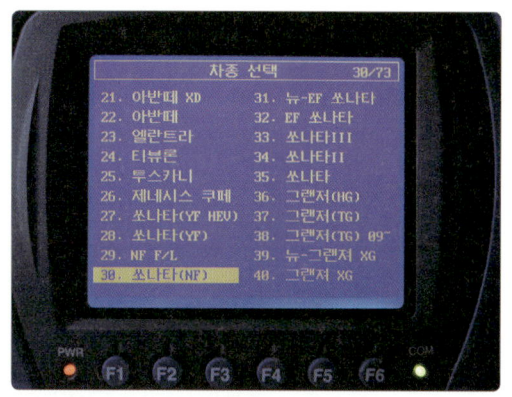

5) 엔진제어 가솔린을 선택한다.

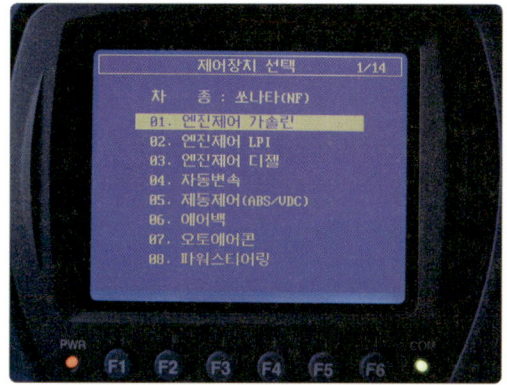

6) 2.0/2.4를 선택한다.

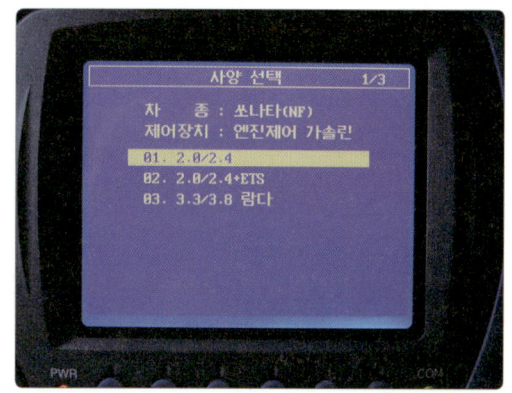

7) 센서출력을 선택한다.

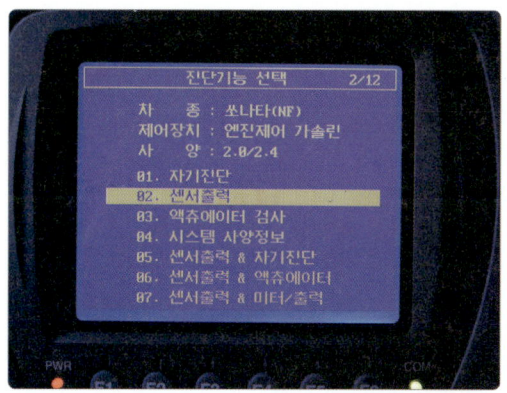

8) 공회전 속도조절밸브 듀티값을 읽는다.
(32.6%)

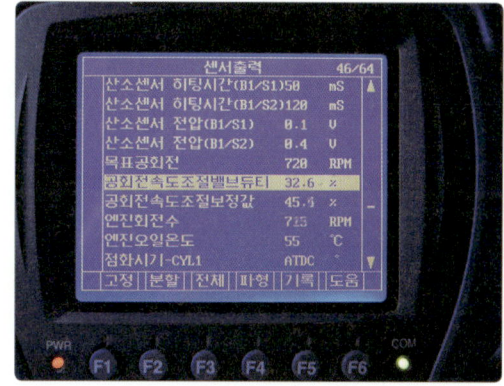

2-1-2. 답안지 작성

1) 측정한 듀티값 32.6%를 답안지에 기록한다.
2) 규정값 20~45%를 답안지에 기록한다.

[전기 2] 시험결과 기록표

자동차 번호 :

항목	① 측정(또는 점검)		② 판정 및 정비(또는 조치)사항		득점
	측정값	규정(정비한계)값	판정 (□에 'V'표)	정비 및 조치할 사항	
밸브 듀티 (열림코일)	32.6%	20~45%	☑ 양호 □ 불량	없음	

2-1-3. 판정 및 정비 조치사항

1) 측정값 32.6%가 규정값 20~45% 범위내에 있으므로 양호에 ☑ 표시한 후 "없음"으로 기입한다.
2) 측정값이 규정값 범위를 벗어나면 불량에 ☑ 표시 후 "ISC 교환/재점검"으로 답안지를 작성한다.

| 다. 전기 | 3. 주어진 자동차에서 경음기 회로의 고장부분을 점검한 후 기록표에 기록·판정하시오. |

3-1. 경음기 회로 점검

3-1-1. 점검

1) 엔진룸 퓨즈 박스에서 경음기 퓨즈(10A)를 점검한다.

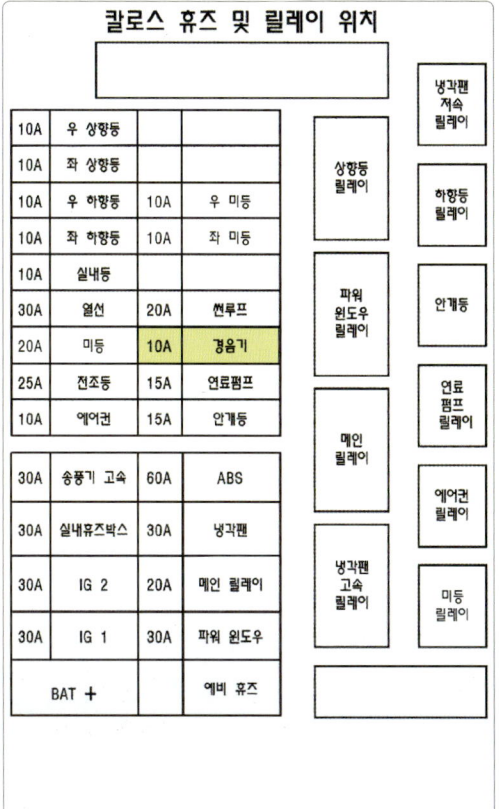
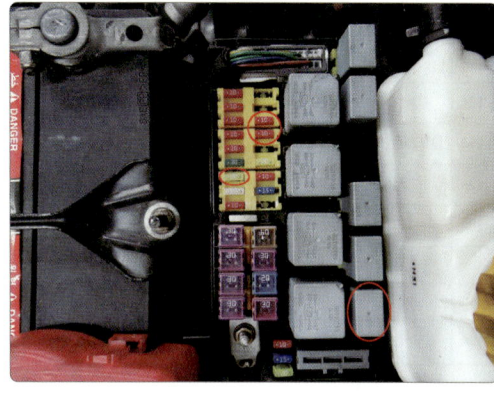

2) 실내 퓨즈 박스에서 경음기 퓨즈(10A)를 점검한다.

3) 핸들 및 경음기 S/W 커넥터를 확인한다.

4) 경음기 커넥터를 점검한다.

3-1-2. 답안지 작성

1) 부품의 정확한 명칭을 고장부분 답안지에 기입한다.
2) 전구가 끊어진 경우 "단선", 퓨즈, 전구, 릴레이가 없는 경우 "없음", 퓨즈, 릴레이 터미널이 부러진 경우 "파손"으로 기입한다.
3) 예상답안
① 실내, 실외 경음기 퓨즈(10A) 단선(또는 없음, 파손)
② 경음기 S/W 커넥터 탈거
③ 경음기 커넥터 탈거

[전기 3] 시험결과 기록표

자동차 번호 :

항목	① 측정(또는 점검)		② 판정 및 정비(또는 조치)사항		득점
	이상부위	내용 및 상태	판정 (□에 'V'표)	정비 및 조치할 사항	
경음기 (혼) 회로	경음기 커넥터	탈거	□ 양호 ☑ 불량	연결/재점검	

3-1-3. 판정 및 정비 조치사항

1) 불량에 ☑ 표시한다.
2) 커넥터 탈거 시 "연결"로 답안지를 작성한다.
3) 퓨즈 단선, 파손인 경우 "퓨즈 교환/재점검", 없는 경우 "퓨즈 장착/재점검"으로 답안지를 작성한다.

다. 전기 4. 주어진 자동차에서 좌 또는 우측의 전조등을 측정하고 기록표에 기록·판정하시오.

4-1. 전조등 광도 측정

1안 참조 - p.78

6

Craftsman
Motor Vehicles
Maintenance 자동차정비기능사 실기

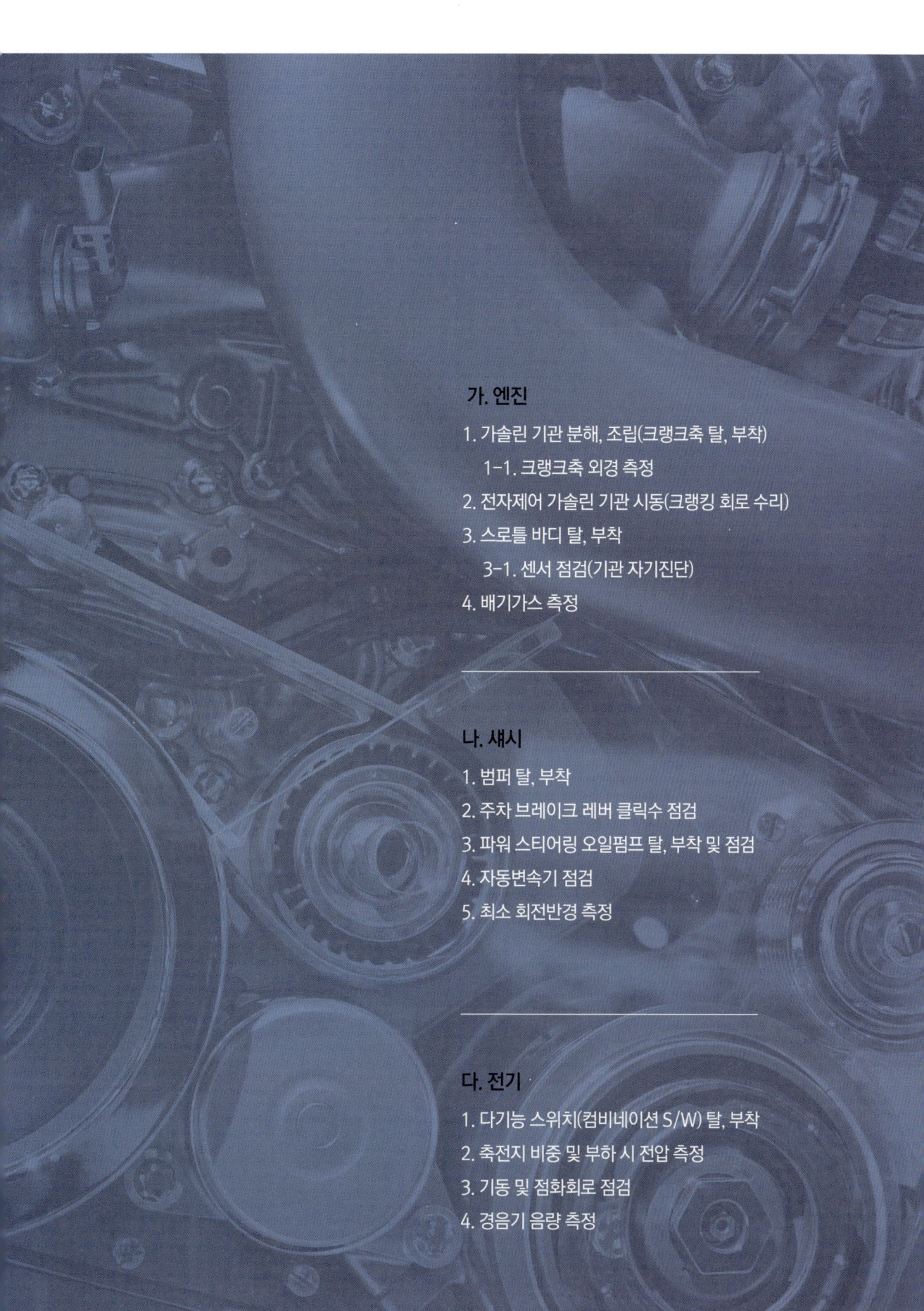

가. 엔진

1. 가솔린 기관 분해, 조립(크랭크축 탈, 부착)
    1-1. 크랭크축 외경 측정
2. 전자제어 가솔린 기관 시동(크랭킹 회로 수리)
3. 스로틀 바디 탈, 부착
    3-1. 센서 점검(기관 자기진단)
4. 배기가스 측정

나. 섀시

1. 범퍼 탈, 부착
2. 주차 브레이크 레버 클릭수 점검
3. 파워 스티어링 오일펌프 탈, 부착 및 점검
4. 자동변속기 점검
5. 최소 회전반경 측정

다. 전기

1. 다기능 스위치(컴비네이션 S/W) 탈, 부착
2. 축전지 비중 및 부하 시 전압 측정
3. 기동 및 점화회로 점검
4. 경음기 음량 측정

자동차정비기능사 국가기술자격검정 실기시험문제

| 자격종목 | 자동차정비기능사 | 과제명 | 자동차정비작업 |

※ 문제지는 시험종료 후 본인이 가져갈 수 있습니다.

| 비번호 | | 시험일시 | | 시험장명 | |

※ 시험시간 : 4시간 | 엔진 : 100분   섀시 : 80분   전기 : 60분

☑ 요구사항

| 가. 엔진 | 1. 주어진 가솔린 기관에서 크랭크축을 탈거(감독위원에게 확인)하고, 감독위원의 지시에 따라 기록표의 내용대로 기록·판정한 후 다시 조립하시오. |

1-1. 가솔린 기관 분해, 조립(크랭크축 탈, 부착)

📖 **2안 참조 – p.86**

1-2. 크랭크축 외경 측정

1-2-1. 측정

1) 감독위원이 지정한 메인저널을 마이크로미터로 측정한다.

2) 측정값 57.00mm

1-2-2. 답안지 작성

1) 측정값은 57mm를 답안지에 기록한다.
2) 규정값 57.50mm(0.05mm)를 답안지에 기록한다.

[엔진 1] 시험결과 기록표

자동차 번호 :

항목	① 측정(또는 점검)		② 판정 및 정비(또는 조치)사항		득점
	측정값	규정(정비한계)값	판정 (□에 'V'표)	정비 및 조치할 사항	
(1)번 저널 크랭크축 외경	57.00mm	57.50mm (0.05mm)	□ 양호 ☑ 불량	크랭크축 교환/재점검	

1-2-3. 판정 및 정비 조치사항

1) 측정값 57.00mm가 규정값 0.05mm 이내 범위를 벗어나므로 불량에 ☒ 표시한다.
2) 측정값이 규정값 범위내에 있으면 양호에 ☒ 표시 후 "없음"으로 답안지를 작성한다.

| 가. 엔진 | 2. 주어진 전자제어 가솔린 기관에서 감독위원의 지시에 따라 시동에 필요한 크랭킹 회로의 고장부분 1개소를 점검 및 수리하여 시동하시오. |

2-1. 전자제어 가솔린 기관 시동(크랭킹 회로 수리)

📖 **1안 참조 - p.33**

| 가. 엔진 | 3. 주어진 자동차에서 기관의 스로틀 바디를 탈거(감독위원에게 확인)한 후 다시 조립하고, 감독위원의 지시에 따라 진단기(스캐너)를 사용하여 기관의 각종 센서(액추에이터) 점검 후 고장부분을 기록·판정하시오. |

3-1. 스로틀 바디 탈, 부착

1) 시험 차량의 스로틀 바디를 확인한다.

2) 인테이크 호스 어셈블리를 탈거한다.

3) TPS 커넥터를 탈거한다.

4) 악셀레이터 케이블을 탈거한다.

5) 스로틀 바디를 탈거한다.

6) 냉각수 호스를 탈거한다.

7) 스로틀 바디를 탈거한다.

8) 탈거한 스로틀 바디를 감독위원에게 확인받는다.

9) 스로틀 바디의 냉각수 호스를 조립한다.

10) 스로틀 바디를 장착한다.

11) 악셀레이터 케이블을 장착한다.

12) TPS 커넥터를 장착한다.

13) 인테이크 호스 어셈블리를 장착 후 감독위원의 확인을 받는다.

3-2. 센서 점검

 **1안 참조 - p.39**

가. 엔진 | 4. 주어진 자동차에서 기록표에 제시된 내용을 측정하고 기록·판정하시오.(CO, HC)

4-1. 배기가스 측정

📖 **2안** 참조 – p. 111

| 나. 섀시 | 1. 주어진 자동차에서 감독위원의 지시에 따라 앞 또는 뒤 범퍼를 탈거(감독위원에게 확인)한 후, 다시 조립하시오. |

1-1. 범퍼 탈, 부착

1) 범퍼 가이드를 탈거한다.

2) 좌, 우측 방향지시등을 탈거한다.

3) 좌, 우측 전조등을 탈거한다.

4) 범퍼 끝단 고정 볼트, 너트를 탈거한다.

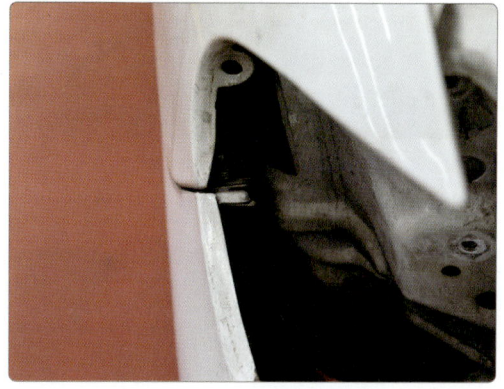

5) 좌, 우측 차체 고정 볼트를 탈거한다.

6) 범퍼를 탈거한다.

7) 탈거한 범퍼를 감독위원에게 확인받는다.

8) 범퍼를 장착하고 좌, 우측 차체 고정 볼트를 체결한다.

9) 범퍼 끝단 고정 볼트, 너트를 체결한다.

10) 좌, 우측 전조등을 장착한다.

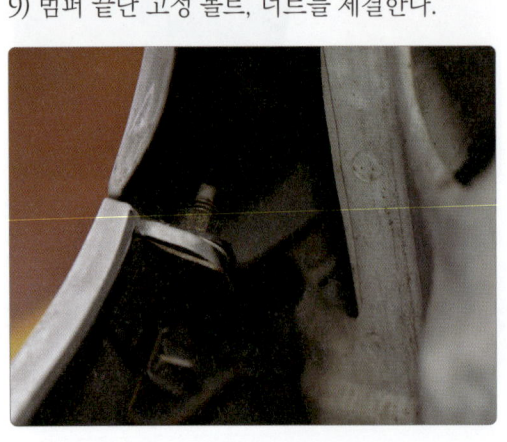

11) 좌, 우측 방향지시등을 장착한다.

12) 범퍼 가이드 장착 후 감독위원의 확인을 받는다.

나. 섀시

2. 주어진 자동차에서 감독위원의 지시에 따라 주차 브레이크 레버의 클릭수(노치)를 점검하여 기록·판정하시오.

2-1. 주차 브레이크 레버 클릭수 점검

2-1-1. 클릭수 측정(실차)

1) 주차 브레이크 레버를 완전히 해제한다.

2) 레버를 잡고 20kgf의 힘으로 천천히 당기면서 딱, 딱, 딱 클릭수를 측정한다.

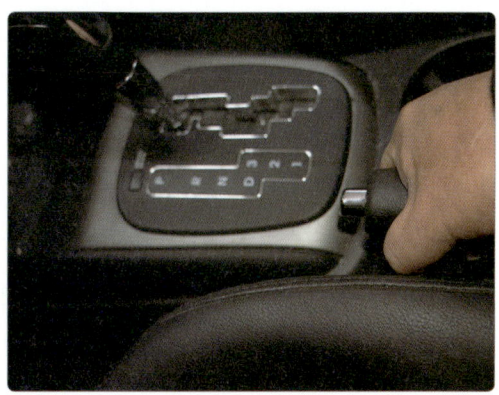

3) 20kgf의 힘으로 완전히 당겼을 때(딱, 딱, 딱…11 클릭)

4) 주차 레버 클릭수가 규정값 범위를 벗어나면 케이블 장력조정 너트로 재조정한다.

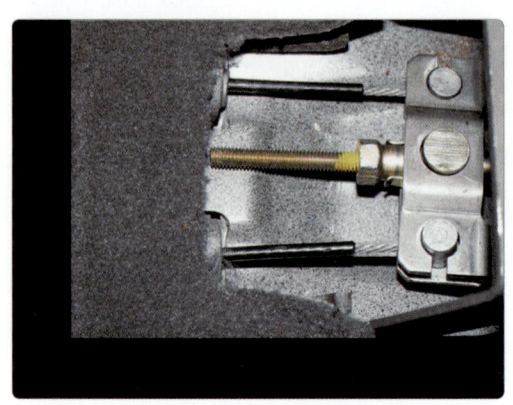

2-1-2. 답안지 작성

1) 20kgf의 힘으로 당겼을 때 측정값 11 클릭을 답안지에 기록한다.
2) 기준값 6~9 클릭/20kgf을 답안지에 기록한다.

[섀시 2] 시험결과 기록표

자동차 번호 :

항목	① 측정(또는 점검)		② 판정 및 정비(또는 조치)사항		득점
	측정값 (클릭)	규정(정비한계)값 (클릭)	판정 (□에 'V'표)	정비 및 조치할 사항	
주차레버 클릭수(노치)	11 클릭	6~9 클릭/20kgf	□ 양호 ☑ 불량	케이블 장력조정 너트로 조정/재점검	

2-1-3. 판정 및 정비 조치사항

1) 측정값 11 클릭이 규정값 6~9 클릭/20kgf 범위를 벗어나므로 불량에 ☑ 표시한다.
2) 측정값이 규정값 범위 내에 있으면 양호에 ☑ 표시 후 "없음"으로 답안지를 작성한다.

나. 섀시

3. 주어진 자동차에서 감독위원의 지시에 따라 파워 스티어링의 오일펌프를 탈거(감독위원에게 확인)하고, 다시 조립하여 오일량 점검 및 공기빼기 작업 후 스티어링의 작동상태를 확인하시오.

3-1. 파워 스티어링 오일펌프 탈, 부착

1) 파워 오일펌프 흡입구 호스를 탈거 후 오일을 배출한다.

2) 파워 오일펌프 토출구 파이프를 탈거한다.

3) 파워펌프 풀리 너트를 돌려 장력 조정용볼트가 보이는 위치로 한다.

4) 파워펌프 상부 장력 조정용 볼트를 탈거한다.

5) 파워펌프 벨트를 탈거한다.

6) 파워펌프 하부 고정 볼트를 탈거한다.

7) 파워펌프를 탈거한다.

8) 탈거한 파워펌프를 감독위원에게 확인받는다.

9) 파워펌프를 장착하고 고정 볼트를 체결한다.

10) 파워펌프 벨트를 장착한다.

11) 레버로 펌프 몸체를 당기면서 벨트 장력을 조정하고 볼트를 체결한다.

12) 흡입구 호스를 장착한다.

13) 토출구쪽 파이프를 장착한다.

14) 오일을 주입하고 핸들을 좌우로 돌려 에어를 배출하고 감독위원에게 확인받는다.

| 나. 섀시 | 4. 주어진 자동차에서 감독위원의 지시에 따라 진단기(스캐너)로 자동변속기를 점검하고 기록·판정하시오. |

4-1. 자동변속기 점검

📖 **2안 참조 - p.121**

| 나. 섀시 | 5. 주어진 자동차에서 감독위원의 지시에 따라 좌 또는 우회전 시 최소 회전반경을 측정하여 기록·판정하시오. |

5-1. 최소 회전반경 측정

📖 **2안 참조 - p.124**

| 다. 전기 | 1. 자동차에서 다기능 스위치(컴비네이션 S/W)를 탈거(감독위원에게 확인)한 후, 다시 부착하여 다기능 스위치가 작동되는지 확인하시오. |

1-1. 다기능 스위치 탈, 부착(에어백 미장착 차량)

1) 차량의 핸들을 직진 상태로 한다.

2) 핸들 뒷면 혼 스위치 고정 너트 1개를 탈거한다.

3) 혼 스위치 커넥터를 탈거한다.

4) 혼 스위치를 탈거한다.

5) 핸들 고정 너트를 3회전정도 회전한다.

6) 핸들을 흔들어서 탈거한다.

7) 다기능 스위치 커버를 탈거한다.

8) 다기능 스위치 배선 커넥터를 탈거한다.

9) 다기능 스위치를 탈거한다.

10) 탈거한 다기능 스위치는 감독위원의 확인을 받는다.

11) 다기능 스위치를 장착한다.

12) 다기능 스위치 배선 커넥터를 연결한다.

13) 다기능 스위치 커버를 장착한다.

14) 핸들 뒷면에 방향지시등 리턴키 홈을 확인한다.

15) 방향지시등 리턴키 ▲마크를 9시 방향으로 한다.

16) 핸들을 장착 후 너트를 고정한다.

17) 혼 커넥터를 연결한다.

18) 에어백 고정 너트 4개 체결 후 감독위원의 확인을 받는다.

1-2. 다기능 스위치 탈, 부착(에어백 장착 차량)

1) 차량의 핸들을 직진 상태로 한다.

2) 핸들 뒷면 에어백 고정 너트 4개를 탈거한다.

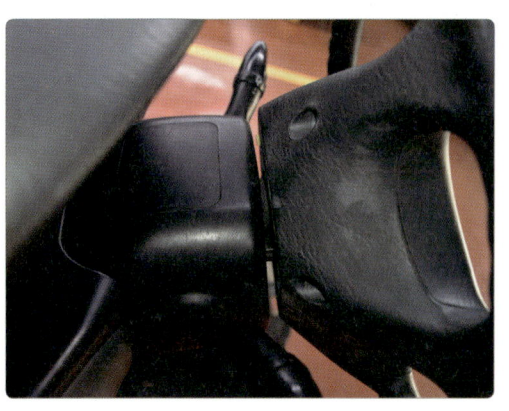

3) 에어백 커넥터와 혼 스위치 커넥터를 탈거한다.

4) 에어백을 탈거한다.

5) 핸들 고정 너트를 3회전정도 회전한다.

6) 핸들을 흔들어서 탈거한다.

7) 다기능 스위치 커버를 탈거한다.

8) 다기능 스위치 배선 커넥터를 탈거한다.

9) 다기능 스위치를 탈거한다.

10) 탈거한 다기능 스위치는 감독위원의 확인을 받는다.

11) 다기능 스위치를 장착한다.

12) 다기능 스위치 배선 커넥터를 연결한다.

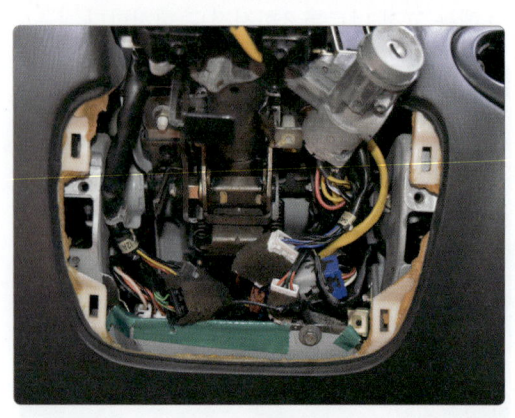

13) 다기능 스위치 커버를 장착한다.

14) 클럭스프링을 오른쪽으로 돌려서 감는다.

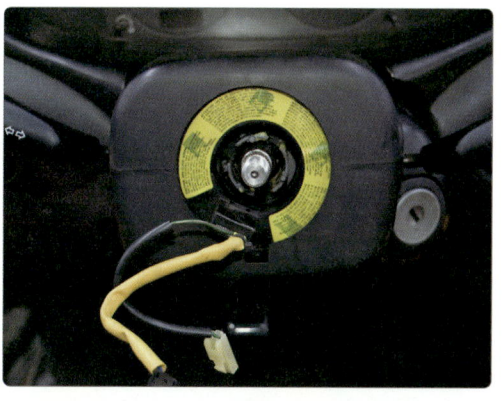

15) 클럭스프링을 좌측으로 돌려서 3회전 한다.

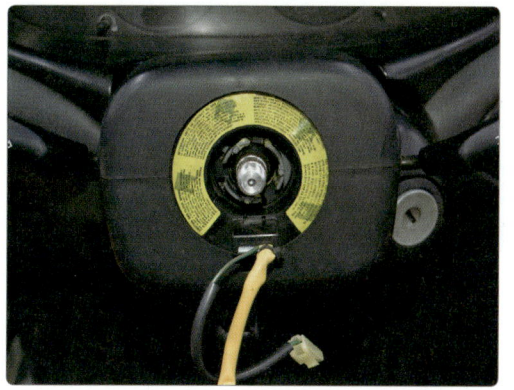

16) 핸들을 장착 후 너트를 고정한다.

17) 에어백 커넥터와 혼 커넥터를 연결한다.

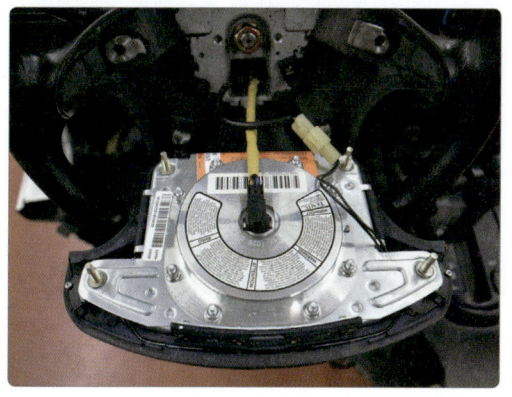

18) 에어백 고정 너트 4개 체결 후 감독위원의 확인을 받는다.

| 다. 전기 | 2. 주어진 자동차에서 감독위원의 지시에 따라 축전지의 비중 및 전압을 축전지 용량시험기를 작동하면서 측정하고, 기록표에 기록·판정하시오. |

2-1. 축전지 비중, 부하 시 전압 측정

2-1-1. 측정

1) 비중계를 준비한다.

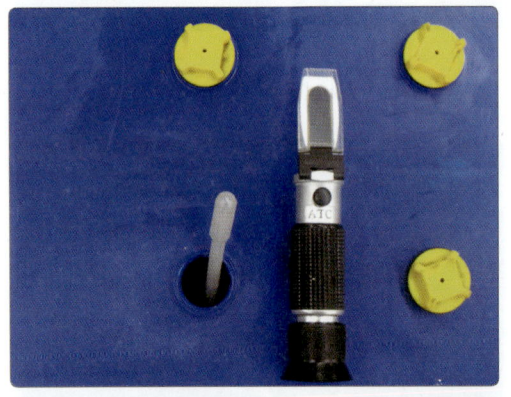

2) 비중계에 축전지 전해액을 한방울 묻힌다.

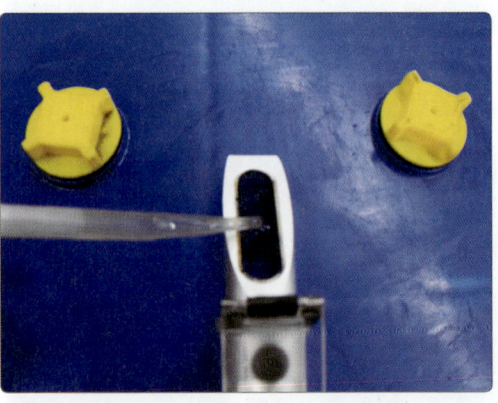

3) 밝은 곳을 향하여 렌즈를 보며 게이지면의 밝고 어두운 부분의 경계선 왼쪽 눈금을 읽는다.(1.170)

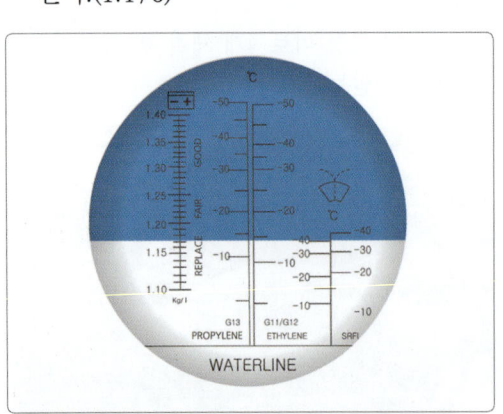

4) 축전지 용량 시험기를 설치한다.

5) 부하 S/W 작동전 전압을 확인한다.(12.8V)

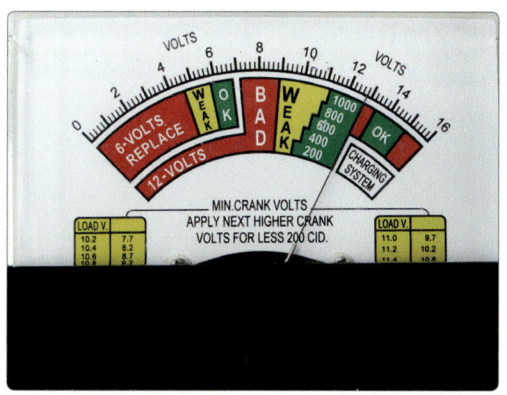

6) 부하 S/W를 ON한다.(10초 이내)

7) 부하 S/W를 ON한 상태에서 측정값을 읽는다.
   (12V)

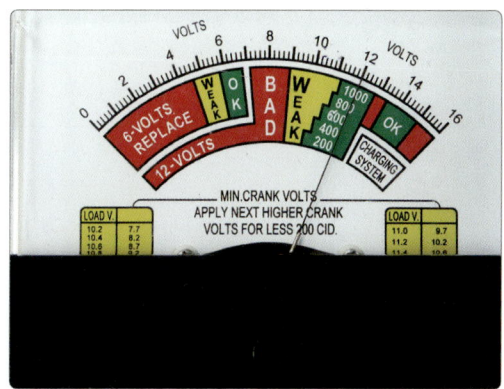

2-1-2. 답안지 작성

1) 비중 측정값 1.170, 기준값 1.260~1.270을 답안지에 기록한다.
2) 전압 측정값 12V, 기준값 9.6V 이상을 답안지에 기록하다.

[전기 2] 시험결과 기록표

자동차 번호 :

항목	① 측정(또는 점검)		② 판정 및 정비(또는 조치)사항		득점
	측정값	규정(정비한계)값	판정 (□에 'V'표)	정비 및 조치할 사항	
축전지 전해액 비중	1.170	1.260~1.270	□ 양호 ☑ 불량	축전지 충전/재점검	
축전지 전압	12V	9.6V 이상			

2-1-3. 판정 및 정비 조치사항

1) 비중 측정값 1.170이 기준값 1.260~1.270 범위를 벗어나므로 불량에 ☑ 표시한다.
2) 측정값이 규정값 범위 내에 있으면 양호에 ☑ 표시 후 "없음"으로 판정한다.

| 다. 전기 | 3. 주어진 자동차에서 기동 및 점화회로에 고장부분을 점검한 후 기록표에 기록·판정하시오. |

3-1. 기동 및 점화회로 점검

3-1-1. 점검

1) 엔진룸 퓨즈 박스에서 IG 1(30A) 퓨즈를 확인한다.

2) 크랭크각 센서 커넥터를 확인한다.

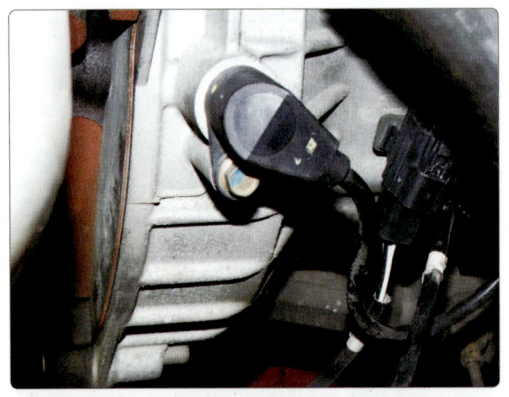

3) #1 TDC 센서 커넥터를 확인한다.

4) 점화코일 드라이버 커넥터를 확인한다.

5) 고압배선 연결 순서를 확인한다.(좌측에서 1, 4, 2, 3)

6) 기동 모터 ST 커넥터를 확인한다.

7) 실내 퓨즈 박스에서 ECM(10A), 점화장치(15A), 퓨즈를 확인한다.

3-1-2. 답안지 작성

1) 부품의 정확한 명칭을 고장부분 답안지에 기입한다.
2) 퓨즈가 끊어진 경우 "단선", 퓨즈, 릴레이가 없는 경우 "없음", 퓨즈, 릴레이 터미널이 부러진 경우 "파손"으로 기입한다.
3) 예상답안
① IG1퓨즈(30A) 단선(또는 파손, 없음)
② 크랭크각 센서 커넥터 탈거
③ #1 TDC 센서 커넥터 탈거
④ 점화코일 드라이버 커넥터 탈거
⑤ 1, 3번 고압배선 연결 순서 바뀜

⑥ 기동 모터 ST 커넥터 탈거
⑦ 실내 퓨즈 박스 ECM(10A), 점화장치(15A), 퓨즈 단선(또는 파손, 없음)

[전기 3] 시험결과 기록표

자동차 번호 :

항목	① 측정(또는 점검)		② 판정 및 정비(또는 조치)사항		득점
	이상부위	내용 및 상태	판정 (□에 'V'표)	정비 및 조치할 사항	
기동 및 점화회로	크랭크각 센서	커넥터 탈거	□ 양호 ☑ 불량	커넥터 연결/재점검	

3-1-3. 판정 및 정비 조치사항

1) 불량에 ☑ 표시한다.
2) 커넥터, 퓨즈, 릴레이 등이 탈거 시 "연결"로 답안지를 작성한다.
3) 퓨즈 단선, 파손인 경우 "퓨즈 교환/재점검", 없는 경우 "퓨즈 장착/재점검"으로 답안지를 작성한다.

다. 전기 4. 주어진 자동차에서 경음기 음량을 측정하여 기록표에 기록·판정하시오.

4-1. 경음기 음량 측정

📖 2안 참조 - p. 136

MEMO

Craftsman
Motor Vehicles
Maintenance

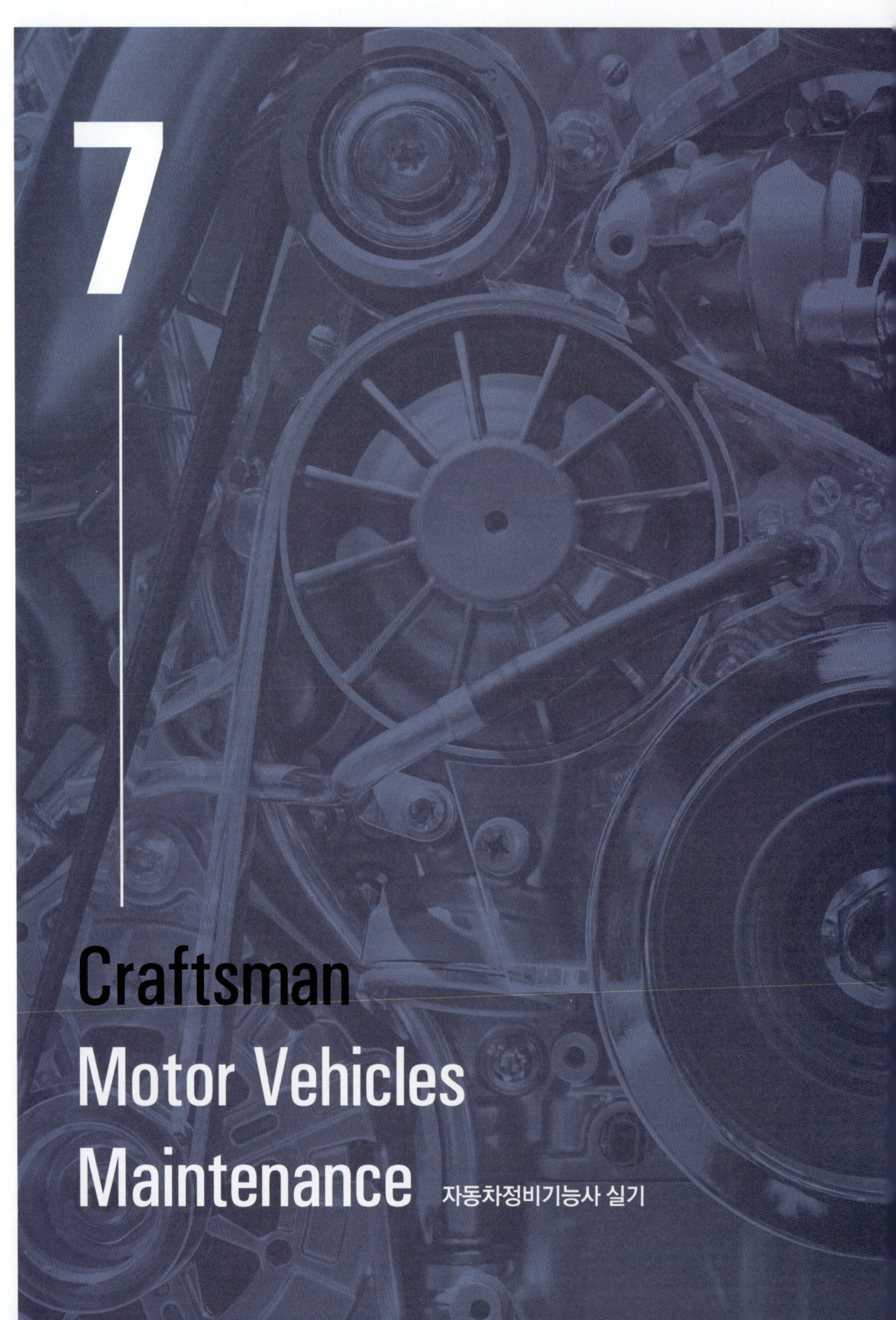

7

Craftsman

Motor Vehicles

Maintenance 자동차정비기능사 실기

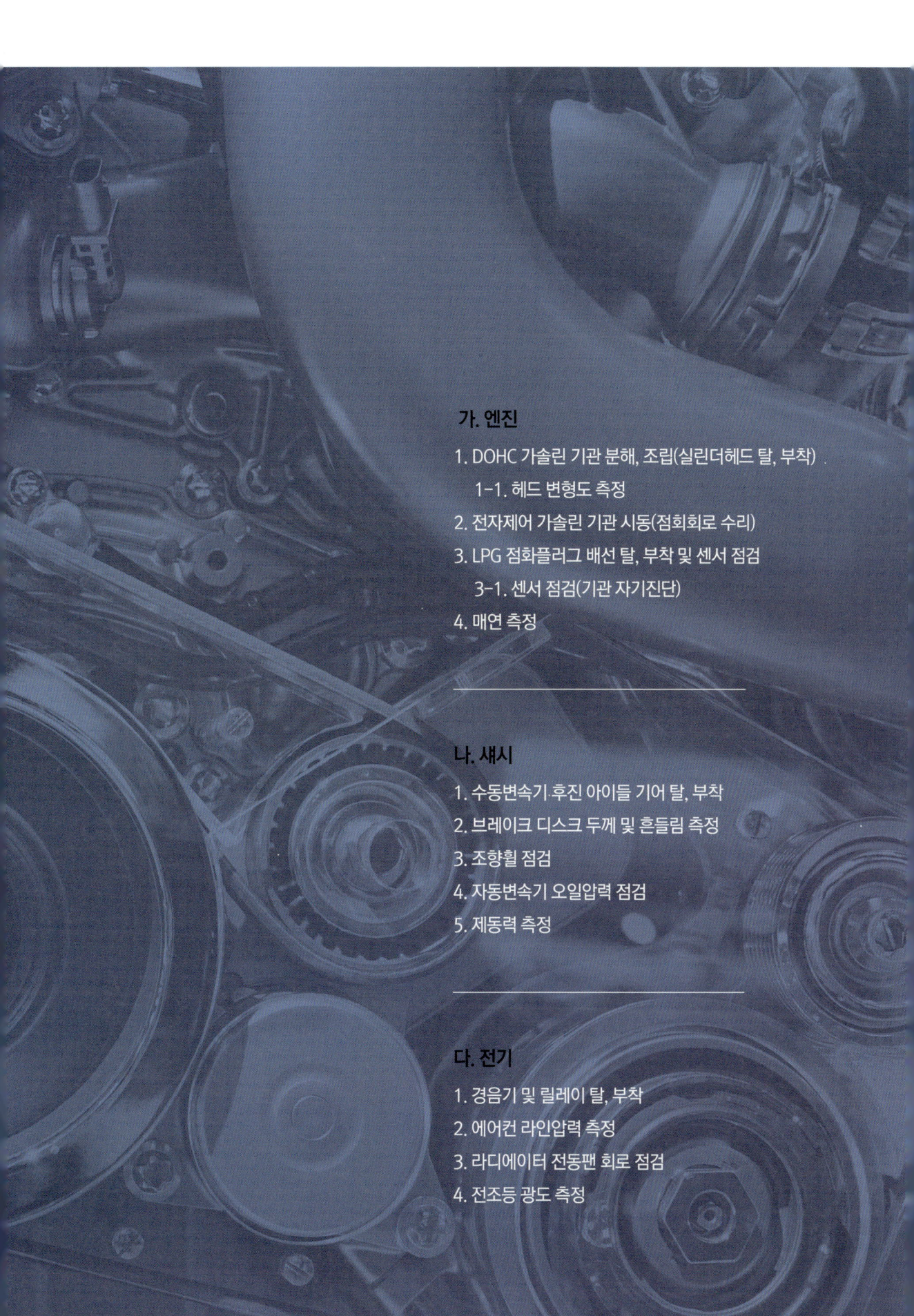

가. 엔진

1. DOHC 가솔린 기관 분해, 조립(실린더헤드 탈, 부착)
   1-1. 헤드 변형도 측정
2. 전자제어 가솔린 기관 시동(점회회로 수리)
3. LPG 점화플러그 배선 탈, 부착 및 센서 점검
   3-1. 센서 점검(기관 자기진단)
4. 매연 측정

나. 섀시

1. 수동변속기·후진 아이들 기어 탈, 부착
2. 브레이크 디스크 두께 및 흔들림 측정
3. 조향휠 점검
4. 자동변속기 오일압력 점검
5. 제동력 측정

다. 전기

1. 경음기 및 릴레이 탈, 부착
2. 에어컨 라인압력 측정
3. 라디에이터 전동팬 회로 점검
4. 전조등 광도 측정

자동차정비기능사 국가기술자격검정 실기시험문제

자격종목	자동차정비기능사	과제명	자동차정비작업

※ 문제지는 시험종료 후 본인이 가져갈 수 있습니다.

비번호		시험일시		시험장명	

※ 시험시간 : 4시간 | 엔진 : 100분   섀시 : 80분   전기 : 60분

✅ 요구사항

가. 엔진	1. 주어진 DOHC 가솔린 기관에서 실린더헤드를 탈거(감독위원에게 확인)하고, 감독위원의 지시에 따라 기록표의 내용대로 기록·판정한 후 다시 조립하시오.

1-1. DOHC 가솔린 기관 분해, 조립(실린더헤드 탈, 부착)

📖 2안 참조 - p.86

1-2. 실린더헤드 변형도 측정

1-2-1. 측정

1) 실린더헤드 위에 평면자를 대각선 6곳으로 이동시키면서 측정한다.

2) 아래 그림과 같이 대각선으로 측정 시 가장 큰 값이 나온다.

3) 간극게이지가 0.279mm가 삽입되면 그 다음 사이즈인 0.305mm를 넣어본다. 0.305mm 가 들어가지 않으면 0.279mm가 측정값이다.

1-2-2. 답안지 작성

1) 측정값 0.279mm를 답안지에 기록한다.
2) 기준값 0.20mm 이하를 답안지에 기록한다.

[엔진 1] 시험결과 기록표

자동차 번호 :

항목	① 측정(또는 점검)		② 판정 및 정비(또는 조치)사항		득점
	측정값	규정(정비한계)값	판정 (□에 'V'표)	정비 및 조치할 사항	
헤드 변형도	0.279mm	0.20mm 이하	□ 양호 ☑ 불량	헤드 교환/재점검	

1-2-3. 판정 및 정비 조치사항

1) 측정값 0.279mm이 규정값 0.20mm 이하 범위를 벗어나므로 불량에 ☑ 표시한다.
2) 측정값이 규정값 범위 내에 들어오면 양호에 ☑ 표시 후 "없음"으로 답안지를 작성한다.

가. 엔진 2. 주어진 전자제어 가솔린 기관에서 감독위원의 지시에 따라 시동에 필요한 점화회로의 고장부분 1개소를 점검 및 수리하여 시동하시오.

2-1. 전자제어 가솔린 기관 시동(점화회로 수리)

 1안 참조 - p.33

가. 엔진	3. 주어진 자동차에서 LPG기관의 점화플러그와 배선을 탈거(감독위원에게 확인)한 후, 다시 조립하고, 감독위원의 지시에 따라 진단기(스캐너)를 사용하여 기관의 각종 센서(액추에이터) 점검 후 고장부분을 기록하시오.

3-1. LPG 기관 점화플러그, 배선 탈, 부착

1) 시험 엔진의 점화코일 보호 커버를 탈거한다.

2) 감독위원이 지정한 4번 점화코일 커넥터를 탈거한다.

3) 점화코일을 탈거한다.

4) 플러그 렌치를 이용하여 점화플러그를 탈거한다.

5) 점화코일을 집어넣어 플러그를 뽑아 올린다.

6) 탈거한 점화코일과 플러그를 감독위원에게 확인받는다.

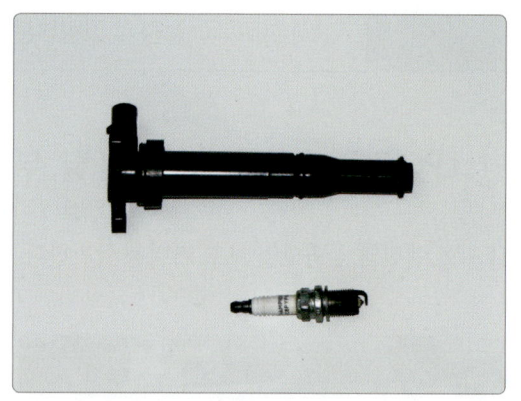

7) 점화플러그를 코일에 꽂아 집어넣는다.

8) 점화코일을 오른쪽으로 3회전 정도 회전시켜 점화플러그가 조여지도록 한다.

9) 점화코일을 뽑아 올린다.

10) 점화플러그 렌치를 이용하여 규정토크로 체결한다.

11) 점화코일을 장착한다.

12) 점화코일 커넥터를 연결한다.

13) 점화코일 보호 커버를 장착 후 감독위원에게 확인받는다.

3-2. 센서 점검

 1안 참조 – p.39

| 가. 엔진 | 4. 주어진 자동차에서 기록표에 제시된 내용을 측정하고 기록·판정하시오.(매연 측정) |

4-1. 매연 측정

📖 **1안 참조 – p.42**

나. 섀시

1. 주어진 수동변속기에서 감독위원의 지시에 따라 후진 아이들 기어를 탈거(감독위원에게 확인)한 후, 다시 조립하시오.

1-1. 수동변속기 후진 아이들 기어 탈, 부착

1) 시험용 변속기를 확인한다.

2) 리어 커버를 탈거한다.

3) 탈거한 리어 커버를 정렬한다.

4) 5단 시프트 포크 고정핀을 탈거한다.

5) 시프트 포크, 슬리브를 정렬한다.

6) 허브에 풀러를 장착하여 탈거한다.

7) 탈거한 5단기어, 허브를 정렬한다.

8) 5단 드리븐 기어를 풀러를 이용하여 탈거한다.

9) 후진 아이들 기어 샤프트 고정 볼트, 케이스 고정 볼트를 탈거한다.

10) 트랜스밋션 케이스를 탈거한다.

11) 후진 아이들 기어와 샤프트를 탈거한다.

12) 후진 아이들 기어와 샤프트를 감독위원에게 확인받는다.

13) 후진 아이들 기어를 조립한다.

14) 변속기 케이스를 장착한다.

15) 후진 아이들 기어 샤프트 고정 볼트와 록킹 볼을 조립한다.

16) 5단 드리븐 기어를 장착한다.

17) 5단 기어와 포크를 조립한다.

18) 리어 커버를 장착 후 감독위원에게 확인받는다.

나. 섀시

2. 주어진 자동차(ABS 장착차량)에서 감독위원의 지시에 따라 한쪽 브레이크 디스크의 두께 및 흔들림(런아웃)을 점검하여 기록·판정하시오.

2-1. 디스크 두께 및 흔들림 측정

2-1-1. 측정

1) 버니어 캘리퍼스로 디스크 두께를 측정한다. (19.2mm)

2) 전륜 디스크에 다이얼 게이지를 설치하고 영점 조정한다.

3) 디스크를 1회전 하면서 최고값을 읽는다. (0.05mm)

2-1-2. 답안지 작성

1) 디스크 두께 측정값 19.2mm, 규정값 두께 20~22mm를 답안지에 기입한다.
2) 런 아웃은 측정값 0.05mm, 규정값 런아웃 0.08mm 이하를 답안지에 기입한다.

[섀시 2] 시험결과 기록표

자동차 번호 :

항목	① 측정(또는 점검)		② 판정 및 정비(또는 조치)사항		득점
	측정값	규정(정비한계)값	판정 (□에 'V'표)	정비 및 조치할 사항	
디스크 두께	19.2mm	20~22mm	□ 양호 ☑ 불량	디스크 교환/재점검	
흔들림(런아웃)	0.05mm	0.08mm 이하			

2-1-3. 판정 및 정비 조치사항

1) 디스크 두께 측정값 19.2mm가 규정값 두께 20~22mm가 규정값 범위를 벗어나므로 불량에 ☑ 표시한다.
2) 측정값이 규정값 범위 내에 들어오면 양호에 ☑ 표시 후 "없음"으로 답안지를 작성한다.

나. 섀시 3. 주어진 자동차에서 감독위원의 지시에 따라(좌 또는 우측) 타이 로드 엔드를 탈거(감독위원에게 확인)하고, 다시 조립하여 조향휠의 직진상태를 확인하시오.

3-1. 조향휠 점검

5안 참조 - p.216

| 나. 섀시 | 4. 주어진 자동차에서 감독위원의 지시에 따라 자동변속기의 오일압력을 점검하고, 기록·판정하시오. |

4-1. 자동변속기(A/T) 오일압력 측정

4-1-1. 측정

1) 시험용 A/T의 압력계를 확인한다.

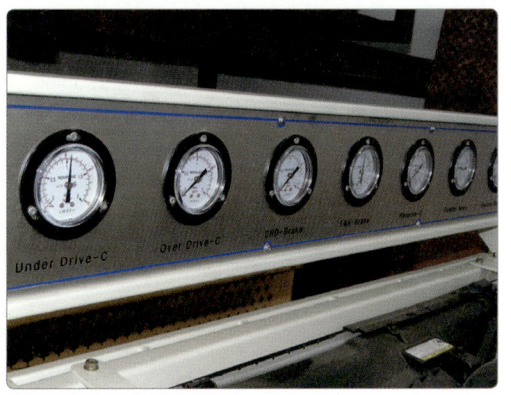

2) 기준값과 측정조건을 확인한다.

기준값

1단에서 UD 압력
6~8kgf/cm²

3) 변속레버 "N"위치에서 기관을 시동한다.

4) 변속레버 스포츠모드에서 1단으로 변속한다.

5) 계기판에서 1단 변속을 확인한다.

6) 기준값에 표기된 UD 압력을 읽는다. ($10kgf/cm^2$)

4-1-2. 답안지 작성

1) 항목에 "UD"라고 기입한다.
2) 측정값 $10kgf/cm^2$를 답안지에 기입한다.
3) 규정값 $6~8kgf/cm^2$를 답안지에 기입한다.

[섀시 4] 시험결과 기록표

자동차 번호 :

항목	① 측정(또는 점검)		② 판정 및 정비(또는 조치)사항		득점
	측정값	규정(정비한계)값	판정 (□에 'V'표)	정비 및 조치할 사항	
(UD)의 오일압력	$10kgf/cm^2$	$6~8kgf/cm^2$	□ 양호 ☑ 불량	UD 솔레노이드 밸브 교환/재점검	

4-1-3. 판정 및 정비 조치사항

1) 측정값 $10kgf/cm^2$이 규정값 $6~8kgf/cm^2$ 범위를 벗어나므로 불량에 ☑ 표시한다
2) 측정값이 규정값 범위 내에 있으면 양호에 ☑ 표시 후 "없음"으로 답안지를 작성한다.

나. 섀시   5. 주어진 자동차에서 감독위원의 지시에 따라 제동력을 측정하여 기록·판정하시오.

5-1. 제동력 측정

 1안 참조 - p.66

다. 전기

1. 주어진 자동차에서 경음기와 릴레이를 탈거(감독위원에게 확인)한 후, 다시 부착하여 작동을 확인하시오.

1-1. 경음기 탈, 부착

1) 좌측전방 방향지시등을 탈거한다.

2) 좌측 전조등을 탈거한다.

3) 경음기 커넥터를 탈거한다.

4) 경음기를 탈거한다.

5) 탈거한 경음기를 감독위원에게 확인받는다.

6) 경음기를 장착한다.

7) 경음기 커넥터를 연결한다.

8) 전조등을 장착한다.

9) 방향지시등을 장착 후 감독위원의 확인을 받는다.

1-2. 경음기 릴레이 탈, 부착

1-2-1. 탈, 부착

1) 메인퓨즈박스에서 경음기 릴레이를 확인한다.

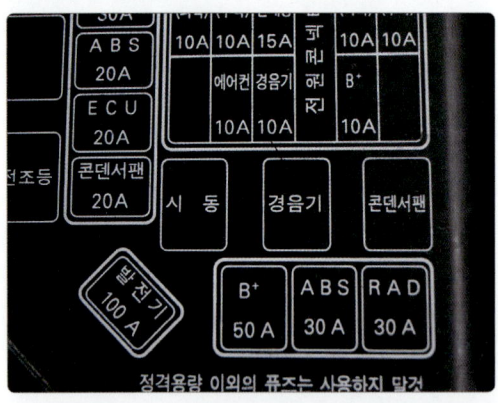

2) 경음기 릴레이를 탈거한다.

3) 탈거한 릴레이를 감독위원에게 확인받는다.

4) 경음기 릴레이를 다시 장착한다.

5) 메인퓨즈박스 커버를 닫는다.

다. 전기

2. 주어진 자동차의 에어컨시스템에서 감독위원의 지시에 따라 에어컨 라인의 압력을 점검하여 에어컨 작동상태의 이상 유무를 확인하여 기록표에 기록·판정하시오.

2-1. 에어컨 라인압력 측정

2-1-1. 측정

1) 기관 정지 후 매니폴드 게이지를 준비한다.

2) 차량의 저압, 고압 라인을 확인한다.

3) 게이지 청색을 저압 라인에, 적색을 고압 라인에 연결한다.

4) 엔진 시동 후 설정온도 18℃, 송풍팬 4단으로 에어컨을 가동한다.

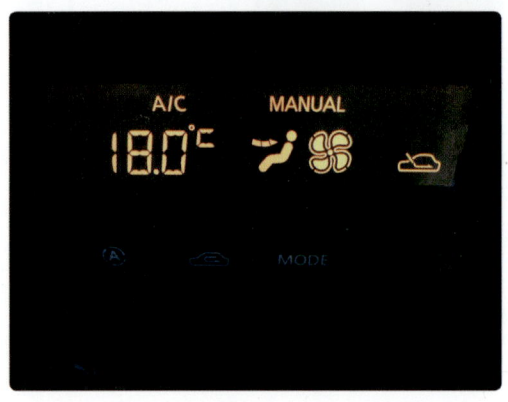

5) 2,500rpm 정도에서 저압 청색게이지를 읽어 답안지를 작성한다.(4.0kgf/cm²)

6) 고압 적색게이지를 읽어 답안지를 작성한다.(19.5kgf/cm²)

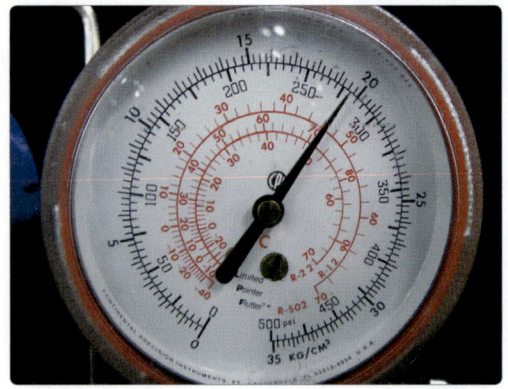

2-1-2. 답안지 작성

1) 측정값 저압 4.0kgf/cm², 규정값 저압 1.5~2.0kgf/cm²를 답안지에 기록한다.
2) 측정값 고압 19.5kgf/cm², 규정값 고압 14~16kgf/cm²를 답안지에 기록한다.

[전기 2] 시험결과 기록표

자동차 번호 :

항목	① 측정(또는 점검)		② 판정 및 정비(또는 조치)사항		득점
	측정값	규정(정비한계)값	판정 (□에 'V'표)	정비 및 조치할 사항	
저압	4.0kgf/cm²	1.5~2.0kgf/cm²	□ 양호 ☑ 불량	냉매 많음/ 회수 재충전	
고압	19.5kgf/cm²	14~16kgf/cm²			

2-1-3. 판정 및 정비 조치사항

1) 측정값 저압 4.0kgf/cm²이 규정값 저압 1.5~20kgf/cm² 범위를 벗어나므로 불량에 ☑ 표시한다.
2) 측정값 고압 19.5kgf/cm²이 규정값 고압 14~16kgf/cm² 범위를 벗어나므로 불량에 ☑ 표시한다.
3) 저, 고압 측정값이 규정 압력보다 낮으면 "냉매 적음/회수 재충전"으로 답안지를 작성한다.
4) 저, 고압 측정값이 규정 압력보다 높으면 "냉매 많음/회수 재충전"으로 답안지를 작성한다.
5) 측정값이 규정값 범위 내에 들어오면 양호에 ☑ 표시 후 "없음"으로 답안지를 작성한다.

| 다. 전기 | 3. 주어진 자동차에서 라디에이터 전동팬 회로에 고장부분을 점검한 후 기록표에 기록·판정하시오. |

3-1. 라디에이터 전동팬 회로 점검

3-1-1. 점검

1) 전동팬 커넥터를 확인한다.

2) 엔진룸 퓨즈 박스에서 냉각팬(30A), IG2(30A) 퓨즈, 냉각팬 고속, 저속 릴레이를 확인한다.

 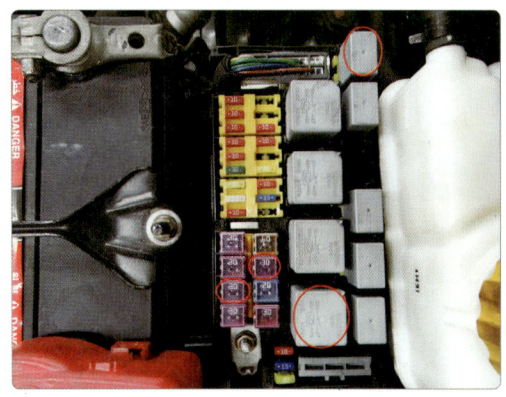

3-1-2. 답안지 작성

1) 부품의 정확한 명칭을 고장부분 답안지에 기입한다.
2) 퓨즈가 끊어진 경우 "단선", 퓨즈, 릴레이가 없는 경우 "없음", 퓨즈, 릴레이 터미널이 부러진 경우 "파손"으로 기입한다.
3) 예상답안
① 전동팬 커넥터 탈거
② 냉각팬 퓨즈(30A) 단선(또는 없음)
③ IG2 퓨즈(30A) 단선(또는 없음)
④ 냉각팬 저속, 고속 릴레이 없음(또는 파손)

[전기 3] 시험결과 기록표

자동차 번호 :

항목	① 측정(또는 점검)		② 판정 및 정비(또는 조치)사항		득점
	이상부위	내용 및 상태	판정 (□에 'V'표)	정비 및 조치할 사항	
전동팬 회로	냉각팬 퓨즈(30A)	단선	□ 양호 ☑ 불량	퓨즈(30A) 교환/재점검	

3-1-3. 판정 및 정비 조치사항

1) 불량에 ☑ 표시한다.
2) 커넥터, 퓨즈, 릴레이 등이 탈거 시 "연결"로 답안지를 작성한다.
3) 퓨즈 단선, 파손인 경우 "퓨즈 교환/재점검", 없는 경우 "퓨즈 장착/재점검"으로 답안지를 작성한다.

다. 전기 4. 주어진 자동차에서 좌 또는 우측의 전조등을 측정하고 기록표에 기록·판정하시오.

4-1. 전조등 광도 측정

📖 **1안 참조 - p.78**

MEMO

Craftsman
Motor Vehicles
Maintenance

8

Craftsman
Motor Vehicles
Maintenance 자동차정비기능사 실기

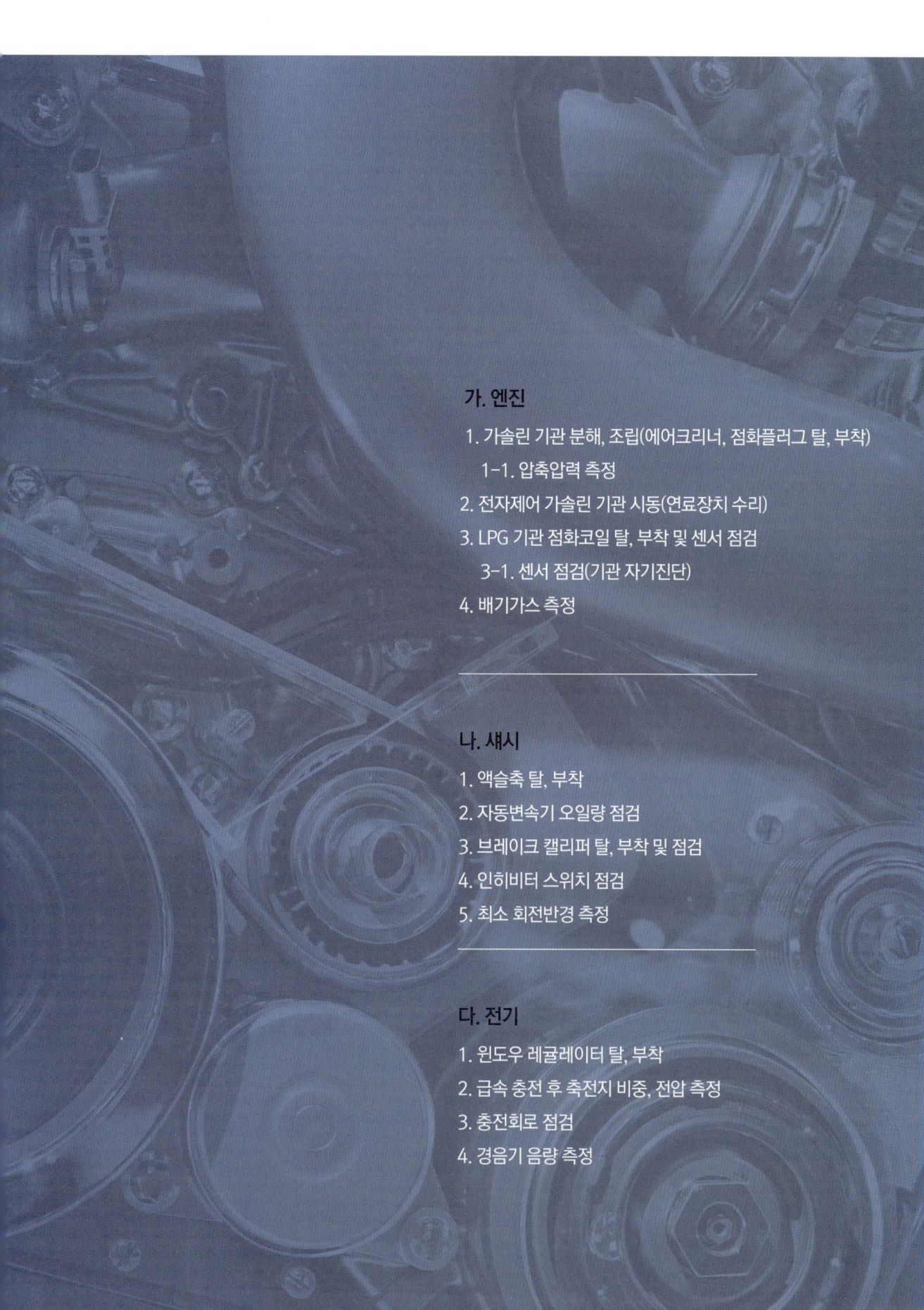

가. 엔진
1. 가솔린 기관 분해, 조립(에어크리너, 점화플러그 탈, 부착)
    1-1. 압축압력 측정
2. 전자제어 가솔린 기관 시동(연료장치 수리)
3. LPG 기관 점화코일 탈, 부착 및 센서 점검
    3-1. 센서 점검(기관 자기진단)
4. 배기가스 측정

나. 섀시
1. 액슬축 탈, 부착
2. 자동변속기 오일량 점검
3. 브레이크 캘리퍼 탈, 부착 및 점검
4. 인히비터 스위치 점검
5. 최소 회전반경 측정

다. 전기
1. 윈도우 레귤레이터 탈, 부착
2. 급속 충전 후 축전지 비중, 전압 측정
3. 충전회로 점검
4. 경음기 음량 측정

자동차정비기능사
국가기술자격검정 실기시험문제

자격종목	자동차정비기능사	과제명	자동차정비작업

※ 문제지는 시험종료 후 본인이 가져갈 수 있습니다.

비번호		시험일시		시험장명	

※ 시험시간 : 4시간 | 엔진 : 100분   섀시 : 80분   전기 : 60분

✓ 요구사항

가. 엔진	1. 주어진 가솔린 기관에서 에어크리너(어셈블리)와 점화 플러그를 모두 탈거(감독위원에게 확인)하고, 감독위원의 지시에 따라 내용대로 기록·판정 후 다시 조립하시오.

1-1. 가솔린 기관 분해, 조립(에어크리너, 점화플러그 탈, 부착)

1-1-1. 에어크리너 탈, 부착

 **3안 참조 - p.144**

1-1-2. 점화플러그 탈, 부착

📖 **3안 참조 - p.163**

1-2. 압축압력 측정

1-2-1. 단품 기관에서 측정

1) 4개의 압축압력 게이지 중 연결된 게이지를 확인한다.(3번 실린더)

2) 스로틀 밸브를 개방하고 5회전 정도 크랭킹 한다.(12.5kgf/cm²)

1-2-2. 답안지 작성

1) 감독위원이 지정한 실린더의 압축압력을 측정한다.(3번 실린더)
2) 규정값 10.5kgf/cm²를 답안지에 기록한다.

[엔진 1] 시험결과 기록표

자동차 번호 :

항목	① 측정(또는 점검)		② 판정 및 정비(또는 조치)사항		득점
	측정값	규정(정비한계)값	판정 (□에 'V'표)	정비 및 조치할 사항	
(3)번 실린더 압축압력	12.5kgf/cm²	10.5kgf/cm²	□ 양호 ☑ 불량	연소실 카본 제거/재점검	

1-2-3. 판정 및 정비 조치사항

1) 규정값의 70~110%, 각 실린더차 10% 이내일 때 양호 판정한다.
2) 10.5×0.7=7.35이고, 10.5×1.1=11.55이므로 7.35~11.55kgf/cm² 까지 양호하다.
3) 측정값이 규정값 범위를 벗어나므로 불량에 ☒ 표시한다.
4) 측정값이 규정값보다 높은 경우 연소실 "카본 제거/재점검", 낮을 경우 "엔진 보링/재점검"으로 답안지를 작성한다.

가. 엔진	2. 주어진 전자제어 가솔린 기관에서 감독위원의 지시에 따라 시동에 필요한 연료장치 회로의 이상개소를 점검 및 수리하여 시동하시오.

2-1. 전자제어 가솔린 기관 시동(연료장치 수리)

📖 **1안 참조 - p.33**

가. 엔진

3. 주어진 자동차에서 LPG 기관의 점화코일을 탈거(감독위원에게 확인)한 후 다시 조립하고, 감독위원의 지시에 따라 진단기(스캐너)를 사용하여 기관의 각종 센서(액추에이터) 점검 후 고장부분을 기록하시오.

3-1. LPG 기관 점화코일 탈, 부착

1) 시험 엔진의 점화코일 보호 커버를 탈거한다.

2) 감독위원이 지정한 4번 점화코일 커넥터를 탈거한다.

3) 점화코일을 탈거한다.

4) 탈거한 점화코일을 감독위원에게 확인받는다.

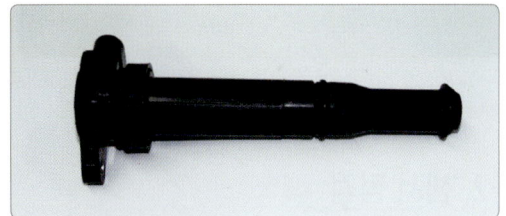

5) 점화코일을 장착한다.

6) 점화코일 커넥터를 연결한다.

7) 점화코일 보호 커버를 장착 후 감독위원에게 확인받는다.

3-2. 센서 점검

 1안 참조 – p.39

| 가. 엔진 | 4. 주어진 가솔린자동차에서 감독위원의 지시에 따라 배기가스를 측정하여 기록·판정하시오. |

4-1. 배기가스 측정

2안 참조 - p. 111

| 나. 섀시 | 1. 주어진 후륜 구동(FR형식) 자동차에서 감독위원의 지시에 따라 액슬축을 탈거(감독위원에게 확인)한 후, 다시 조립하시오. |

1-1. 액슬축 탈, 부착

1) 감독관이 지정한 액슬축을 확인한다.

2) 액슬축 고정 볼트를 탈거한다.

3) 액슬축을 탈거한다.

4) 탈거한 액슬축을 감독위원의 확인을 받는다.

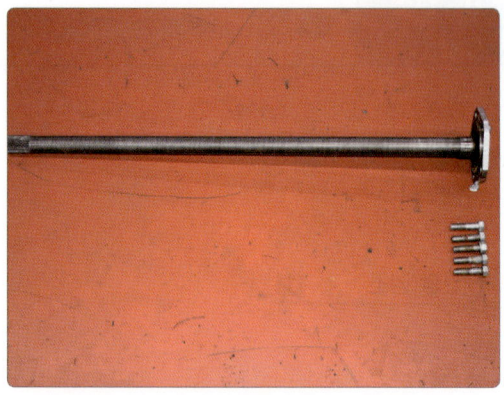

5) 액슬축을 장착한다.

6) 액슬축 고정 볼트를 체결 후 감독위원의 확인을 받는다.

나. 섀시

2. 주어진 자동차에서 감독위원의 지시에 따라 자동변속기의 오일량을 점검하여 기록·판정하시오.

2-1. 자동변속기(A/T) 오일량 점검

2-1-1. 점검

1) 변속레버 P 위치에서 기관을 시동한다.

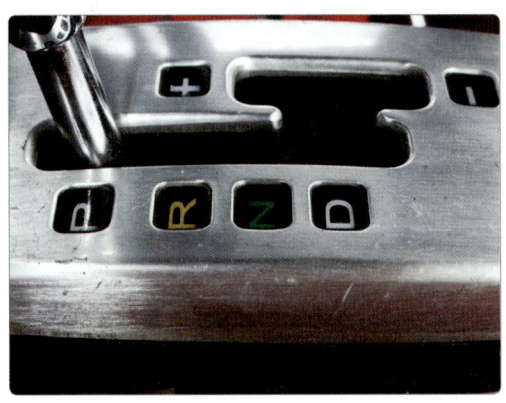

2) R, D, N 레인지로 변속레버를 이동하여 변속기 오일을 순환한다.

3) 변속레버를 N 위치로한다.

4) A/T 오일게이지를 확인한다.

5) 게이지를 뽑아서 닦은 후 유량을 점검한다.

6) 냉간 시 COLD 라인 안쪽에 오일이 찍히면 양호하다.

7) 열간 시 HOT 라인 안쪽에 오일이 찍히면 양호하다.

2-1-2. 답안지 작성

1) 게이지에 찍힌 오일 라인을 답안지에 똑같은 위치에 그린다.

[섀시 2] 시험결과 기록표

자동차 번호 :

항목	① 측정(또는 점검)	② 판정 및 정비(또는 조치)사항		득점
		판정 (□에 'V'표)	정비 및 조치할 사항	
오일량	COLD ┃┃┃ HOT 오일레벨을 게이지에 표시하시오.	□ 양호 ☑ 불량	오일 보충/재점검	

2-1-3. 판정 및 정비 조치사항

1) A/T 오일량이 적으므로 불량에 ☑ 표시한다.
2) 오일이 규정량보다 많으면 "오일 배출/재점검"으로 답안지를 작성한다.
3) 측정량이 규정량 범위 내에 있으면 양호에 ☑ 표시 후 "없음"으로 답안지를 작성한다.

나. 섀시 3. 주어진 자동차에서 감독위원의 지시에 따라 브레이크 캘리퍼를 탈거(감독위원에게 확인) 하고, 다시 조립하여 공기빼기 작업 후 브레이크의 작동상태를 확인하시오.

3-1. 브레이크 캘리퍼 탈, 부착

📖 **4안 참조 - p.184**

| 나. 섀시 | 4. 주어진 자동차에서 감독위원의 지시에 따라 인히비터 스위치와 변속 선택레버 위치를 점검하고, 기록·판정하시오. |

4-1. 인히비터 스위치 점검

 **1안** 참조 - p.64

| 나. 섀시 | 5. 주어진 자동차에서 감독위원의 지시에 따라 좌 또는 우회전 시 최소 회전반경을 측정하여 기록·판정하시오. |

5-1. 최소 회전반경 측정

2안 참조 - p.124

| 다. 전기 | 1. 주어진 자동차에서 감독위원의 지시에 따라 윈도우 레귤레이터(또는 파워 윈도우 모터)를 탈거(감독위원에게 확인)한 후, 다시 부착하여 윈도우 모터가 원활하게 작동되는지 확인하시오. |

1-1. 윈도우 레귤레이터 탈, 부착

1) 윈도우 고정 브라켓이 보일 때까지 창문을 내려서 확인한다.

2) 파워 윈도우 모터 커넥터를 탈거한다.

3) 윈도우를 탈거한다.

4) 레귤레이터 어셈블리 고정 너트를 탈거한다.

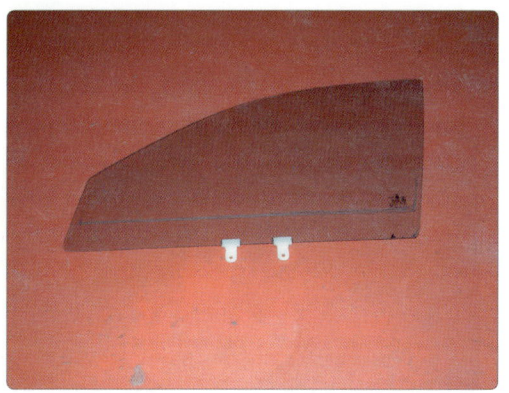
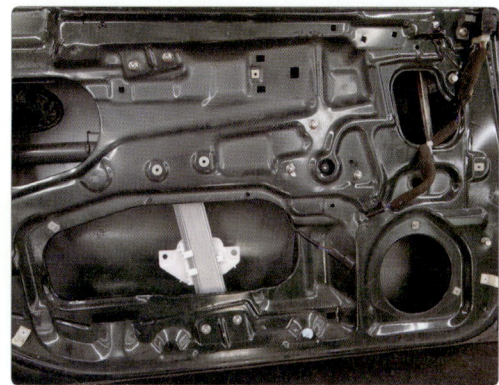

5) 레귤레이터 어셈블리를 탈거한다.

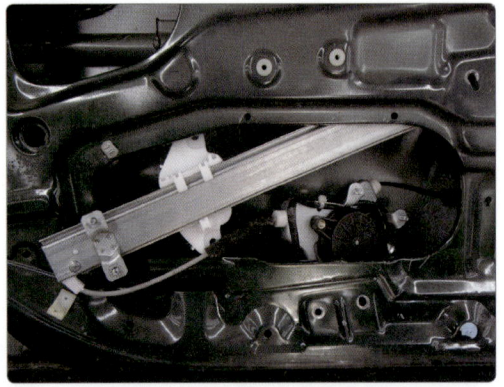

6) 탈거한 레귤레이터 어셈블리를 감독위원에게 확인받는다.

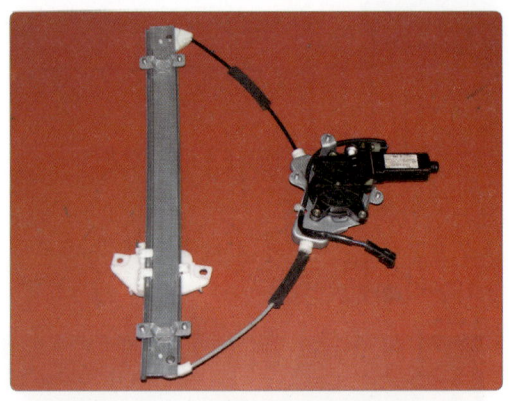

7) 레귤레이터 어셈블리를 장착한다.

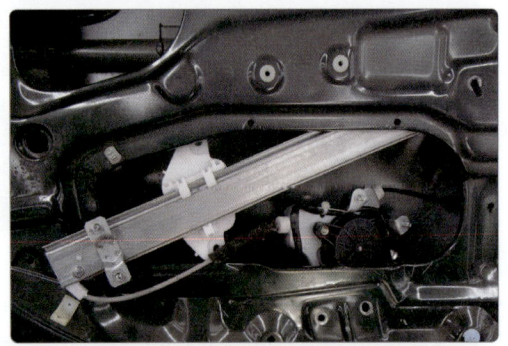

8) 레귤레이터 어셈블리 고정 너트를 체결한다.

9) 윈도우를 안쪽으로 기울여서 장착한다.

10) 윈도우 고정 볼트를 체결한다.

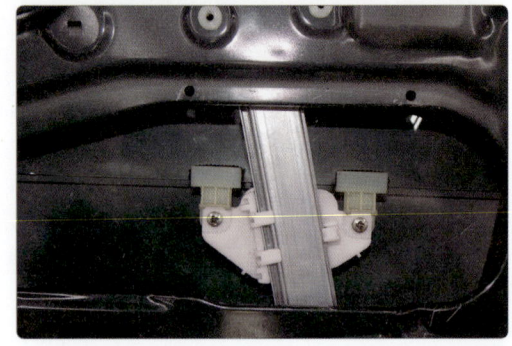

11) 파워 윈도우 모터 커넥터를 연결한다.

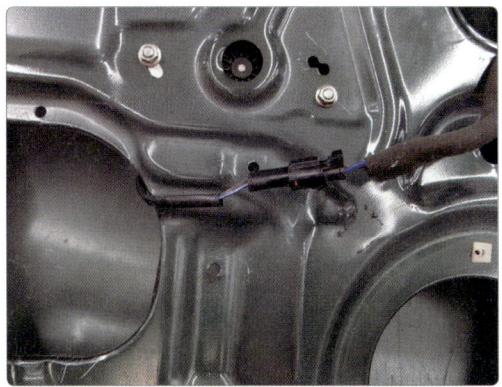

12) 윈도우를 올린 후 감독위원의 확인을 받는다.

다. 전기

2. 주어진 자동차에서 축전지를 감독위원의 지시에 따라 급속 충전한 후 충전된 축전지의 비중과 전압을 측정하여 기록표에 기록·판정하시오.

2-1. 급속 충전 후 축전지 비중, 전압 측정

2-1-1. 축전지 급속 충전

1) 충전기 전원, 선택레버 모두 OFF로 한다.

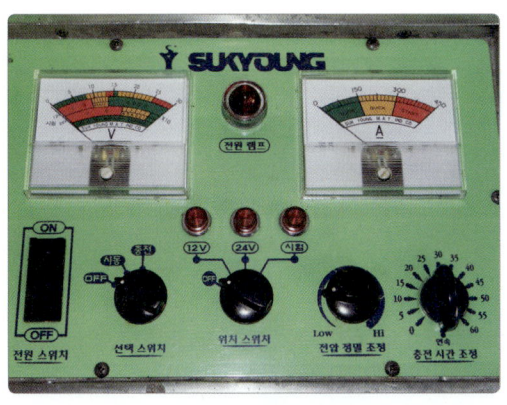

2) 축전지에 충전기 케이블을 연결 후 용량을 확인한다.(150A)

3) 전압계 아래 충전 시간을 확인한다.(5=50분)

4) 표시된 5만큼 50분에 충전시간 타이머를 맞춘다.

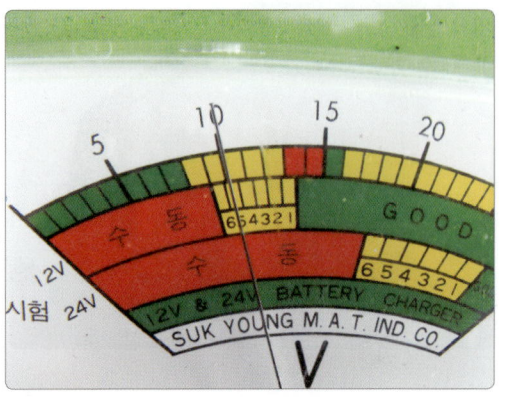
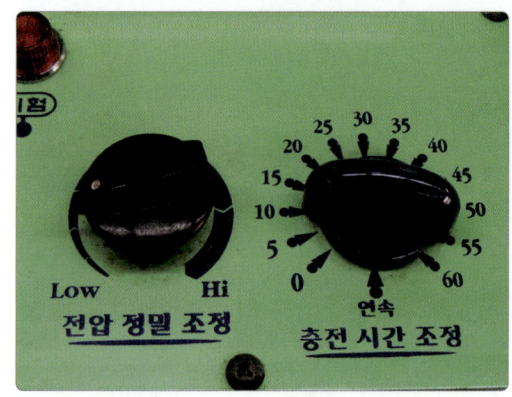

5) 선택 스위치 충전, 위치 스위치 12V에 맞춘다.

6) 전원 스위치를 ON한다.

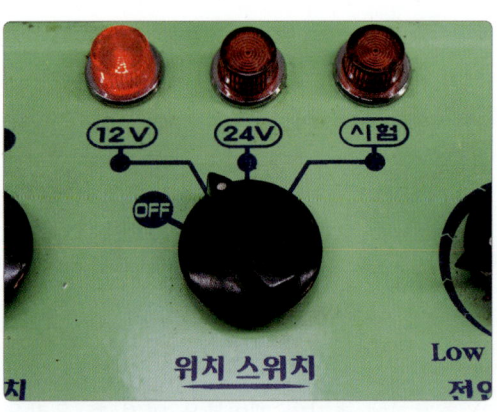
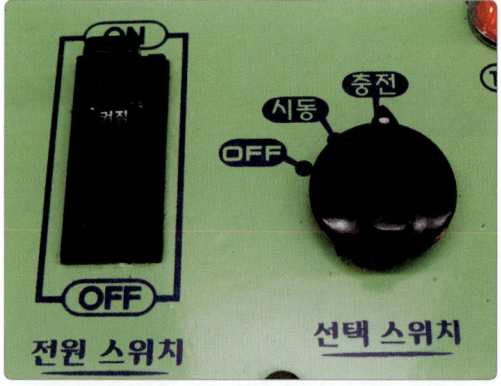

7) 전류계를 보면서 전압 정밀 조정 레버를 서서히 돌린다.

8) 축전지 용량(150A)의 50%인 전류계 75A에 맞춘다.

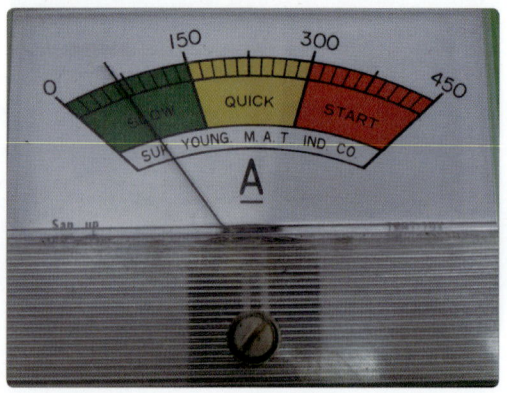

9) 전압계를 확인한다.(16.5V)

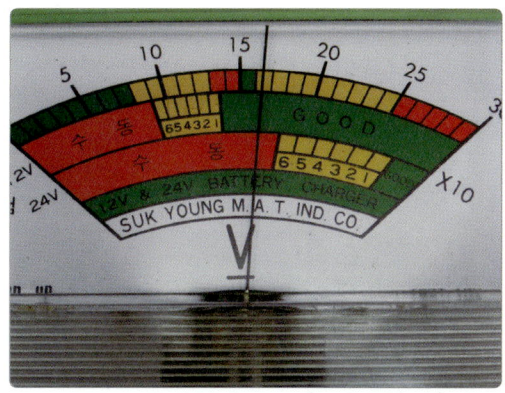

2-1-2. 비중, 전압 측정

1) 비중계를 준비한다.

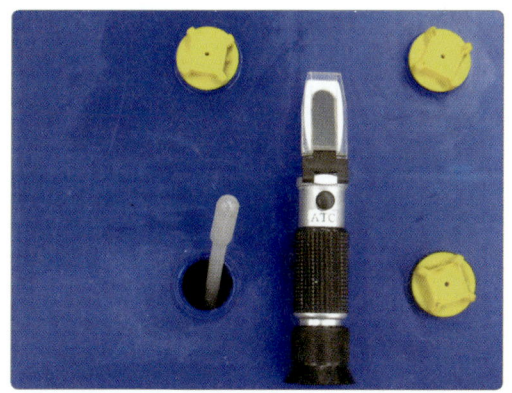

2) 비중계에 축전지 전해액을 한방울 묻힌다.

3) 밝은 곳을 향하여 렌즈를 보며 게이지면의 밝고 어두운 부분의 경계선 왼쪽 눈금을 읽는다.(1.170)

4) 축전지 단자 전압을 측정한다.(13.09V)

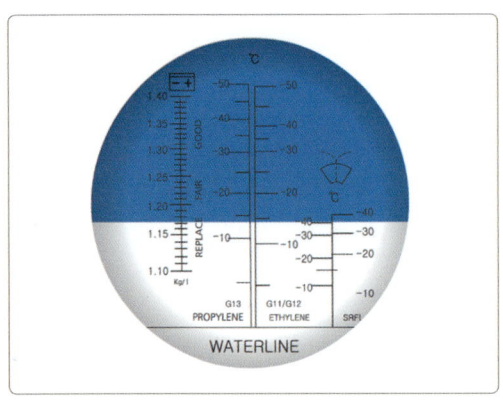

2-1-3. 답안지 작성

1) 비중 측정값 1.170을 답안지에 기입한다.
2) 전압 측성값 13.09V를 답안지에 기입한다.
3) 기준값을 기입한다.

[전기 2] 시험결과 기록표

자동차 번호 :

항목	① 측정(또는 점검)		② 판정 및 정비(또는 조치)사항		득점
	측정값	규정(정비한계)값	판정 (□에 'V'표)	정비 및 조치할 사항	
축전지 비중	1.170	1.260~1.270	□ 양호 ☑ 불량	축전지 충전/재점검	
축전지 전압	13.09V	13.5~14.5V			

2-1-4. 판정 및 정비 조치사항

1) 비중이 규정값 범위를 벗어나므로 불량에 ☑ 표시한다.
2) 비중이나 전압이 낮으면 축전지를 보충 충전한다.
3) 측정값이 규정값 범위 내에 있으면 "없음"으로 판정한다.

다. 전기   3. 주어진 자동차에서 충전회로에 고장 부분을 점검한 후 기록표에 기록·판정하시오.

3-1. 충전회로 점검

3-1-1. 점검

1) 엔진룸 퓨즈 박스에서 메인릴레이 퓨즈(20A), 메인릴레이를 확인한다.

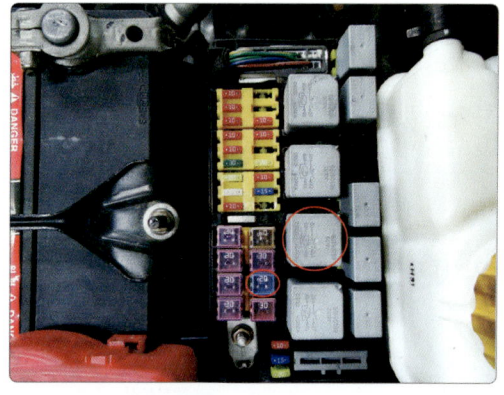

2) 발전기 L, B단자 커넥터를 확인한다.

3-1-2. 답안지 작성

1) 부품의 정확한 명칭을 고장부분 답안지에 기입한다.
2) 퓨즈가 끊어진 경우 "단선", 퓨즈, 릴레이가 없는 경우 "없음", 퓨즈, 릴레이 터미널이 부러진 경우 "파손"으로 기입한다.
3) 예상답안
① 메인릴레이 퓨즈(20A) 단선(또는 파손, 없음)
② 메인릴레이 없음(또는 파손)
③ 발전기 L, B단자 커넥터 탈거

[전기 3] 시험결과 기록표

자동차 번호 :

항목	① 측정(또는 점검)		② 판정 및 정비(또는 조치)사항		득점
	이상부위	내용 및 상태	판정 (□에 'V'표)	정비 및 조치할 사항	
충전회로	발전기 L단자	커넥터 탈거	□ 양호 ☑ 불량	커넥터 연결/재점검	

3-1-3. 판정 및 정비 조치사항

1) 불량에 ☑ 표시한다.
2) 커넥터, 퓨즈, 릴레이 등이 탈거 시 "연결"로 답안지를 작성한다.
3) 퓨즈 단선, 파손인 경우 "퓨즈 교환/재점검", 없는 경우 "퓨즈 장착/재점검"으로 답안지를 작성한다.

| 다. 전기 | 4. 주어진 자동차에서 경음기 음량을 측정하여 기록표에 기록·판정 하시오. |

4-1. 경음기 음량 측정

📖 **2안 참조** - p.136

9

Craftsman
Motor Vehicles
Maintenance 자동차정비기능사 실기

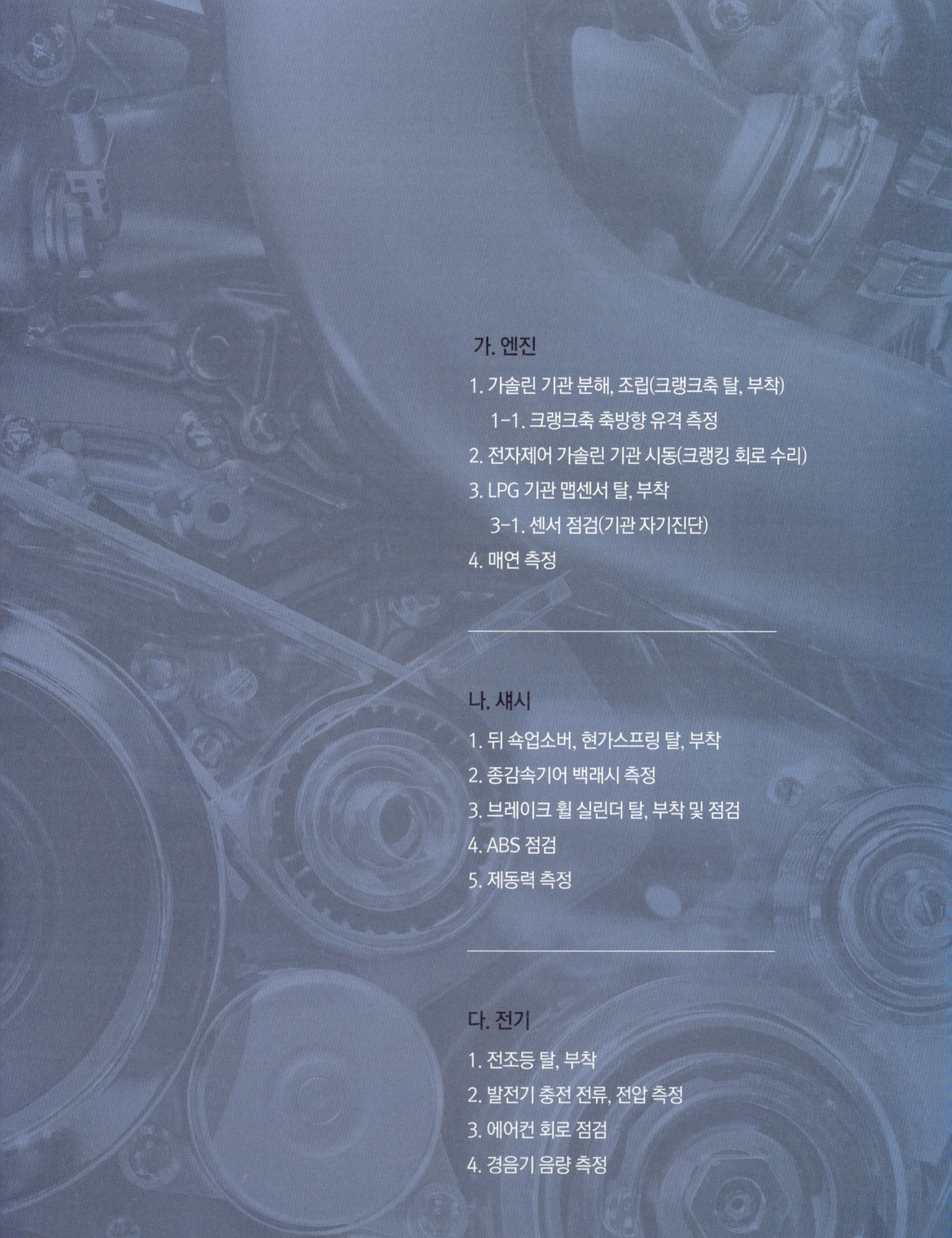

가. 엔진
1. 가솔린 기관 분해, 조립(크랭크축 탈, 부착)
   - 1-1. 크랭크축 축방향 유격 측정
2. 전자제어 가솔린 기관 시동(크랭킹 회로 수리)
3. LPG 기관 맵센서 탈, 부착
   - 3-1. 센서 점검(기관 자기진단)
4. 매연 측정

나. 섀시
1. 뒤 쇽업소버, 현가스프링 탈, 부착
2. 종감속기어 백래시 측정
3. 브레이크 휠 실린더 탈, 부착 및 점검
4. ABS 점검
5. 제동력 측정

다. 전기
1. 전조등 탈, 부착
2. 발전기 충전 전류, 전압 측정
3. 에어컨 회로 점검
4. 경음기 음량 측정

국가기술자격검정 실기시험문제

자격종목	자동차정비기능사	과제명	자동차정비작업

※ 문제지는 시험종료 후 본인이 가져갈 수 있습니다.

비번호		시험일시		시험장명	

※ 시험시간 : 4시간 | 엔진 : 100분   섀시 : 80분   전기 : 60분

✔ 요구사항

가. 엔진	1. 주어진 가솔린 기관에서 크랭크축을 탈거(감독위원에게 확인)하고, 감독위원의 지시에 따라 기록표의 내용대로 기록·판정한 후 다시 조립하시오.

1-1. 가솔린 기관 분해, 조립(크랭크축 탈, 부착)

2안 참조 – p.86

1-2. 크랭크축 축방향 유격 측정

1-2-1. 측정

1) 크랭크축에 다이얼 게이지를 설치 후, 드라이버로 크랭크축을 좌측으로 최대한 밀은 상태에서 다이얼 게이지를 영점 조정한다.

2) 크랭크축을 우측으로 최대한 밀은 상태에서 게이지 눈금을 읽는다.

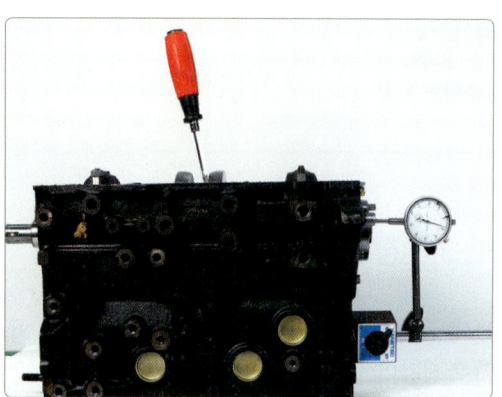

3) 다이얼 게이지의 측정값은 0.06mm이다.

1-2-2. 답안지 작성

1) 축방향 유격 측정값 0.06mm를 측정값 칸에 기입한다.
2) 기준값 0.05~0.18mm를 기준값 칸에 기입한다.

[엔진 2] 시험결과 기록표

자동차 번호 :

항목	① 측정(또는 점검)		② 판정 및 정비(또는 조치)사항		득점
	측정값	규정(정비한계)값	판정 (□에 'V'표)	정비 및 조치할 사항	
크랭크 축방향 유격	0.06mm	0.05~0.18mm	☑ 양호 □ 불량	없음	

1-2-3. 판정 및 정비 조치사항

1) 측정값 0.06mm로 양호하므로 양호에 ☑ 표시한다.
2) 측정값이 규정값 범위를 벗어나면 "스러스트 베어링 교환/재점검"으로 답안지를 작성한다.

가. 엔진   2. 주어진 전자제어 가솔린 기관에서 감독위원의 지시에 따라 시동에 필요한 크랭킹 회로의 이상개소를 점검 및 수리하여 시동하시오.

2-1. 전자제어 가솔린 기관 시동(크랭킹 회로 수리)

 1안 참조 - p.33

가. 엔진

3. 주어진 자동차에서 LPG 기관의 맵센서(공기유량센서)를 탈거(감독위원에게 확인)한 후 다시 조립하고, 감독위원의 지시에 따라 진단기(스캐너)를 사용하여 기관의 각종 센서(액추에이터) 점검 후 고장부분을 기록·판정하시오.

3-1. LPG 기관 맵센서 탈, 부착

1) 시험 차량의 맵센서 위치를 확인한다.

2) 맵센서 커넥터를 탈거한다.

3) 맵센서를 탈거한다.

4) 탈거한 맵센서를 감독위원에게 확인받는다.

5) 맵센서를 장착한다.

6) 맵센서 커넥터를 연결 후 감독위원에게 확인 받는다.

3-2. 센서 점검

📖 **1안 참조 - p.39**

가. 엔진   4. 주어진 자동차에서 기록표에 제시된 내용을 측정하고 기록·판정하시오.(매연 측정)

4-1. 매연 측정

📖 **1안 참조 - p.42**

나. 섀시

1. 주어진 자동차에서 감독위원의 지시에 따라 뒤 쇽업소버(shock absorber) 및 현가 스프링 1개를 탈거(감독위원에게 확인)한 후, 다시 조립하시오.

1-1. 뒤 쇽업쇼버 탈, 부착

 1안 참조 - p.49

나. 섀시

2. 주어진 자동차에서 감독위원의 지시에 따라 종감속 기어의 백래시를 점검하여 기록·판정하시오.

2-1. 종감속기어 백래시 측정

2-1-1. 측정

1) 종감속 기어 링기어에 잇면과 90° 각도로 다이얼게이지를 설치한다.

2) 링기어를 좌, 우로 움직여 백래시를 측정한다. (측정값 0.035mm)

2-1-2. 답안지 작성

1) 백래시 측정값 0.035mm를 답안지에 기록한다.
2) 규정값 0.05~0.15mm를 기록한다.

[섀시 2] 시험결과 기록표

자동차 번호 :

항목	① 측정(또는 점검)		② 판정 및 정비(또는 조치)사항		득점
	측정값	규정(정비한계)값	판정 (□에 'V'표)	정비 및 조치할 사항	
백래시	0.035mm	0.05~0.15mm	□ 양호 ☑ 불량	조정 스크루로 조정/재점검	

2-1-3. 판정 및 정비 조치사항

1) 백래시 측정값 0.035mm가 규정값 0.05~0.15mm 보다 작으므로 불량에 ☑ 표시한다.
2) 측정값이 규정값 범위 내에 있으면 양호에 ☑ 표시 후 "없음"으로 답안지를 작성한다.

나. 섀시

3. 주어진 자동차에서 감독위원의 지시에 따라 브레이크 휠 실린더를 탈거(감독위원에게 확인)하고, 다시 조립하여 공기빼기 작업 후 브레이크의 작동상태를 확인하시오.

3-1. 브레이크 휠 실린더 탈, 부착

1) 브레이크 슈의 방향 스프링 위치 등을 확인한다.

2) 전, 후진 슈 홀드다운 스프링을 탈거한다.

3) 브레이크 슈 어셈블리를 통째로 아래로 밀어서 탈거한다.

4) 탈거한 슈 어셈블리를 정렬한다.

5) 백 플레이트 뒷면에 휠 실린더 고정 볼트를 확인한다.

6) 휠 실린더 고정 볼트를 탈거 후 실린더를 탈거한다.

7) 탈거한 휠 실린더를 감독위원의 확인을 받는다.

8) 휠 실린더를 다시 장착한다.

9) 브레이크 슈 어셈블리를 통째로 위쪽으로 밀어 올린다.

10) 브레이크 슈 어셈블리를 백 플레이트에 밀착시킨다.

11) 전, 후진 슈 홀드다운 스프링을 장착 후 감독위원의 확인을 받는다.

나. 섀시
4. 주어진 자동차에서 감독위원의 지시에 따라 진단기(스캐너)로 ABS 장치를 점검하고, 기록·판정하시오.

4-1. ABS장치 점검

📖 **4안 참조 – p. 188**

나. 섀시
5. 주어진 자동차에서 감독위원의 지시에 따라 제동력을 측정하여 기록·판정하시오.

5-1. 제동력 측정

📖 **1안 참조 – p. 66**

다. 전기

1. 주어진 자동차에서 감독위원의 지시에 따라 전조등(헤드 라이트)를 탈거(감독위원에게 확인)한 후, 다시 부착하여 전조등을 켜서 조상방향(육안검사) 및 작동여부를 확인한 후 필요하면 조정하시오.

1-1. 전조등 탈, 부착

1) 범퍼 가이드를 탈거한다.

2) 방향지시등을 탈거한다.

3) 전조등 전구 커넥터를 탈거한다.

4) 전조등을 탈거한다.

5) 탈거한 전조등을 감독위원의 확인을 받는다.

6) 전조등을 장착한다.

7) 전조등 전구 커넥터를 연결한다.

8) 방향지시등 장착 후 감독위원의 확인을 받는다.

다. 전기

2. 주어진 자동차의 발전기에서 충전되는 전류와 전압을 점검하여 확인사항을 기록표에 기록·판정하시오.

2-1. 발전기 충전전류, 전압 측정

 3안 참조 - p.166

| 다. 전기 | 3. 주어진 자동차에서 에어컨 회로에 고장부분을 점검한 후 기록표에 기록·판정하시오. |

3-1. 에어컨 회로 점검

3-1-1. 점검

1) 엔진룸 퓨즈박스에서 에어컨(10A), 송풍기 고속(30A), 냉각팬(30A), IG 2 퓨즈와 냉각팬 저속, 고속 릴레이, 에어컨 릴레이 등을 점검한다.

2) 듀얼압력 S/W 커넥터를 확인한다.

3) 컴프레서 마그네틱 클러치 커넥터를 확인한다.

4) 컨덴서 팬 커넥터를 확인한다.

5) 실내 퓨즈 박스에서 송풍기 퓨즈(20A) 블로워 모터 4단 릴레이를 확인한다.

6) 에어컨 S/W 커넥터를 확인한다.

7) 블로워 모터 커넥터를 확인한다.

3-1-2. 답안지작성

1) 부품의 정확한 명칭을 고장부분 답안지에 기입한다.
2) 퓨즈가 끊어진 경우 "단선", 퓨즈, 릴레이가 없는 경우 "없음", 퓨즈, 릴레이 터미널이 부러진 경우 "파손"으로 기입한다.
3) 예상답안
① 에어컨 퓨즈(10A), 송풍기 고속 퓨즈(20A), IG2 퓨즈(30A), 냉각팬 퓨즈(30A) 단선(또는 없음, 파손)
② 냉각팬 저속, 고속 릴레이 파손(또는 없음)
③ 듀얼압력 S/W 커넥터 탈거
④ 컴프레서 마그네틱 클러치 커넥터 탈거
⑤ 컨덴서 팬 커넥터 탈거
⑥ 에어컨 S/W 커넥터 탈거
⑦ 블로워 모터 커넥터 탈거 등

[전기 3] 시험결과 기록표

자동차 번호 :

항목	① 측정(또는 점검)		② 판정 및 정비(또는 조치)사항		득점
	이상부위	내용 및 상태	판정 (□에 'V'표)	정비 및 조치할 사항	
에어컨 회로	듀얼압력 S/W	커넥터 탈거	□ 양호 ☑ 불량	커넥터 연결/재점검	

3-1-3. 판정 및 정비 조치사항

1) 불량에 ☑ 표시한다.
2) 커넥터, 퓨즈, 릴레이 등이 탈거 시 "연결"로 답안지를 작성한다.
3) 퓨즈 단선, 파손인 경우 "퓨즈 교환/재점검", 없는 경우 "퓨즈 장착/재점검"으로 답안지를 작성한다.

| 다. 전기 | 4. 주어진 자동차에서 경음기 음량을 측정하여 기록표에 기록·판정 하시오.

4-1. 경음기 음량 측정

 **2안 참조 - p. 136**

MEMO

**Craftsman
Motor Vehicles
Maintenance**

10

Craftsman
Motor Vehicles
Maintenance 자동차정비기능사 실기

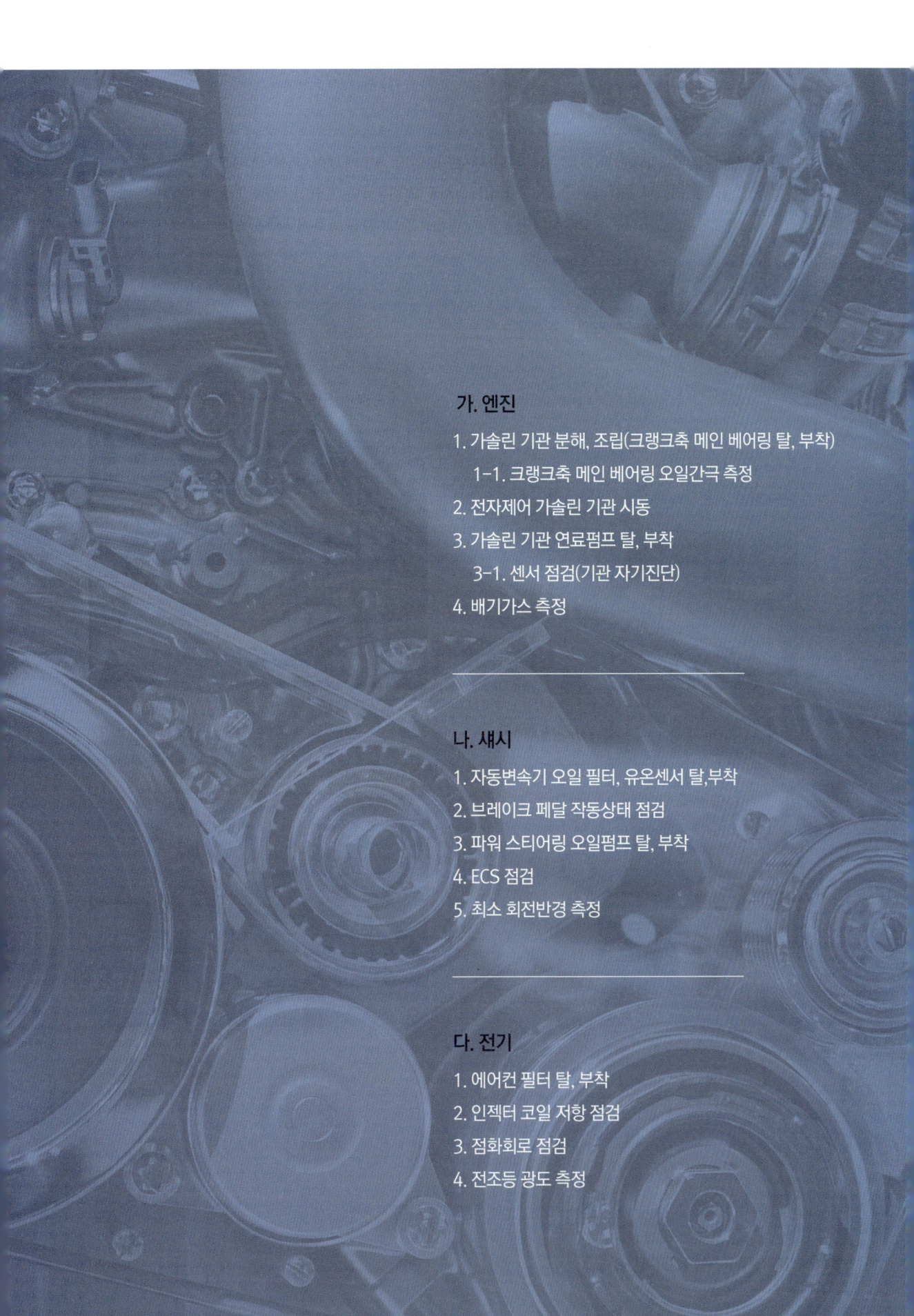

가. 엔진

1. 가솔린 기관 분해, 조립(크랭크축 메인 베어링 탈, 부착)
    1-1. 크랭크축 메인 베어링 오일간극 측정
2. 전자제어 가솔린 기관 시동
3. 가솔린 기관 연료펌프 탈, 부착
    3-1. 센서 점검(기관 자기진단)
4. 배기가스 측정

나. 섀시

1. 자동변속기 오일 필터, 유온센서 탈,부착
2. 브레이크 페달 작동상태 점검
3. 파워 스티어링 오일펌프 탈, 부착
4. ECS 점검
5. 최소 회전반경 측정

다. 전기

1. 에어컨 필터 탈, 부착
2. 인젝터 코일 저항 점검
3. 점화회로 점검
4. 전조등 광도 측정

10 자동차정비기능사
국가기술자격검정 실기시험문제

자격종목	자동차정비기능사	과제명	자동차정비작업

※ 문제지는 시험종료 후 본인이 가져갈 수 있습니다.

비번호		시험일시		시험장명	

※ 시험시간 : 4시간 | 엔진 : 100분   섀시 : 80분   전기 : 60분

☑ 요구사항

가. 엔진	1. 주어진 가솔린 기관에서 크랭크축과 메인 베어링을 탈거(감독위원에게 확인)하고, 감독위원의 지시에 따라 기록표의 내용대로 기록·판정한 후 다시 조립하시오.

1-1. 가솔린 기관 분해, 조립(크랭크축, 메인 베어링 탈, 부착)

📖 **2안 참조 - p.86**

1-2. 크랭크축 오일간극 측정

1-2-1. 텔레스코핑 게이지와 마이크로미터로 측정

1) 크랭크축을 탈거하고 메인 베어링 장착 후 규정토크로 조립한다.

2) 텔레스코핑 게이지를 감독위원이 지정한 메인 베어링에 90° 각도로 내경을 측정한다.

3) 측정한 텔레스코핑 게이지를 마이크로미터에 물려 측정값을 읽는다.

4) 내경 측정값은 57.04mm이다.

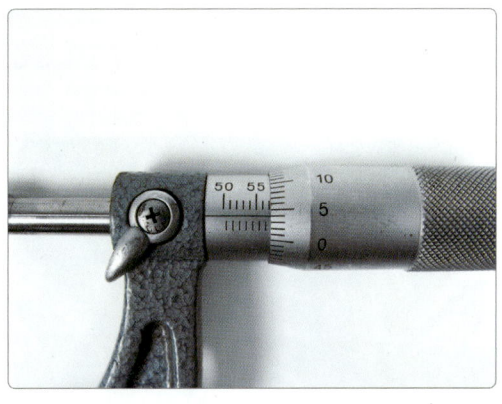

5) 크랭크축 외경을 측정한다.

6) 크랭크축 외경은 57.00mm이다.

7) 측정값은 메인 베어링 내경 57.04mm - 크랭크축 외경 57.00mm = 0.04mm이다.

1-2-2. 플라스틱 게이지로 측정

1) 감독위원이 지정한 위치의 메인 베어링 캡을 탈거한다.

2) 플라스틱 게이지를 설치한다.

3) 메인 베어링 캡을 규정토크로 조립한다.

4) 메인 베어링 캡을 탈거한다.

5) 플라스틱 게이지 포장지의 비교 눈금을 확장된 플라스틱 게이지와 비교한다.

6) 측정값 .076은 0.076mm이다.

1-2-3. 답안지 작성

1) 측정값 0.076mm를 답안지에 기록한다.
2) 규정값 0.02~0.06mm를 답안지에 기록한다.

[엔진 1] 시험결과 기록표

자동차 번호 :

항목	① 측정(또는 점검)		② 판정 및 정비(또는 조치)사항		득점
	측정값	규정(정비한계)값	판정 (□에 'V'표)	정비 및 조치할 사항	
크랭크축 오일간극	0.076mm	0.02~0.06mm	□ 양호 ☑ 불량	크랭크축 메인 베어링 교환/재점검	

1-2-4. 판정 및 정비 조치사항

1) 오일간극 측정값 0.076mm가 규정값 0.02~0.06mm 범위를 벗어났음으로 불량에 ☑ 표시한다.
2) 측정값이 규정값 범위 내에 있으면 양호에 ☑ 표시 후 "없음"으로 답안지를 작성한다.

가. 엔진   2. 주어진 전자제어 가솔린 기관에서 감독위원의 지시에 따라 시동에 필요한 점화장치 회로의 이상개소를 점검 및 수리하여 시동하시오.

2-1. 전자제어 가솔린 기관 시동(점화회로 수리)

 1안 참조 - p.33

가. 엔진

3. 주어진 자동차에서 가솔린 기관의 연료펌프를 탈거(감독위원에게 확인)한 후 다시 조립하고, 감독위원의 지시에 따라 진단기(스캐너)를 사용하여 기관의 각종 센서(액추에이터) 점검 후 고장부분을 기록·판정하시오.

3-1. 가솔린 기관 연료펌프 탈, 부착(실차)

1) 시험 차량의 연료펌프 위치를 확인한다.

2) 연료펌프 커버를 탈거한다.

3) 연료펌프 전원 커넥터를 탈거한다.

4) 연료 파이프를 탈거한다.

5) 연료펌프 고정 링을 탈거한다.

6) 연료펌프 어셈블리를 탈거한다.

7) 탈거한 연료펌프 어셈블리를 감독위원의 확인을 받는다.

8) 연료펌프 어셈블리를 장착한다.

9) 연료펌프 고정 링을 장착한다.

10) 연료 파이프를 장착한다.

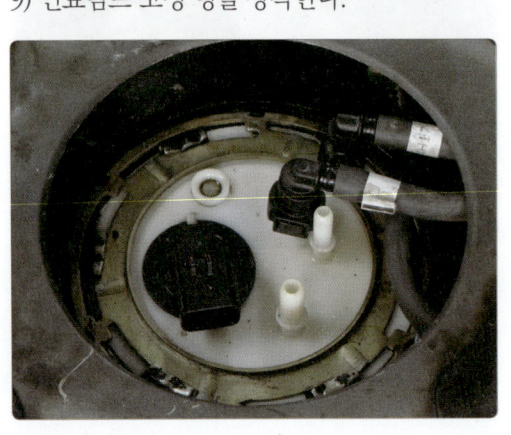

11) 연료펌프 전원 커넥터를 연결한다.

12) 연료펌프 커버를 닫는다.

3-2. 연료펌프 탈, 부착(단품)

1) 연료펌프 어셈블리 위치를 확인한다.

2) 연료펌프 어셈블리 고정 볼트를 탈거한다.

3) 연료펌프 어셈블리를 탈거한다.

4) 탈거한 연료펌프 어셈블리를 감독위원의 확인을 받는다.

5) 연료펌프 어셈블리를 다시 장착한다.

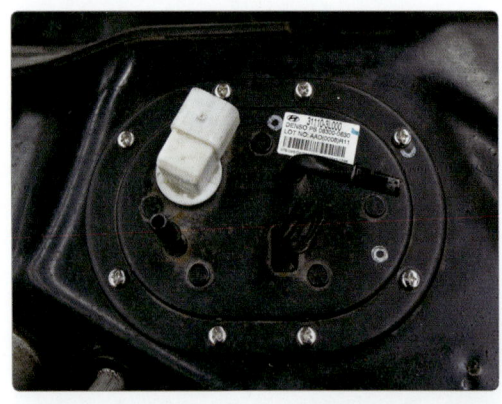

6) 감독위원의 확인을 받는다.

3-3. 센서 점검

 **1안 참조 - p.39**

가. 엔진 | 4. 주어진 자동차에서 기록표에 제시된 내용을 측정하고 기록 판정하시오.(CO, HC측정)

4-1. 배기가스 측정

2안 참조 - p.111

| 나. 섀시 | 1. 주어진 자동변속기에서 감독위원의 지시에 따라 오일필터 및 유온센서를 탈거(감독위원에게 확인)한 후, 다시 조립하시오. |

1-1. 자동변속기 오일필터, 유온센서 탈, 부착

1) 오일팬 고정 볼트를 탈거한다.

2) 오일필터 고정 볼트를 탈거한다.

3) 오일필터를 탈거한다.

4) 유온센서 커넥터를 밸브바디쪽으로 밀어낸다.

5) 유온센서를 탈거 후 감독위원에게 확인받는다.

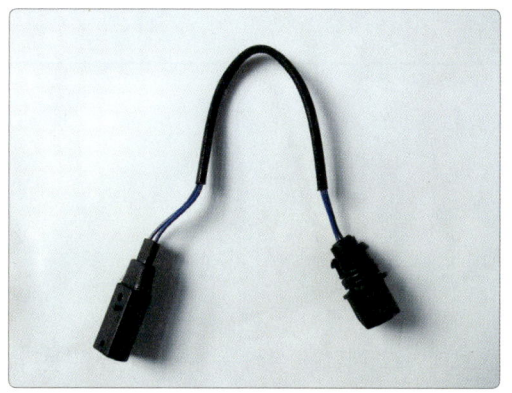

6) 유온센서를 장착한다.

7) 오일필터를 장착한다.

8) 오일팬을 장착하고 감독위원에게 확인받는다.

나. 섀시

2. 주어진 자동차에서 감독위원의 지시에 따라 브레이크 페달의 작동상태를 점검하여 기록·판정하시오.

2-1. 브레이크 페달 작동거리, 유격 측정

2-1-1. 측정

1) 직각자를 브레이크 페달의 가장 높은 부분의 값을 읽는다.(130mm)

2) 브레이크 페달을 살짝 누른 후 값을 읽는다. (124mm)

2-1-2. 답안지 작성

1) 페달높이 측정값 130mm, 기준값 140~150mm를 답안지에 기입한다.
2) 페달유격 측정값(130 - 124 = 6) 6mm, 기준값 4~10mm를 답안지에 기입한다.

섀시 2) 시험결과 기록표

자동차 번호 :

항목	① 측정(또는 점검)		② 판정 및 정비(또는 조치)사항		득점
	측정값	규정(정비한계)값	판정 (□에 'V'표)	정비 및 조치할 사항	
브레이크 페달 높이	130mm	140~150mm	□ 양호 ☑ 불량	브레이크 마스터 실린더 푸시로드로 조정/재점검	
브레이크 페달 유격	6mm	4~10mm			

2-1-3. 판정 및 정비 조치사항

1) 높이 측정값 130mm가 규정값 범위를 벗어나므로 불량에 ☑ 표시 후 "브레이크 마스터 실린더 푸시로드로 조정/재점검"으로 답안지를 작성한다.

2) 측정값이 규정값 범위 내에 들어오면 양호에 ☑ 표시 후 "없음"으로 답안지를 작성한다.

| 나. 섀시 | 3. 주어진 자동차에서 감독위원의 지시에 따라 파워스티어링 오일펌프를 탈거(감독위원에게 확인)하고, 다시 조립하여 오일량 점검 및 공기빼기 작업 후 스티어링의 작동상태를 확인하시오. |

3-1. 파워 스티어링 오일펌프 탈, 부착

 6안 참조 – p.243

| 나. 섀시 | 4. 주어진 자동차에서 감독위원의 지시에 따라 진단기(스캐너)로 전자제어 현가장치(ECS)를 점검하고, 기록·판정하시오. |

4-1. ECS 점검

 **3안** 참조 – p.160

| 나. 섀시 | 5. 주어진 자동차에서 감독위원의 지시에 따라 좌 또는 우회전 시 최소 회전반경을 측정하여 기록·판정하시오. |

5-1. 최소 회전반경 측정

 **2안** 참조 – p.124

| 다. 전기 | 1. 주어진 자동차에서 에어컨 필터(실내 필터)를 탈거(감독위원에게 확인)한 후, 다시 부착하여 블로워 작동상태를 확인하시오. |

1-1. 에어컨 필터 탈, 부착

1) 조수석 콘솔 박스를 연다.

2) 슬라이딩 와이어를 탈거한다.

3) 양쪽 키를 눌러 콘솔을 완전히 뒤집는다.

4) 콘솔 안쪽 커버를 탈거한다.

5) 콘솔을 완전히 탈거한다.

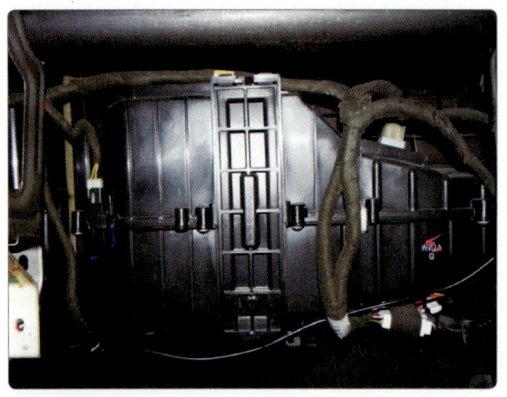

6) 에어컨 필터 커버를 탈거한다.

7) 에어컨 필터를 탈거한다.

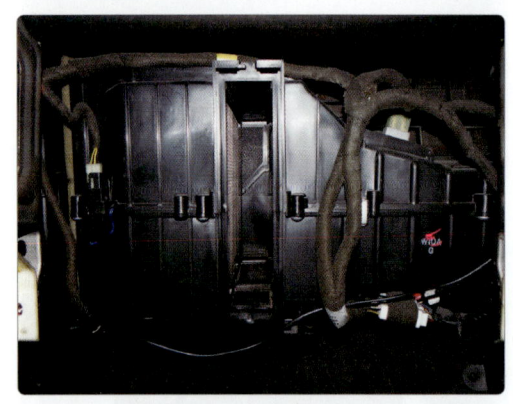

8) 탈거한 에어컨 필터를 감독위원에게 확인받는다.

9) 에어컨 필터를 장착한다.

10) 에어컨 필터 커버를 장착한다.

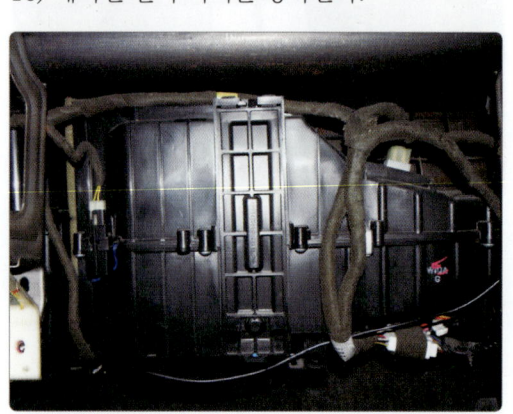

11) 콘솔과 커버를 조립한다.

12) 슬라이딩 와이어를 연결한다.

13) 조수석 콘솔 박스를 닫은 후 감독위원에게 확인받는다.

| 다. 전기 | 2. 주어진 자동차에서 기관의 인젝터 코일 저항(1개)를 점검하여 솔레노이드 밸브의 이상 유무를 확인한 후 기록표에 기록·판정하시오. |

2-1. 인젝터 코일 저항 측정

2-1-1. 측정

1) 감독위원이 지정한 실린더의 인젝터 커넥터를 탈거한다.(예: 2번 실린더)

2) 2번 인젝터 저항을 측정한다.(14.3Ω)

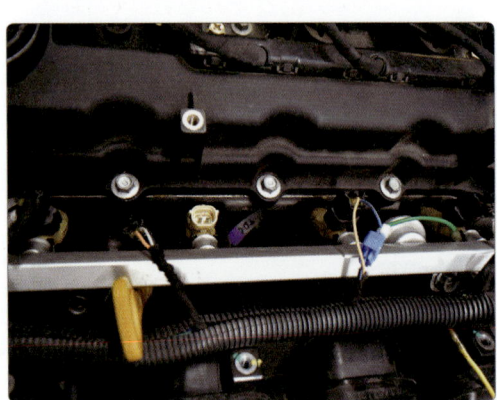

2-1-2. 답안지 작성

1) 2번 인젝터 저항 측정값 14.3Ω을 답안지에 기입한다.
2) 규정값 15~16Ω을 답안지에 기입한다.

[전기 2] 시험결과 기록표

자동차 번호 :

항목	① 측정(또는 점검)		② 판정 및 정비(또는 조치)사항		득점
	측정값	규정(정비한계)값	판정 (□에 'V'표)	정비 및 조치할 사항	
인젝터 저항	14.3Ω	15~16Ω	□ 양호 ☑ 불량	2번 인젝터 교환/재점검	

2-1-3. 판정 및 정비 조치사항

1) 측정값 14.3Ω이 규정값 범위를 벗어나므로 불량에 ☑ 표시 후 "2번 인젝터 교환/재점검"으로 답안지에 기입한다.

2) 측정값이 규정값 범위 내에 들어오면 양호에 ☑ 표시 후 "없음"으로 답안지를 작성한다.

다. 전기 3. 주어진 자동차에서 점화회로에 고장부분을 점검한 후 기록표에 기록·판정하시오.

3-1. 점화회로 점검

3-1-1. 점검

1) 엔진룸 퓨즈 박스에서 IG1(30A) 퓨즈를 확인한다.

2) 크랭크각 센서 커넥터를 확인한다.

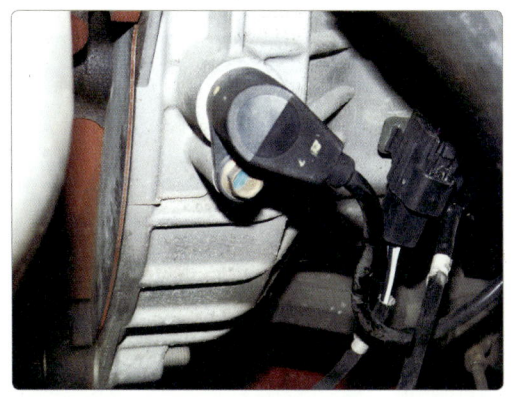

3) #1 TDC 센서 커넥터를 확인한다.

4) 점화코일 드라이버 커넥터를 확인한다.

5) 고압배선 연결 순서를 확인한다.
 (좌측에서 1, 4, 2, 3)

6) 실내 퓨즈 박스에서 ECM(10A), 점화장치(15A) 퓨즈를 확인한다.

3-1-2. 답안지 작성

1) 부품의 정확한 명칭을 고장부분 답안지에 기입한다.
2) 퓨즈가 끊어진 경우 "단선", 퓨즈, 릴레이가 없는 경우 "없음", 퓨즈, 릴레이 터미널이 부러진 경우 "파손"으로 기입한다.
3) 예상답안
① IG 1 퓨즈(30A) 단선(또는 파손, 없음)
② 크랭크각 센서 커넥터 탈거
③ #1 TDC 센서 커넥터 탈거
④ 점화 코일 드라이버 커넥터 탈거
⑤ 1, 3번 고압배선 연결 순서 바뀜
⑥ 실내 퓨즈 박스 ECM(10A), 점화장치(15A), 퓨즈 단선(또는 파손, 없음)

[전기 3] 시험결과 기록표

자동차 번호 :

항목	① 측정(또는 점검)		② 판정 및 정비(또는 조치)사항		득점
	이상부위	내용 및 상태	판정 (□에 'V'표)	정비 및 조치할 사항	
점화회로	ECM 퓨즈(10A)	단선	□ 양호 ☑ 불량	퓨즈(10A) 교환/재점검	

3-1-3. 판정 및 정비 조치사항

1) 불량에 ☑ 표시한다.
2) 커넥터, 퓨즈, 릴레이 등이 탈거 시 "연결"로 답안지를 작성한다.
3) 퓨즈 단선, 파손인 경우 "퓨즈 교환/재점검", 없는 경우 "퓨즈 장착/재점검"으로 답안지를 작성한다.

다. 전기 4. 주어진 자동차에서 좌 또는 우측의 전조등을 측정하고 기록표에 기록·판정하시오.

4-1. 전조등 광도 측정

📖 **1안 참조 - p.78**

11

Craftsman

Motor Vehicles
Maintenance
자동차정비기능사 실기

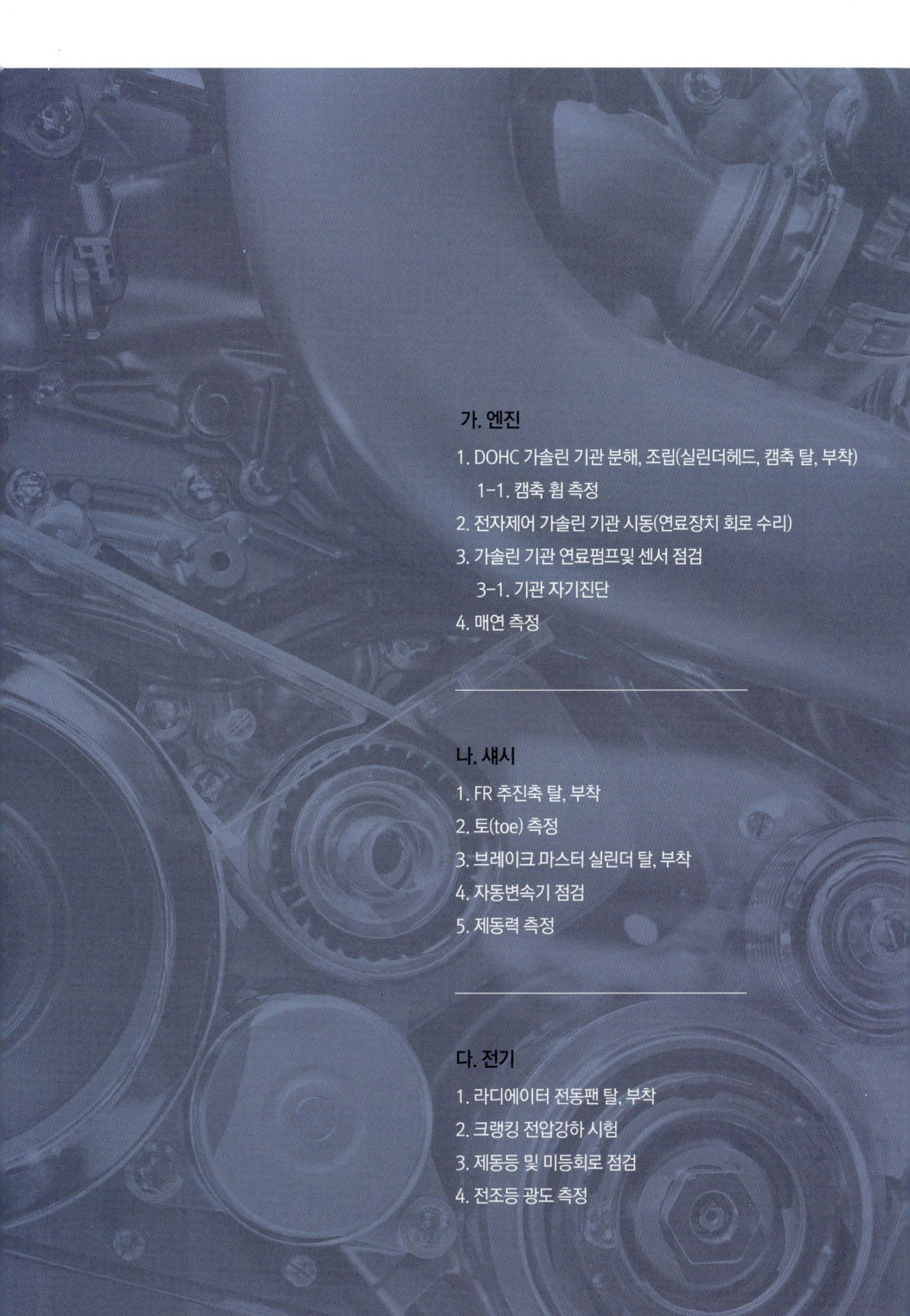

가. 엔진

1. DOHC 가솔린 기관 분해, 조립(실린더헤드, 캠축 탈, 부착)
    1-1. 캠축 힘 측정
2. 전자제어 가솔린 기관 시동(연료장치 회로 수리)
3. 가솔린 기관 연료펌프및 센서 점검
    3-1. 기관 자기진단
4. 매연 측정

나. 섀시

1. FR 추진축 탈, 부착
2. 토(toe) 측정
3. 브레이크 마스터 실린더 탈, 부착
4. 자동변속기 점검
5. 제동력 측정

다. 전기

1. 라디에이터 전동팬 탈, 부착
2. 크랭킹 전압강하 시험
3. 제동등 및 미등회로 점검
4. 전조등 광도 측정

국가기술자격검정 실기시험문제

자동차정비기능사

자격종목	자동차정비기능사	과제명	자동차정비작업

※ 문제지는 시험종료 후 본인이 가져갈 수 있습니다.

비번호		시험일시		시험장명	

※ 시험시간 : 4시간 | 엔진 : 100분 섀시 : 80분 전기 : 60분

☑ 요구사항

가. 엔진	1. 주어진 DOHC 가솔린 기관에서 실린더헤드와 캠축을 탈거(감독위원에게 확인)하고, 감독위원의 지시에 따라 기록표의 내용대로 기록·판정한 후 다시 조립하시오.

1-1. DOHC 가솔린 기관 분해, 조립(실린더헤드, 캠축, 탈, 부착)

📖 **2안 참조 – p.86**

1-2. 캠축 휨 측정

1-2-1. 측정

1) 캠축 베어링을 모두 탈거하고 캠축 중앙에 다이얼 게이지를 장착한다.

2) 캠축을 서서히 2회전 시키면서 최소 눈금을 읽는다.(0.01mm)

3) 캠축을 서서히 2회전 시키면서 최대 눈금을 읽는다.(0.12mm)

1-2-2. 답안지 작성

1) 최소값 0.01mm~최대값 0.12mm 사이의 값은 0.11mm이다.
2) 측정값은 게이시값의 1/2이므로 측정값 0.055mm를 답안지에 기록한다.
3) 규정값 0.02mm 이하를 답안지에 기록한다.

[엔진 1] 시험결과 기록표

자동차 번호 :

항목	① 측정(또는 점검)		② 판정 및 정비(또는 조치)사항		득점
	측정값	규정(정비한계)값	판정 (□에 'V'표)	정비 및 조치할 사항	
캠축 휨	0.055mm	0.02mm 이하	□ 양호 ☑ 불량	캠축 교환/재점검	

1-2-3. 판정 및 정비 조치사항

1) 캠축 휨 측정값 0.055mm가 규정값 0.02mm 이하 보다 크므로 불량에 ☑ 표시한다.
2) 측정값이 규정값 범위 내에 있으면 양호에 ☑ 표시 후 "없음"으로 답안지를 작성한다.

| 가. 엔진 | 2. 주어진 전자제어 가솔린 기관에서 감독위원의 지시에 따라 시동에 필요한 연료장치 회로의 이상개소를 점검 및 수리하여 시동하시오. |

2-1. 전자제어 가솔린 기관 시동(연료장치 회로 수리)

 **1안** 참조 - p.33

| 가. 엔진 | 3. 주어진 자동차에서 기관의 연료펌프를 탈거(감독위원에게 확인)한 후 다시조립하고, 감독위원의 지시에 따라 진단기(스캐너)를 사용하여 기관의 각종 센서(액추에이터) 점검 후 고장부위는 기록하시오. |

3-1. 가솔린 기관 연료펌프 탈, 부착 및 센서 점검

 **10안** 참조 - p.343

| 가. 엔진 | 4. 주어진 자동차에서 기록표에 제시된 내용을 측정하고 기록·판정하시오.(매연 측정) |

4-1. 매연 측정

 1안 참조 - p.42

| 나. 섀시 | 1. 주어진 후륜 구동(FR형식) 자동차에서 감독위원의 지시에 따라 추진축(또는 propeller shaft)을 탈거(감독위원에게 확인)한 후, 다시 조립하시오. |

1-1. FR 추진축 탈, 부착

1) 시험 차량의 추진축 위치를 확인한다.

2) 추진축 요크 고정 볼트 4개를 푼다.

3) 추진축을 앞쪽으로 밀어서 탈거한다.

4) 탈거한 추진축을 감독위원에게 확인받는다.

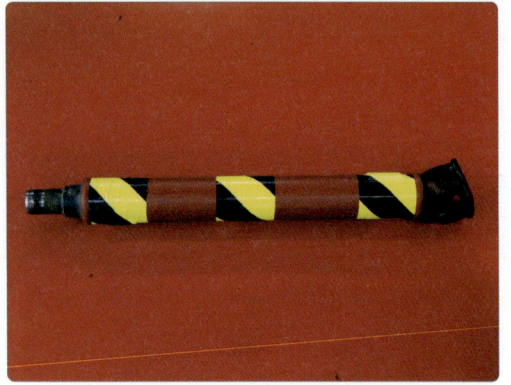

5) 추진축을 변속기쪽 스플라인을 먼저 결합한다.

6) 추진축 요크와 플랜지를 볼트로 결합한다.

7) 감독위원에게 확인받는다.

나. 섀시   2. 주어진 자동차에서 감독위원의 지시에 따라 토(toe)를 점검하여 기록·판정하시오.

2-1. 토(toe) 측정

2-1-1. 측정

1) 토 게이지를 준비 후 슬리브, 딤블 눈금을 영점 정렬한다.

2) 핸들 직진 상태에서 게이지를 시험차량 앞바퀴 뒤쪽에 설치 후 측정 게이지쪽 바늘을 타이어 중심선에 맞춘다.

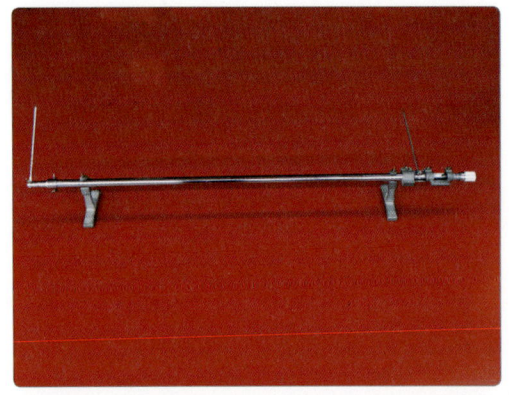

3) 반대쪽 로드 고정 볼트를 풀고 게이지 바늘을 타이어 중심선에 맞추고 로드를 고정한다.

4) 토 게이지를 앞쪽으로 이동한다.

5) 측정 미터가 없는 게이지 왼쪽 바늘을 타이어 중심선에 맞춘다.

6) 측정 미터 딤블을 돌려서 바늘을 타이어 중심선에 맞춘다.

7) 측정값을 읽는다.(out 2.8mm)

토 게이지 사용법

1) 슬리브 in, out 15등분 최대 15mm까지 측정가능, 딤블 20등분 1회전 시 2mm 이동 최소 측정단위 0.1mm 이다.
2) 측정값이 out(0을 중심으로 오른쪽)인 경우, 측정값이 out 2mm 이내인 경우 딤블의 눈금 값이 측정값이다.
3) 측정값이 2mm 이상인 경우 슬리브의 짝수 눈금 값에 딤블 눈금값을 더한다.

 toe - out 측정방법

1) 슬리브 눈금 0mm + 딤블 눈금값 0mm
   = 0mm

2) 슬리브 눈금 0mm + 딤블 눈금값 0.4mm
   = out 0.4mm

3) 슬리브 눈금 0mm + 딤블 눈금값 1.0mm
   = out 1.0mm

4) 슬리브 눈금 홀수 1mm 무시
   + 딤블 눈금값 1.6mm = out 1.6mm

5) 슬리브 홀수 눈금 1mm 무시
   + 딤블 눈금값 2.0mm = out 2.0mm

6) 슬리브 짝수 눈금 2mm
   + 딤블 눈금값 0.8mm = out 2.8mm

7) 슬리브 짝수 눈금 2mm
   + 딤블 눈금값 1.9mm = out 3.9mm

8) 슬리브 짝수 눈금 2mm
   + 딤블 눈금값 2.0mm = out 4.0mm

9) 슬리브 짝수 눈금 4mm
   + 딤블 눈금값 0.7mm = out 4.7mm

10) 슬리브 짝수 눈금 4mm
    + 딤블 눈금값 1.0mm = out 5.0mm

11) 슬리브 짝수 눈금 4mm
    + 딤블 눈금값 1.6mm = out 5.6mm

12) 슬리브 짝수 눈금 4mm
    + 딤블 눈금값 2.0mm = out 6.0mm

toe – in 측정방법

측정값이 in(0을 중심으로 왼쪽)인 경우, 슬리브의 짝순 눈금값 + 딤블 눈금의 역(逆)의 값이다.
(2.0mm-딤블의 눈금값)

1) 슬리브 눈금 홀수 무시 + 딤블 눈금값 0mm
   = 0mm

2) 슬리브 눈금 홀수 무시
   + 딤블 눈금값 1.8mm의 역수 = in 0.2mm

3) 슬리브 눈금 홀수 무시
   + 딤블 눈금값 1.0mm의 역수 = in 1.0mm

4) 슬리브 눈금 홀수 무시
   + 딤블 눈금값 0.8mm의 역수 = in 1.2mm

5) 슬리브 눈금 2.0mm
   + 딤블 눈금값 0mm = in 2.0mm

6) 슬리브 눈금 2.0mm
   + 딤블 눈금값 1.2mm의 역수 0.8mm
   = in 2.8mm

7) 슬리브 눈금 2.0mm
   + 딤블 눈금값 1.0mm의 역수 1.0mm
   = in 3.0mm

8) 슬리브 눈금 2.0mm
   + 딤블 눈금값 0.6mm 역수 1.4mm
   = in 3.4mm

9) 슬리브 눈금 2.0mm
   + 딤블 눈금값 0mm 역수 2.0mm
   = in 4.0mm

10) 슬리브 눈금 4.0mm
    + 딤블 눈금값 1.8mm 역수 0.2mm
    = in 4.2mm

11) 슬리브 눈금 4.0mm
    + 딤블 눈금값 1.0mm의 역수 1.0mm
    = in 5.0mm

12) 슬리브 눈금 4.0mm
    + 딤블 눈금값 0.8mm 역수 1.2mm
    = in 5.2mm

13) 슬리브 눈금 4.0mm
　　+ 딤블 눈금값 0mm 역수 2.0mm
　　= in 6.0mm

2-1-2. 답안지 작성

1) 토 측정값 out 2.8mm를 답안지에 기록한다.
2) 규정값 in 2~6mm를 기록한다.

[섀시 2] 시험결과 기록표

자동차 번호 :

항목	① 측정(또는 점검)		② 판정 및 정비(또는 조치)사항		득점
	측정값	규정(정비한계)값	판정 (□에 'V'표)	정비 및 조치할 사항	
토(toe)	out 2.8mm	in 2~6mm	□ 양호 ☑ 불량	양쪽 타이로드로 조정/재점검	

2-1-3. 판정 및 정비 조치사항

1) 토 측정값 out 2.8mm가 규정값 in 2~6mm 범위를 벗어나므로 불량에 ☑ 표시한다.
2) 측정값이 규정값 범위 내에 있으면 양호에 ☑ 표시 후 "없음"으로 답안지를 작성한다.

나. 섀시

3. 주어진 자동차에서 감독위원의 지시에 따라 브레이크 마스터 실린더를 탈거(감독위원에게 확인)하고, 다시 조립하여 공기빼기 작업 후 브레이크의 작동상태를 확인하시오.

3-1. 브레이크 마스터 실린더 탈, 부착

1) 클러치 마스터 오일공급 파이프를 분리한다.

2) 전, 후륜 브레이크 파이프를 분리한다.

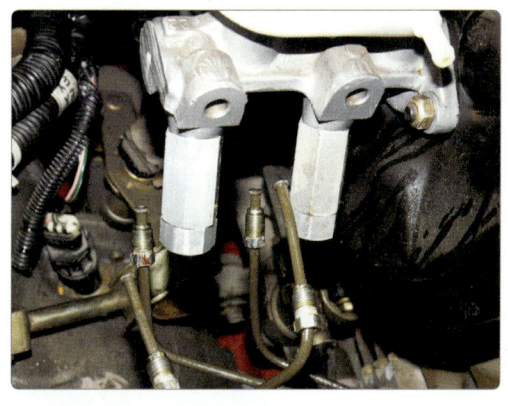

3) 마스터 실린더 고정 너트를 풀고 마스터 실린더를 탈거한다.

4) 탈거한 마스터 실린더를 감독위원에게 확인받는다.

5) 마스터 실린더를 장착한다.

6) 전, 후륜 브레이크 파이프를 조립한다.

7) 브레이크 오일을 주입 후 4바퀴 모두 에어를 배출 후 감독위원에게 확인받는다.

| **나. 섀시** | 4. 주어진 자동차에서 감독위원의 지시에 따라 진단기(스캐너)로 자동변속기를 점검하고 기록·판정하시오. |

4-1. 자동변속기 점검

 **2안 참조 – p.121**

| **나. 섀시** | 5. 주어진 자동차에서 감독위원의 지시에 따라 제동력을 측정하여 기록·판정하시오. |

5-1. 제동력 측정

1안 참조 – p.66

다. 전기

1. 주어진 자동차에서 라디에이터 전동팬을 탈거(감독위원에게 확인)한 후, 다시 부착하여 전동팬이 작동하는지 확인하시오.

1-1. 라디에이터 전동팬 탈, 부착

1) 시험 차량의 전동팬을 확인한다.

2) 전동팬 커넥터를 탈거한다.

3) 전동팬 고정 볼트를 탈거한다.

4) 전동팬을 탈거한다.

5) 탈거한 전동팬을 감독위원에게 확인받는다.

6) 전동팬을 장착하고 고정 볼트를 체결한다.

7) 전동팬 커넥터를 연결한 후 감독위원에게 확인받는다.

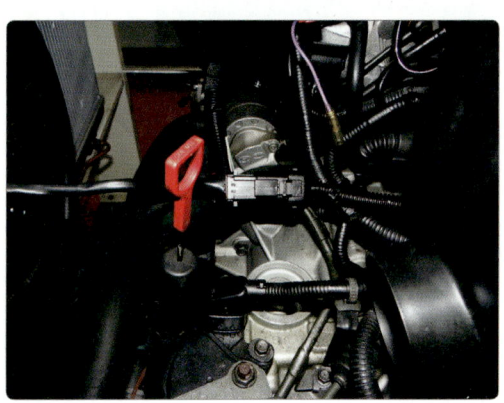

다. 전기

2. 주어진 자동차에서 시동모터의 크랭킹 전압강하 시험을 하여 고장부분을 점검한 후 기록·판정하시오.

2-1. 크랭킹 전압강하 시험

2-1-1. 측정

1) 시험 차량의 축전지 용량을 확인한다. (12V 70A)

2) 시험용 엔진 축전지에 전압계를 설치한다. (20V레인지)

3) 기동 모터를 크랭킹 시키면서 5회전 시 DATE HOLD 버튼을 누른 후 전압을 측정한다. (11.72V)

2-1-2. 답안지 작성

1) 전압강하 측정값 11.72V를 답안지에 기록한다.
2) 전압강하 시험은 축전지 전압의 20% 이내이면 양호하다.
3) 12V×0.2=2.4V, 12V-2.4V=9.6V, 규정값 "9.6V 이상"을 답안지에 기록한다.

[전기 2] 시험결과 기록표

자동차 번호 :

항목	① 측정(또는 점검)		② 판정 및 정비(또는 조치)사항		득점
	측정값	규정(정비한계)값	판정 (□에 'V'표)	정비 및 조치할 사항	
전압강하	11.72V	9.6V 이상	☑ 양호 □ 불량	없음	

2-1-3. 판정 및 정비 조치사항

1) 전압강하 측정값 11.72V가 규정값 9.6V 이상 범위 내에 있으므로 양호에 ☑ 표시한다.
2) 전압강하 측정값이 규정값 범위를 벗어나면 정비 및 조치사항은 "기동 전동기 교환/재점검"으로 답안지를 작성한다.

| 다. 전기 | 3. 주어진 자동차에서 제동등 및 미등회로에 고장부분을 점검한 후 기록표에 기록·판정하시오. |

3-1. 제동등 및 미등회로 점검

3-1-1. 점검

1) 미등 S/W 커넥터 탈거를 확인한다.

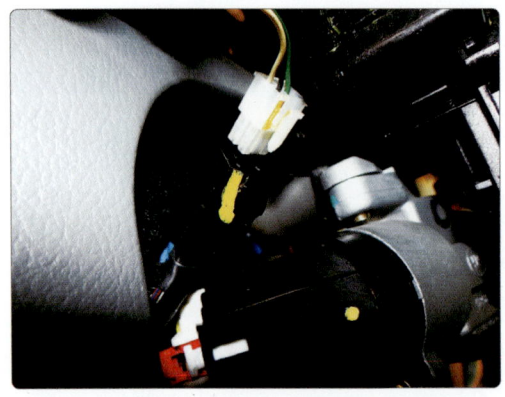

2) 앞 좌, 우측 미등 커넥터 탈거를 확인한다.

3) 앞 좌, 우측 미등전구 단선을 확인한다.

4) 뒤 좌, 우측 미등, 제동등 커넥터 탈거를 확인한다.

5) 뒤 좌, 우측 미등, 제동등 전구를 확인한다.

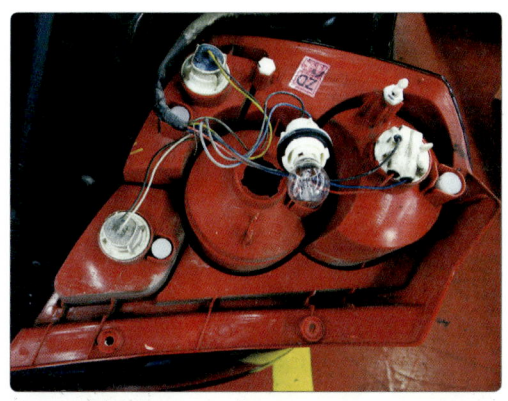

6) 엔진룸 퓨즈 박스에서 우측, 좌측 미등 퓨즈(10A), 미등 퓨즈(20A), 미등 릴레이를 점검한다.

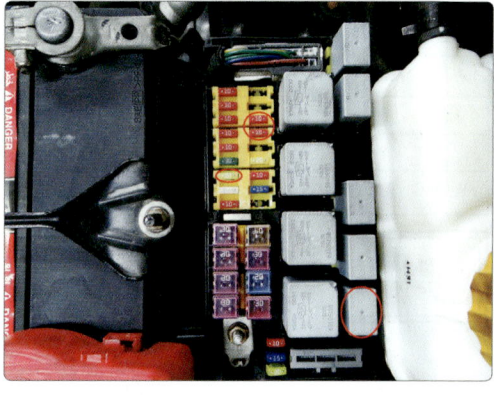

7) 실내 퓨즈 박스에서 정지등 퓨즈(15A)를 확인한다.

8) 제동등 스위치 커넥터를 확인한다.

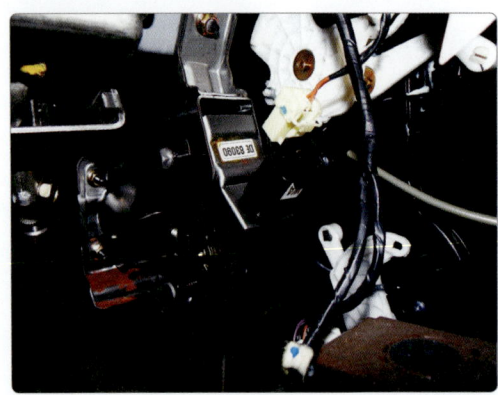

3-1-2. 답안지 작성

1) 부품의 정확한 명칭을 고장부분 답안지에 기입한다.
2) 전구가 끊어진 경우 "단선", 퓨즈, 전구 릴레이가 없는 경우 "없음", 퓨즈, 릴레이 터미널이 부러진 경우 "파손"으로 기입한다.
3) 예상답안
① 미등 커넥터 탈거(앞, 뒤, 좌, 우측 방향 표시)
② 미등전구 단선(앞, 뒤, 좌, 우측 방향 표시)
③ 미등 퓨즈(10A) 단선(좌, 우측 방향 표시
④ 제동등 퓨즈(15A) 단선(또는 파손, 없음)
⑤ 미등 릴레이 파손(또는 없음)
⑥ 미등 S/W 커넥터 탈거
⑦ 제동등 S/W 커넥터 탈거

[전기 3] 시험결과 기록표

자동차 번호 :

항목	① 측정(또는 점검)		② 판정 및 정비(또는 조치)사항		득점
	이상부위	내용 및 상태	판정 (□에 'V'표)	정비 및 조치할 사항	
제동 및 미등회로	ECM 퓨즈(10A) 제동등 S/W	커넥터 탈거	□ 양호 ☑ 불량	커넥터 연결/재점검	

3-1-3. 판정 및 정비 조치사항

1) 불량에 ☑ 표시한다.
2) 커넥터, 퓨즈, 릴레이, 전구 등이 탈거 시 "연결"로 답안지를 작성한다.
3) 퓨즈 단선, 파손인 경우 "퓨즈 교환/재점검", 없는 경우 "퓨즈 장착/재점검"으로 답안지를 작성한다.

다. 전기

4. 주어진 자동차에서 좌 또는 우측의 전조등을 측정하고 기록표에 기록·판정하시오.

4-1. 전조등 광도 측정

📖 **1안** 참조 – p.78

MEMO

**Craftsman
Motor Vehicles
Maintenance**

12

Craftsman

Motor Vehicles

Maintenance 자동차정비기능사 실기

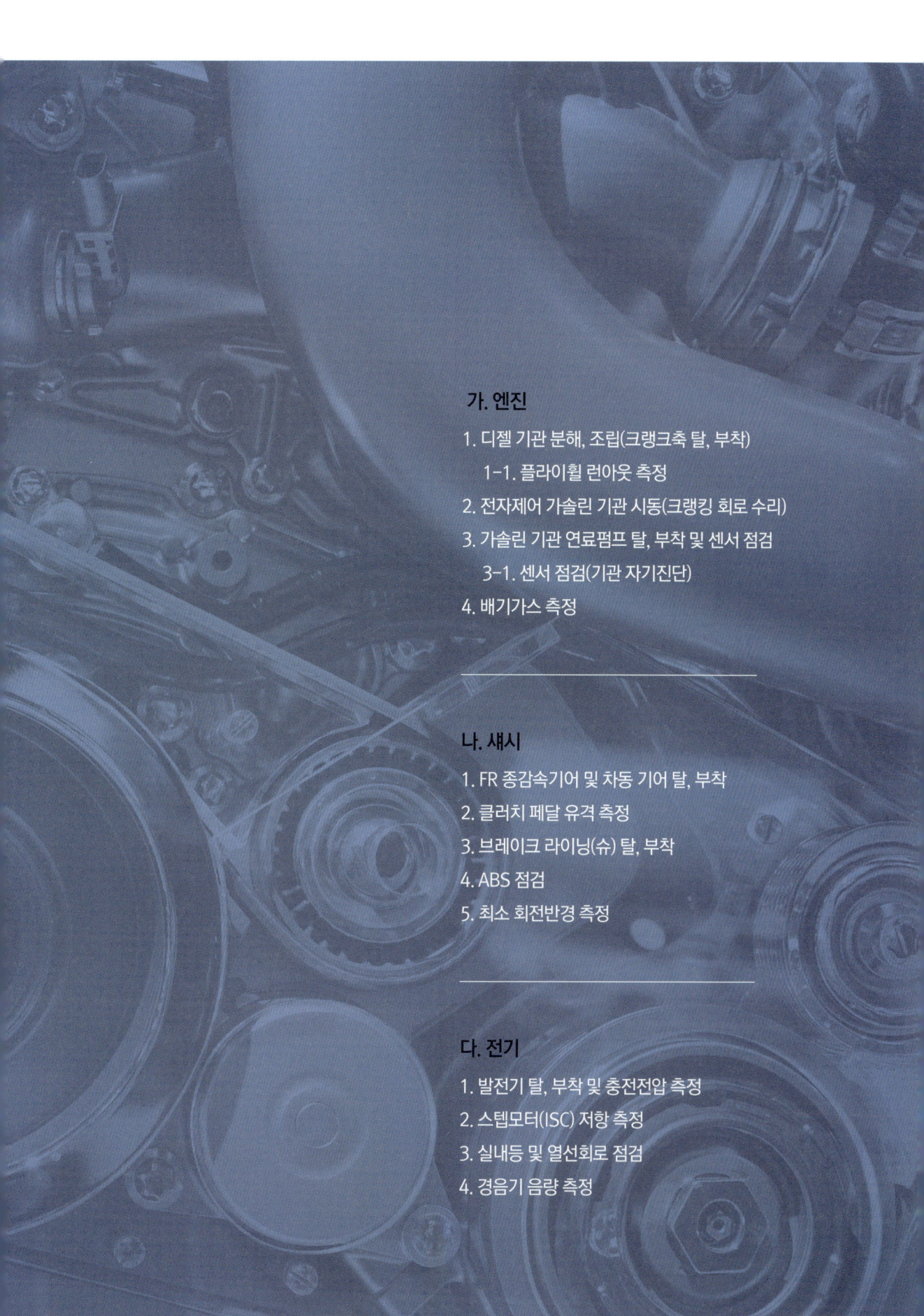

가. 엔진
1. 디젤 기관 분해, 조립(크랭크축 탈, 부착)
   1-1. 플라이휠 런아웃 측정
2. 전자제어 가솔린 기관 시동(크랭킹 회로 수리)
3. 가솔린 기관 연료펌프 탈, 부착 및 센서 점검
   3-1. 센서 점검(기관 자기진단)
4. 배기가스 측정

나. 섀시
1. FR 종감속기어 및 차동 기어 탈, 부착
2. 클러치 페달 유격 측정
3. 브레이크 라이닝(슈) 탈, 부착
4. ABS 점검
5. 최소 회전반경 측정

다. 전기
1. 발전기 탈, 부착 및 충전전압 측정
2. 스텝모터(ISC) 저항 측정
3. 실내등 및 열선회로 점검
4. 경음기 음량 측정

12 자동차정비기능사
국가기술자격검정 실기시험문제

자격종목	자동차정비기능사	과제명	자동차정비작업

※ 문제지는 시험종료 후 본인이 가져갈 수 있습니다.

비번호		시험일시		시험장명	

※ 시험시간 : 4시간 | 엔진 : 100분   섀시 : 80분   전기 : 60분

✅ 요구사항

가. 엔진	1. 주어진 디젤 기관에서 크랭크축을 탈거(감독위원에게 확인)하고, 감독위원의 지시에 따라 기록표의 내용대로 기록·판정한 후 다시 조립하시오.

1-1. 디젤 기관 분해, 조립(크랭크축 탈, 부착)

📖 **1안 참조 - p.4**

1-2. 플라이휠 런아웃 측정

1-2-1. 측정

1) 플라이휠에 다이얼 게이지를 설치 후 휠을 1회전 시 최대값을 읽는다.

1-2-2. 답안지 작성

1) 측정값 0.025mm를 답안지에 기록한다.
2) 규정값 0.05mm 이하를 답안지에 기록한다.

[엔진 1] 시험결과 기록표

자동차 번호 :

항목	① 측정(또는 점검)		② 판정 및 정비(또는 조치)사항		득점
	측정값	규정(정비한계)값	판정 (□에 'V'표)	정비 및 조치할 사항	
플라이휠 런아웃	0.025mm	0.05mm 이하	☑ 양호 □ 불량	없음	

1-2-3. 판정 및 정비 조치사항

1) 측정값 0.025mm가 규정값 0.05mm 이하 범위 내에 있으므로 양호에 ☑ 표시 후 "없음"으로 답안지를 작성한다.
2) 측정값이 규정값 범위를 벗어나면 "플라이휠 교환/재점검"으로 답안지를 작성한다.

가. 엔진 2. 주어진 전자제어 가솔린 기관에서 감독위원의 지시에 따라 시동에 필요한 크랭킹 회로의 이상개소를 점검 및 수리하여 시동하시오.

2-1. 전자제어 가솔린 기관 시동(크랭킹 회로 수리)

1안 참조 – p.33

| 가. 엔진 | 3. 주어진 자동차에서 기관의 연료펌프를 탈거(감독위원에게 확인)한 후 다시 조립하고, 감독위원의 지시에 따라 진단기(스캐너)를 사용하여 기관의 각종 센서(액추에이터) 점검 후 고장부위는 기록하시오. |

3-1. 가솔린 기관 연료펌프 탈, 부착 및 센서 점검

10안 참조 - p.339

| 가. 엔진 | 4. 주어진 자동차에서 기록표에서 제시된 내용을 측정하고 기록·판정하시오.(배기가스 측정) |

4-1. 배기가스 측정

2안 참조 - p.111

나. 섀시

1. 주어진 자동차에서 감독위원의 지시에 따라 후륜구동(FR형식) 종감속장치에서 차동기어를 탈거(감독위원에게 확인)한 후, 다시 조립하시오.

1-1. FR 종감속기어 탈, 부착

1) 시험 차량의 종감속기어를 확인한다.

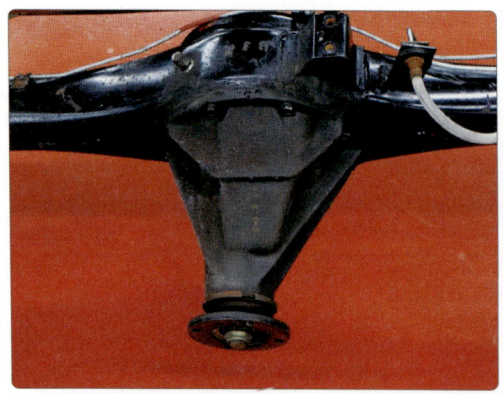

2) 좌, 우 액슬축 고정 볼트를 탈거한다.

3) 좌, 우 액슬축을 탈거한다.

4) 추진축 요크 고정 볼트 4개를 푼다.

5) 추진축을 앞쪽으로 밀어서 탈거한다.

6) 종감속기어 고정 볼트를 푼다.

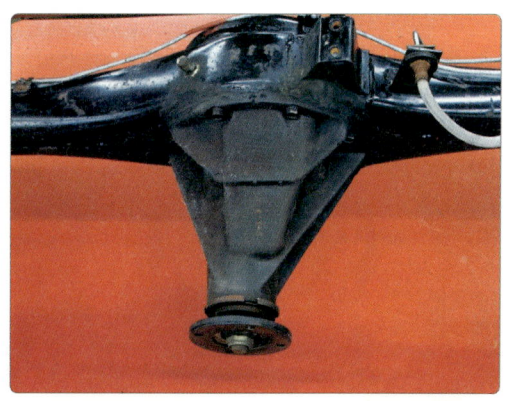

7) 종감속기어를 탈거한다.

8) 탈거한 종감속기어를 감독위원에게 확인받는다.

9) 종감속기어를 장착하고 볼트를 체결한다.

10) 추진축 요크와 플랜지를 볼트로 결합한다.

11) 좌, 우 액슬축을 장착한다.

12) 좌, 우 액슬축 고정 볼트를 체결 후 감독위원의 확인을 받는다.

1-2. 차동기어 분해, 조립

1) 링기어 어셈블리 고정 베어링 캡을 탈거한다.

2) 링기어 어셈블리를 탈거한다.

3) 링기어 고정 볼트를 탈거한다.

4) 링기어를 탈거한다.

5) 피니언 샤프트 고정핀을 탈거한다.

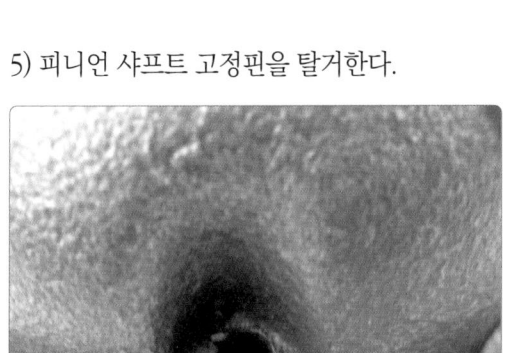

6) 피니언 샤프트를 탈거한다.

7) 피니언 기어를 회전시켜 피니언 기어와 와셔를 탈거한다.

8) 사이드 기어와 시임을 탈거한다.

9) 분해된 부품을 정렬하고 감독위원에게 확인 받는다.

10) 사이드 기어와 시임을 조립한다.

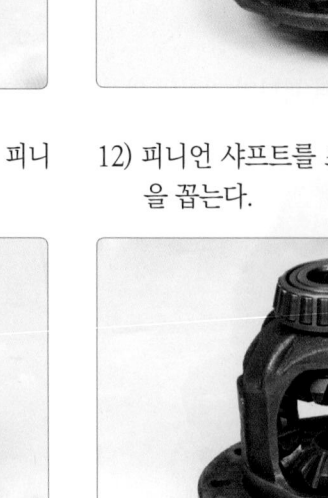

11) 피니언 기어와 와셔를 조립한다.(양쪽 피니언을 동시에 조립)

12) 피니언 샤프트를 조립한 후, 샤프트 고정핀을 꽂는다.

13) 링기어를 조립한다.

14) 링기어 어셈블리를 조립한다.

15) 링기어 어셈블리 고정 베어링 캡을 조립하고 감독위원에게 확인받는다.

나. 섀시	2. 주어진 자동차에서 감독위원의 지시에 따라 클러치 페달의 유격을 점검하여 기록·판정 하시오.

2-1. 클러치 페달 유격 측정

2-1-1. 측정

1) 직각 자를 클러치 페달의 가장높은 부분에 값을 읽는다.(146mm)

2) 클러치 페달을 살짝 누른 후 값을 읽는다. (136mm)

2-1-2. 답안지 작성

1) 처음 높이 146mm - 누른 후 높이 136mm = 측정값 10mm를 답안지에 기록한다.
2) 규정값 4~6mm를 답안지에 기록한다.

[섀시 2] 시험결과 기록표

자동차 번호 :

항목	① 측정(또는 점검)		② 판정 및 정비(또는 조치)사항		득점
	측정값	규정(정비한계)값	판정 (□에 'V'표)	정비 및 조치할 사항	
클러치 페달 유격	10mm	4~6mm	□ 양호 ☑ 불량	클러치 마스터 실린더 푸시로드로 조정/재점검	

2-1-3. 판정 및 정비 조치사항

1) 측정값 10mm가 규정값 4~6mm 범위를 벗어나므로 불량에 ☑ 표시 후 "클러치 마스터 실린더 푸시로드로 조정/재점검"으로 답안지를 작성한다.
2) 측정값이 규정값 범위 내에 있으면 "없음"으로 답안지를 작성한다.

나. 섀시 3. 주어진 자동차에서 감독위원의 지시에 따라 브레이크 라이닝(슈)을 탈거(감독위원에게 확인)하고, 다시 조립하여 브레이크의 작동상태를 확인하시오.

3-1. 브레이크 라이닝 탈, 부착

 2안 참조 - p. 118

| 나. 섀시 | 4. 주어진 자동차에서 감독위원의 지시에 따라 진단기(스캐너)로 ABS장치를 점검하고 기록·판정하시오. |

4-1. ABS 점검

 **4안 참조 - p.188**

| 나. 섀시 | 5. 주어진 자동차에서 감독위원의 지시에 따라 좌 또는 우회전 시 최소 회전반경을 측정하여 기록·판정하시오. |

5-1. 최소 회전반경 측정

 **2안 참조 - p.124**

| 다. 전기 | 1. 주어진 자동차에서 발전기를 탈거(감독위원에게 확인)한 후, 다시 부착하여 발전기의 충전전압을 점검하고, 정상 작동되는지 확인하시오. |

2-1. 발전기 충전 전류, 전압 측정

 **3안 참조 - p.166**

다. 전기

2. 주어진 자동차에서 감독위원의 지시에 따라 스텝모터(공회전 속도조절 서보)의 저항을 점검하여 스텝모터의 고장부분을 점검한 후 기록표에 기록·판정하시오.

2-1. 스텝모터(ISC) 저항 측정

2-1-1. 스텝모터 저항 측정

1) 시험 차량의 스텝모터 위치를 확인한다.

2) 스텝모터 커넥터를 탈거한다.

3) 1-2번핀 저항을 측정한다.

4) 1-2번핀 측정값 52.9Ω이다.

5) 3-4번핀 저항을 측정한다.

6) 3-4번핀 측정값 54.9Ω이다.

2-1-2. ISC 저항 측정

1) 시험차량의 ISC 위치를 확인한다.

2) ISC 커넥터를 탈거한다.

3) 1-2번핀 닫힘 코일 저항을 측정한다.
   (13.7Ω)

4) 2-3번핀 열림 코일 저항을 측정한다.
   (12.7Ω)

2-1-3. 답안지 작성

1) 감독위원이 지정한 핀의 저항값을 측정한다.
2) 스텝모터 1-2번핀 측정값 52.9Ω을 답안지에 기록한다.
3) 규정값 50~55Ω을 답안지에 기록한다.

[전기 2] 시험결과 기록표

자동차 번호 :

항목	① 측정(또는 점검)		② 판정 및 정비(또는 조치)사항		득점
	측정값	규정(정비한계)값	판정 (□에 'V'표)	정비 및 조치할 사항	
스텝모터 (ISC)저항	52.9Ω	50~55Ω	☑ 양호 □ 불량	없음	

2-1-4. 판정 및 정비 조치사항

1) 측정값 52.9Ω이 규정값 50~55Ω 범위 내에 있으므로 양호에 ☑ 표시한다.
2) 측정값이 규정값 범위를 벗어나면 "스텝모터 교환/재측정"으로 답안지를 작성한다.

다. 전기

3. 주어진 자동차에서 실내등 및 열선회로에 고장부분을 점검한 후 기록표에 기록·판정하시오.

3-1. 실내등 및 열선회로 점검

3-1-1. 점검

1) 엔진룸 퓨즈 박스에서 실내등(10A), 열선(30A), IG2(30A) 퓨즈를 확인한다.

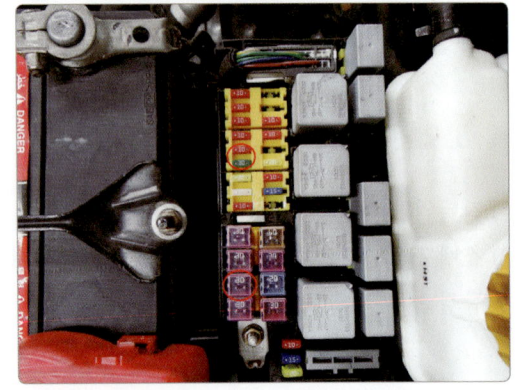

2) 실내 퓨즈 박스에서 열선 타이머 릴레이를 점검한다.

3) 실내등 전구를 확인한다.

4) 열선 S/W 커넥터를 확인한다.

5) 좌, 우 열선 커넥터를 확인한다.

6) 도어 핀 S/W를 확인한다.

3-1-2. 답안지 작성

1) 부품의 정확한 명칭을 고장부분 답안지에 기입한다.
2) 전구가 끊어진 경우 "단선", 퓨즈 릴레이가 없는 경우 "없음", 퓨즈 릴레이 터미널이 부러진 경우 "파손"으로 기입한다.
3) 예상답안
① 실내등(10A), 열선(30A), IG2(30A)퓨즈 단선(또는 없음, 파손)
② 열선 타이머 릴레이 없음(또는 파손)
③ 실내등 전구 단선(또는 없음)
④ 열선 S/W 커넥터 탈거
⑤ 좌, 우측 열선 커넥터 탈거
⑥ 도어 핀 S/W 커넥터 탈거(또는 없음)

[전기 3] 시험결과 기록표

자동차 번호 :

항목	① 측정(또는 점검)		② 판정 및 정비(또는 조치)사항		득점
	이상부위	내용 및 상태	판정 (□에 'V'표)	정비 및 조치할 사항	
실내등 및 열선회로	우측 열선커넥터	탈거	□ 양호 ☑ 불량	커넥터 연결/재점검	

3-1-3. 판정 및 정비 조치사항

1) 불량에 ☑ 표시한다.
2) 커넥터 탈거 시 "연결"로 답안지를 작성한다.
3) 퓨즈 단선, 파손인 경우 "퓨즈 교환/재점검", 없는 경우 "퓨즈 장착/재점검"으로 답안지를 작성한다.

다. 전기 4. 주어진 자동차에서 경음기 음량을 측정하고 기록표에 기록·판정하시오.

4-1. 경음기 음량 측정

📖 **2안 참조 - p.136**

13

Craftsman
Motor Vehicles
Maintenance 자동차정비기능사 실기

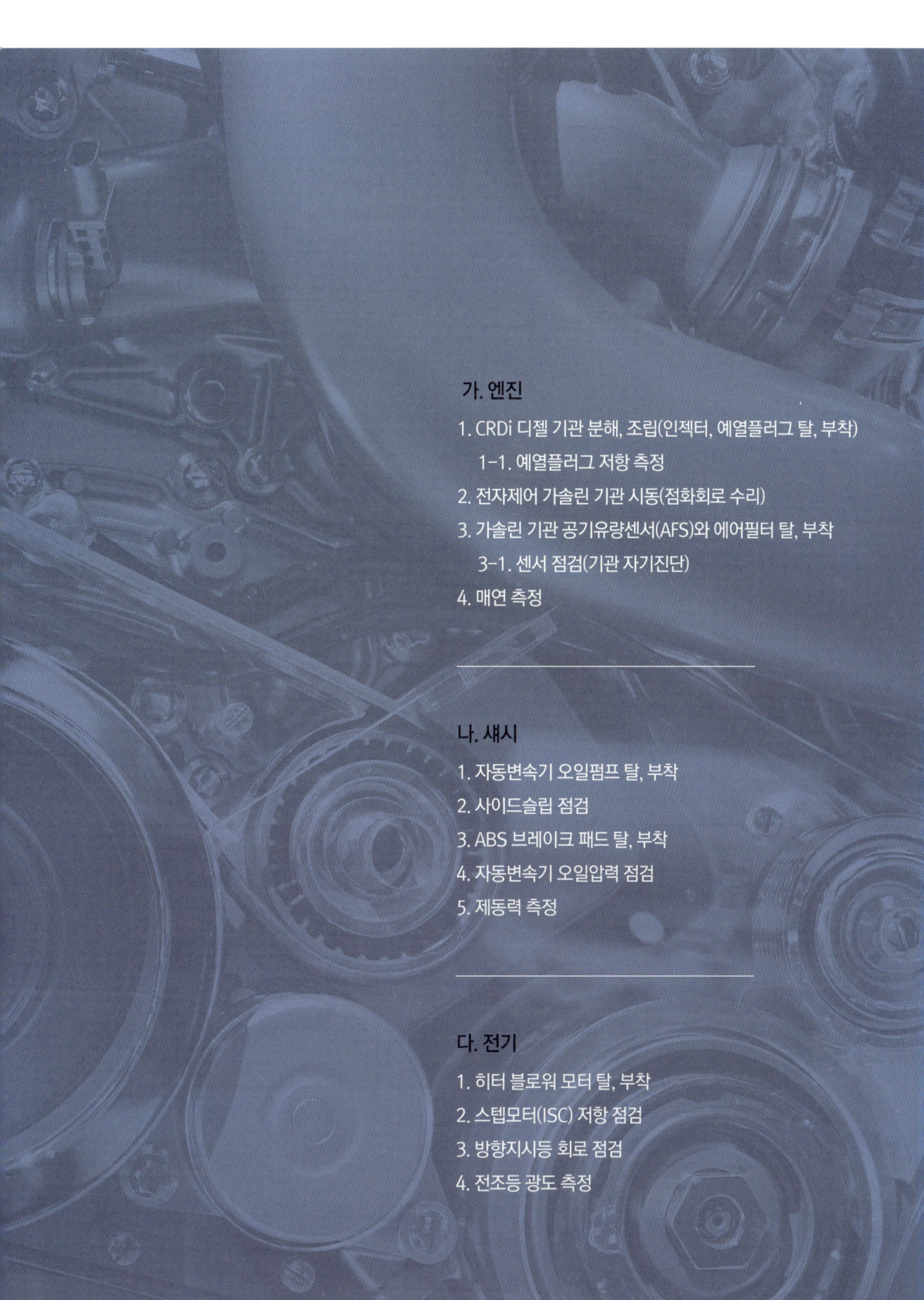

가. 엔진
1. CRDi 디젤 기관 분해, 조립(인젝터, 예열플러그 탈, 부착)
   1-1. 예열플러그 저항 측정
2. 전자제어 가솔린 기관 시동(점화회로 수리)
3. 가솔린 기관 공기유량센서(AFS)와 에어필터 탈, 부착
   3-1. 센서 점검(기관 자기진단)
4. 매연 측정

나. 섀시
1. 자동변속기 오일펌프 탈, 부착
2. 사이드슬립 점검
3. ABS 브레이크 패드 탈, 부착
4. 자동변속기 오일압력 점검
5. 제동력 측정

다. 전기
1. 히터 블로워 모터 탈, 부착
2. 스텝모터(ISC) 저항 점검
3. 방향지시등 회로 점검
4. 전조등 광도 측정

13 자동차정비기능사
국가기술자격검정 실기시험문제

자격종목	자동차정비기능사	과제명	자동차정비작업

※ 문제지는 시험종료 후 본인이 가져갈 수 있습니다.

비번호		시험일시		시험장명	

※ 시험시간: 4시간 | 엔진: 100분   섀시: 80분   전기: 60분

✅ 요구사항

가. 엔진	1. 주어진 전자제어 디젤(CRDI)기관에서 인젝터(1개)와 예열플러그(1개)를 탈거(감독위원에게 확인)하고, 감독위원의 지시에 따라 기록표의 내용대로 기록·판정한 후 다시 조립하시오.

1-1. 디젤 기관 인젝터 탈, 부착

1) 인젝터 커넥터를 탈거한다.

2) 연료 리턴 파이프 고정키를 탈거한다.

3) 연료 리턴 파이프를 탈거한다.

4) 인젝터 고압파이프를 탈거한다.

5) 인젝터 고정 볼트 플러그를 OPEN 방향으로 회전하여 탈거한다.

6) 인젝터 고정 볼트를 탈거한다.

7) 볼트 홀에 드라이버를 넣어 고정 지그를 뒤쪽으로 밀어낸다.

8) 인젝터를 탈거한다.

9) 탈거한 인젝터를 감독위원에게 확인받는다.

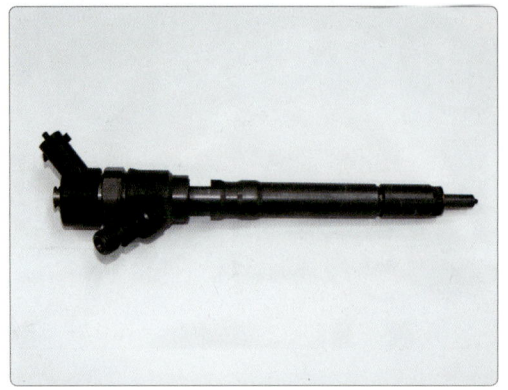

10) 인젝터를 다시 장착하고 고정 지그를 밀어 넣는다.

11) 인젝터 고정 볼트를 체결한다.

12) 인젝터 고정 볼트 플러그를 CLOSE 방향으로 회전하여 플러그를 고정한다.

13) 인젝터 고압파이프를 조립한다.

14) 연료 리턴 파이프를 조립한다.

15) 리턴 파이프 고정키를 조립한다.

16) 인젝터 커넥터를 장착하고 감독위원에게 확인받는다.

1-2. 디젤기관 예열플러그 탈, 부착

1) 시험 차량의 예열플러그 위치를 확인한다.

2) 예열플러그 전원케이블 고정 너트를 탈거한다.

3) 예열플러그 전원케이블을 탈거한다.

4) 예열플러그를 탈거한다.

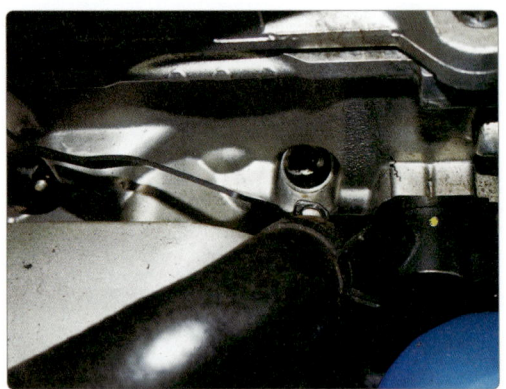

5) 탈거한 예열플러그를 감독위원에게 확인받는다.

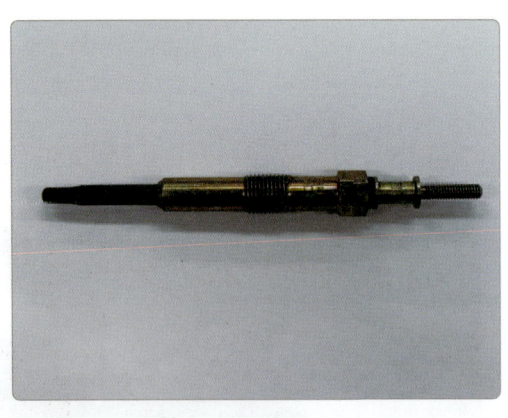

6) 예열플러그를 장착한다.

7) 예열플러그 전원 케이블을 연결한다.

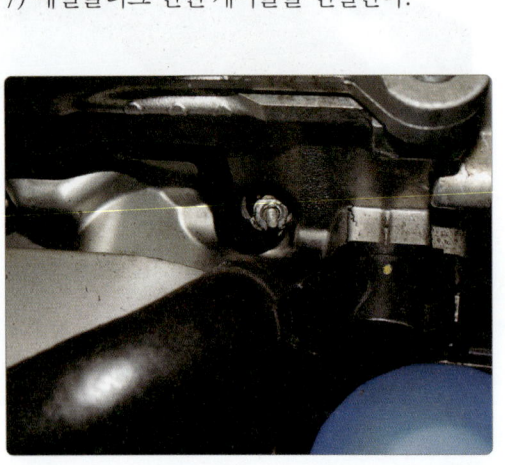

8) 전원케이블 고정 너트를 체결 후 감독위원에게 확인받는다.

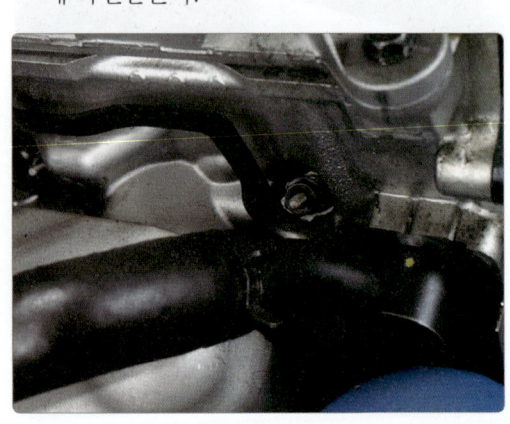

1-3. 예열플러그 저항 측정

1-3-1. 측정

1) 멀티미터 200Ω 레인지에서 저항을 측정한다. (3.1Ω)

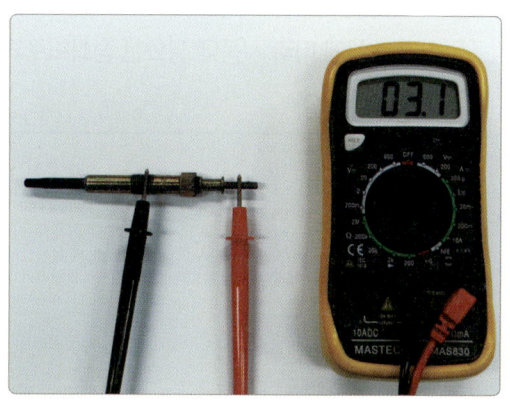

1-3-2. 답안지 작성

1) 예열플러그 저항 측정값 3.1Ω을 측정값 칸에 기입한다.
2) 기준값 0.4~0.6Ω을 기준값 칸에 기입한다.

[엔진 1] 시험결과 기록표

자동차 번호 :

항목	① 측정(또는 점검)		② 판정 및 정비(또는 조치)사항		득점
	측정값	규정(정비한계)값	판정 (□에 'ˇ'표)	정비 및 조치할 사항	
예열플러그 저항	3.1Ω	0.4~0.6Ω	□ 양호 ☑ 불량	예열 플러그 교환/재점검	

1-3-3. 판정 및 정비 조치 사항

1) 측정값 3.1Ω이 규정값 0.4~06Ω 범위를 벗어나므로 불량에 ☒ 표시한다.
2) 저항값이 규정값 범위 내에 있으면 양호에 ☒ 표시 후 "없음"으로 답안지에 기록한다.

| 가. 엔진 | 2. 주어진 전자제어 가솔린 기관에서 감독위원의 지시에 따라 시동에 필요한 점화회로의 이상개소를 점검 및 수리하여 시동하시오. |

2-1. 전자제어 가솔린 기관 시동(점화회로 수리)

1안 참조 - p.33

| 가. 엔진 | 3. 주어진 자동차에서 기관의 공기유량센서(AFS)와 에어필터를 탈거(감독위원에게 확인)한 후 다시 조립하고, 감독위원의 지시에 따라 진단기(스캐너)를 사용하여 기관의 각종 센서(액추에이터) 점검 후 고장 부분을 기록·판정하시오. |

3-1. 흡입 공기유량센서와 에어필터 탈, 부착 및 센서 점검

3안 참조 - p.145

| 가. 엔진 | 4. 주어진 디젤자동차에서 감독위원의 지시에 따라 매연을 측정하고 기록·판정하시오.

4-1. 매연 측정

1안 참조 – p.42

나. 섀시

1. 주어진 자동변속기에서 감독위원의 지시에 따라 오일펌프를 탈거(감독위원에게 확인)한 후, 다시 조립하시오.

1-1. 자동변속기(A/T) 오일펌프 탈, 부착

1) 오일펌프 고정 볼트를 제외한 프론트 케이스 고정 볼트를 전부 탈거한다.

2) 프론트 케이스를 탈거 후 오일펌프 고정 볼트를 탈거한다.

3) 오일펌프를 탈거한다.

4) 탈거한 오일펌프를 감독위원에게 확인받는다.

5) 오일펌프를 다시 장착하고 고정 볼트를 체결한다.

6) 프론트 케이스를 조립하고 고정 볼트를 체결 후 감독위원에게 확인받는다.

나. 섀시   2. 주어진 자동차에서 감독위원의 지시에 따라 사이드슬립을 점검하여 기록·판정하시오.

2-1. 사이드슬립 측정(대본)

2-1-1. 측정

1) 사이드슬립 테스터기 중앙에 있는 답판 잠금장치를 해제한다.

2) 측정기 답판 입구에 측정 차량을 준비한다.

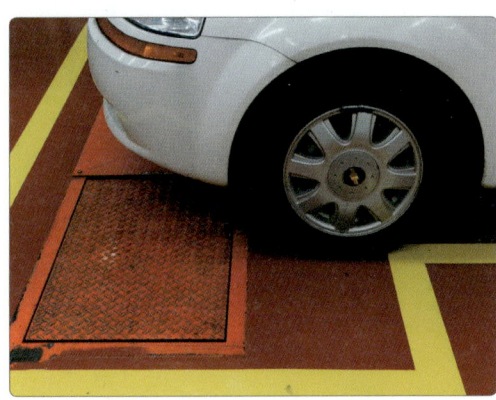

3) 윈도우 초기 화면에서 대본 검사기를 클릭한다.

4) ID 입력창이 생성되면 취소를 클릭한다.

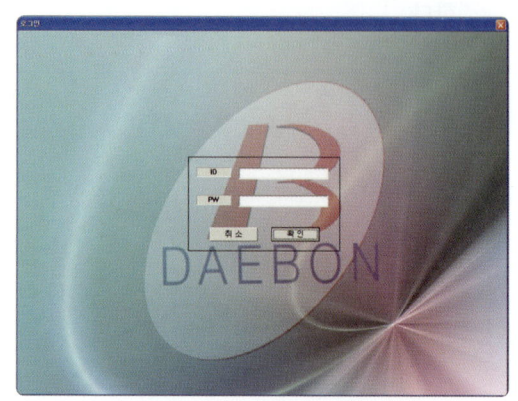

5) 아래와 같은 화면이 표시되면 수동을 클릭한다.

6) 수동 모드 활성 후 사이드슬립을 클릭한다.

7) 사이드슬립 측정 화면이 표시된다.

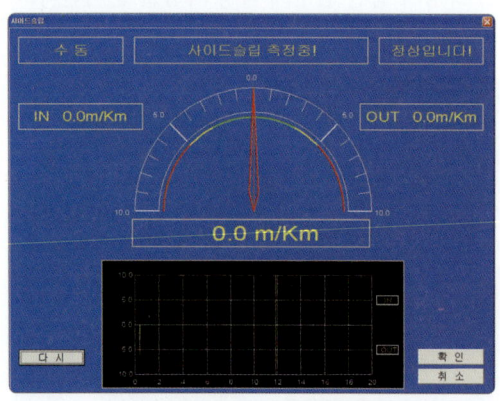

8) 차량을 답판 위로 통과시킨다.

9) 사이드슬립양 IN 6.0m/km이 측정되고 측
   정값이 홀드된다.

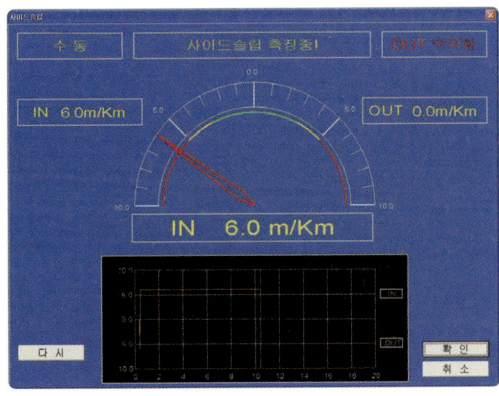

2-1-2. 구형 아날로그 측정기

1) 전원 S/W를 ON하고 차량을 진입한다.

2) 측정값을 읽는다.(out 7.8m/km)

2-1-3. 답안지 작성

1) 측정값 OUT 7.8m/km를 기입한다.
2) 규정값 5m/km를 답안지에 기입한다.

[섀시 2] 시험결과 기록표

자동차 번호 :

항목	① 측정(또는 점검)		② 판정 및 정비(또는 조치)사항		득점
	측정값	규정(정비한계)값	판정 (□에 'V'표)	정비 및 조치할 사항	
사이드슬립	OUT 7.8m/km	IN, OUT 5m/km	□ 양호 ☑ 불량	휠얼라이먼트 조정/재점검	

2-1-4. 판정 및 정비 조치사항

1) 기준값 범위를 벗어나므로 불량에 ☑ 표시한다.
2) 측정값이 규정값 범위 내에 들어오면 양호에 ☑ 표시 후 "없음"으로 답안지를 작성한다.

나. 섀시 3. 주어진 자동차(ABS 장착차량)에서 감독위원의 지시에 따라 브레이크 패드를 탈거(감독위원에게 확인)하고, 다시 조립하여 브레이크의 작동상태를 확인하시오.

3-1. ABS 브레이크 패드 탈, 부착

📖 **1안 참조 - p.62**

| 나. 섀시 | 4. 주어진 자동차에서 감독위원의 지시에 따라 자동변속기 오일압력을 점검하고, 기록·판정하시오. |

4-1. 자동변속기 오일압력 점검

 7안 참조 – p.277

| 나. 섀시 | 5. 주어진 자동차에서 감독위원의 지시에 따라 제동력을 측정하여 기록·판정하시오. |

5-1. 제동력 측정

 1안 참조 – p.66

다. 전기   1. 주어진 자동차에서 감독위원의 지시에 따라 히터 블로워 모터를 탈거(감독위원에게 확인)한 후, 다시 부착하여 모터가 정상적으로 작동되는지 확인하시오.

1-1. 히터 블로워 모터 탈, 부착

1) 블로워 모터 장착 위치를 확인한다.

2) 블로워 모터 커넥터를 탈거한다.

3) 블로워 모터 냉각 파이프를 탈거한다.

4) 블로워 모터를 탈거한다.

5) 탈거한 블로워 모터를 감독위원에게 확인받는다.

6) 블로워 모터를 장착하고 냉각 파이프를 먼저 조립한다.

7) 블로워 모터 커넥터를 연결한 후 감독위원에게 확인받는다.

| 다. 전기 | 2. 주어진 자동차에서 스텝모터(공회전 속도조절 서보)의 저항을 점검하여 스텝모터의 고장 유무를 확인한 후 기록표에 기록·판정하시오. |

2-1. 스텝모터 저항 점검

 **12안 참조 - p.403**

| 다. 전기 | 3. 주어진 자동차에서 방향지시등 회로에 고장부분을 점검한 후 기록표에 기록·판정하시오. |

3-1. 방향지시등 회로 점검

 4안 참조 - p.197

| 다. 전기 | 4. 주어진 자동차에서 좌 또는 우측의 전조등을 측정하고 기록표에 기록·판정하시오. |

4-1. 전조등 광도 측정

 **1안 참조 - p.78**

MEMO

Craftsman
Motor Vehicles
Maintenance

14

Craftsman
Motor Vehicles Maintenance
자동차정비기능사 실기

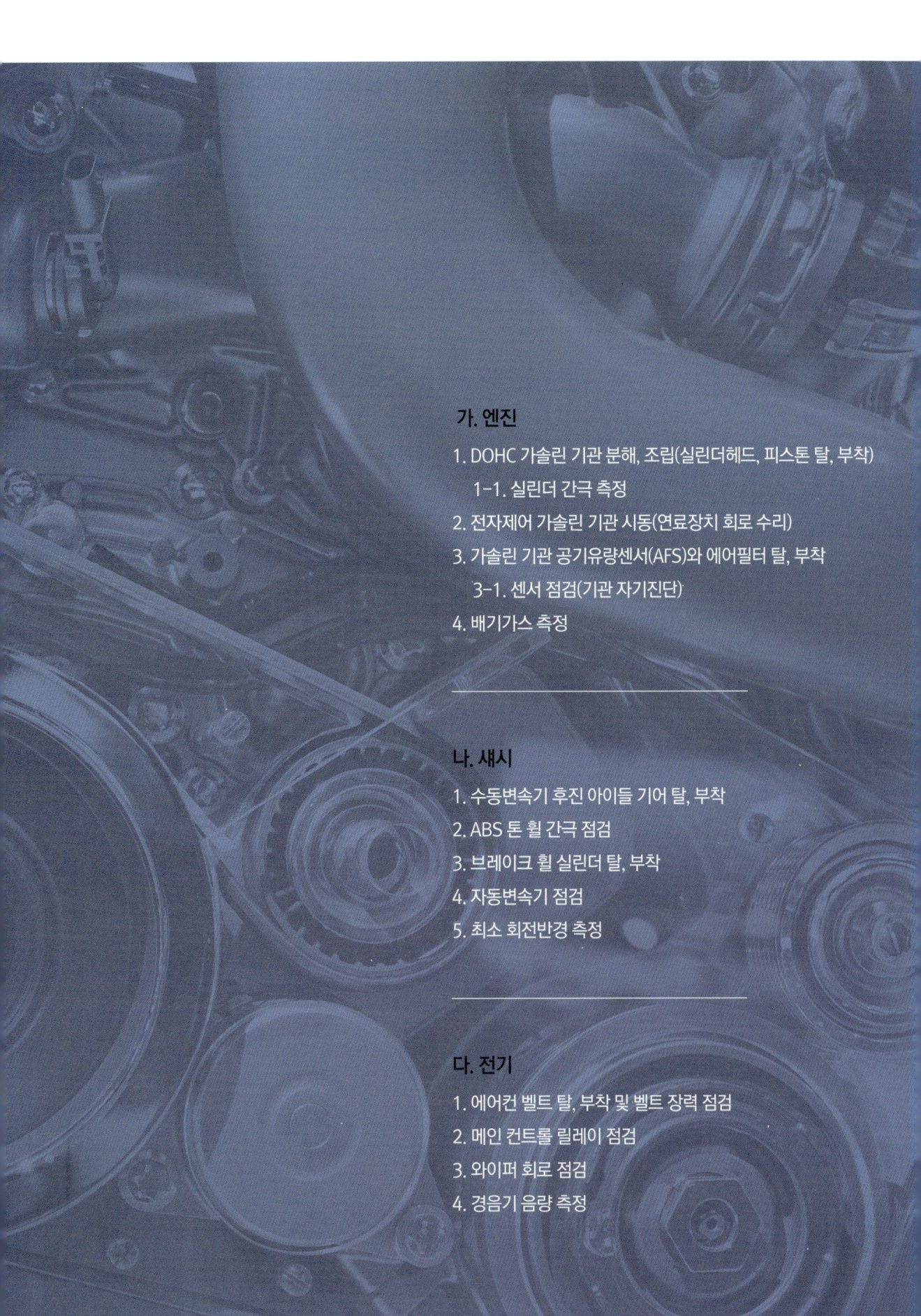

가. 엔진
1. DOHC 가솔린 기관 분해, 조립(실린더헤드, 피스톤 탈, 부착)
   1-1. 실린더 간극 측정
2. 전자제어 가솔린 기관 시동(연료장치 회로 수리)
3. 가솔린 기관 공기유량센서(AFS)와 에어필터 탈, 부착
   3-1. 센서 점검(기관 자기진단)
4. 배기가스 측정

나. 섀시
1. 수동변속기 후진 아이들 기어 탈, 부착
2. ABS 톤 휠 간극 점검
3. 브레이크 휠 실린더 탈, 부착
4. 자동변속기 점검
5. 최소 회전반경 측정

다. 전기
1. 에어컨 벨트 탈, 부착 및 벨트 장력 점검
2. 메인 컨트롤 릴레이 점검
3. 와이퍼 회로 점검
4. 경음기 음량 측정

14 자동차정비기능사 국가기술자격검정 실기시험문제

자격종목	자동차정비기능사	과제명	자동차정비작업

※ 문제지는 시험종료 후 본인이 가져갈 수 있습니다.

비번호		시험일시		시험장명	

※ 시험시간 : 4시간 | 엔진 : 100분   섀시 : 80분   전기 : 60분

☑ 요구사항

가. 엔진	1. 주어진 DOHC 가솔린 기관에서 실린더헤드와 피스톤(1개)를 탈거(감독위원에게 확인)하고, 감독위원의 지시에 따라 기록표의 내용대로 기록·판정한 후 다시 조립하시오.

1-1. DOHC 가솔린 기관 분해, 조립(실린더헤드, 피스톤 탈, 부착)

📖 **2안 참조 - p.86**

1-2. 실린더 간극 측정

1-2-1. 측정

1) 텔레스코핑 게이지로 실린더 내경을 측정한다.

2) 마이크로미터로 텔레스코핑 게이지 길이를 측정한다.(75.00mm)

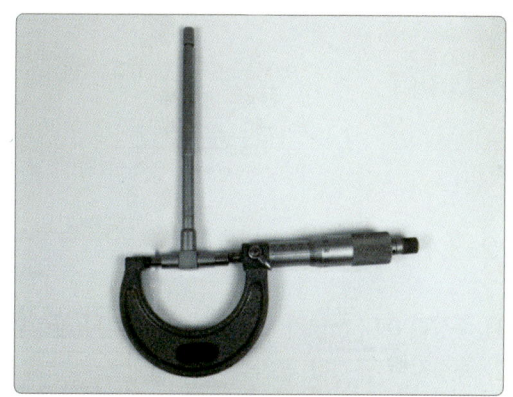

3) 마이크로 미터로 피스톤 스커트부 외경을 측정한다.(74.94mm)

1-2-2. 답안지 작성

1) 실린더 내경 - 피스톤 외경이 측정값이다.
2) 75.00mm - 74.94mm = 0.06mm를 측정값을 답안지에 기입한다.
3) 규정값 0.02~0.04mm를 답안지에 기입한다.

[엔진 1] 시험결과 기록표

자동차 번호 :

항목	① 측정(또는 점검)		② 판정 및 정비(또는 조치)사항		득점
	측정값	규정(정비한계)값	판정 (□에 'V'표)	정비 및 조치할 사항	
피스톤과 실린더간극	0.06mm	0.02~0.04mm	□ 양호 ☑ 불량	피스톤 교환/재점검	

1-2-3. 판정 및 정비 조치사항

1) 측정값 0.06mm가 규정값 0.02~0.04mm 범위를 벗어나므로 불량에 ☑ 표시한다.
2) 측정값이 규정값 범위를 벗어나므로 "피스톤 교환"으로 답안지를 작성한다.
3) 측정값이 규정값 범위 내에 들어오면 양호에 ☑ 표시 후 "없음"으로 답안지를 작성한다.

| 가. 엔진 | 2. 주어진 전자제어 가솔린 기관에서 감독위원의 지시에 따라 시동에 필요한 연료장치 회로의 이상개소를 점검 및 수리하여 시동하시오. |

2-1. 전자제어 가솔린 기관 시동(연료장치 회로 수리)

 1안 참조 - p.33

| 가. 엔진 | 3. 주어진 자동차에서 기관의 공기유량센서(AFS)와 에어 필터를 탈거(감독위원에게 확인)한 후 다시 조립하고, 감독위원의 지시에 따라 진단기(스캐너)를 사용하여 기관의 각종 센서(액추에이터) 점검 후 고장부분을 기록하시오. |

3-1. 흡입공기유량센서와 에어필터 탈, 부착 및 센서 점검

 3안 참조 - p.145

| 가. 엔진 | 4. 주어진 자동차에서 기록표에서 제시된 내용을 측정하고 기록·판정하시오.(배기가스 측정) |

4-1. 배기가스 측정

2안 참조 - p.111

나. 섀시

1. 주어진 수동변속기에서 감독위원의 지시에 따라 후진 아이들 기어(또는 디퍼렌셜 기어 어셈블리)를 탈거(감독위원에게 확인)한 후, 다시 조립하시오.

1-1. 수동변속기(M/T) 후진 아이들 기어 탈, 부착

1) 시험용 변속기를 확인한다.

2) 리어 커버를 탈거한다.

3) 탈거한 리어 커버를 정렬한다.

4) 5단 시프트 포크 고정핀을 탈거한다.

5) 시프트 포크, 슬리브를 정렬한다.

6) 허브에 풀러를 장착하여 탈거한다.

7) 탈거한 5단 기어, 허브를 정렬한다.

8) 5단 드리븐 기어를 풀러를 이용하여 탈거한다.

9) 후진 아이들 기어 샤프트 고정 볼트, 케이스 고정 볼트를 탈거한다.

10) 트랜스미션 케이스를 탈거한다.

11) 후진 아이들 기어와 샤프트를 탈거한다.

12) 후진 아이들 기어와 샤프트를 정렬한다.

13) 후진 아이들 기어 포크를 탈거한다.

14) 탈거한 후진 아이들 기어 포크를 정렬한다.

15) 종감속 기어를 탈거한다.

16) 탈거한 종감속 기어를 정렬한다.

17) 출력축 기어를 탈거한다.

18) 탈거한 출력축 기어를 정렬한다.

19) 변속 포크 고정 핀을 제거하고 변속기어 어셈블리를 탈거한다.

20) 1-2단 기어 어셈블리를 정렬한다.

21) 3-4단 기어 어셈블리를 정렬한다.

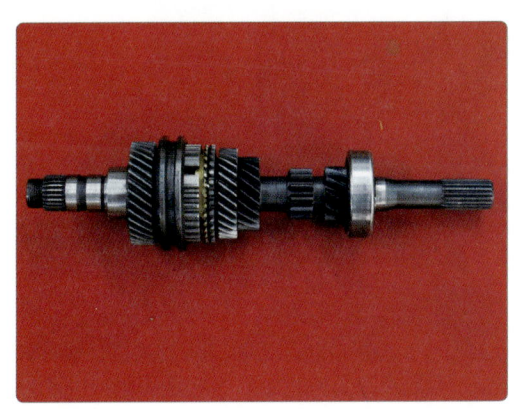

22) 1-2단 기어 어셈블리를 감독위원에게 확인 받는다.

23) 1-2단 기어 어셈블리를 조립한다.

24) 출력축 기어를 조립한다.

25) 종감속 기어를 조립한다.

26) 후진 아이들 기어를 조립한다.

27) 변속기 케이스를 장착한다.

28) 후진 아이들 기어 샤프트 고정 볼트와 록킹 볼을 조립한다.

29) 5단 드리븐 기어를 장착한다.

30) 5단 기어와 포크를 조립한다.

31) 리어 커버를 장착 후 감독위원에게 확인받는다.

나. 섀시

2. 주어진 자동차(ABS 장착차량)에서 감독위원의 지시에 따라 톤 휠 간극을 점검하여 기록·판정하시오.

2-1. ABS 톤 휠 간극 측정

2-1-1. 측정

1) 앞 좌측 톤 휠 간극을 간극 게이지로 측정한다. (0.45mm)

2) 앞 우측 톤 휠 간극을 간극 게이지로 측정한다. (0.50mm)

2-1-2. 답안지 작성

1) 측정값 좌 : 0.45mm, 우 : 0.50mm를 답안지에 기입한다.
2) 규정값 0.4~0.7mm를 기입한다.

[섀시 2] 시험결과 기록표

자동차 번호 :

항목	① 측정(또는 점검)		규정(정비한계)값	② 판정 및 정비(또는 조치)사항		득점
	측정값			판정 (□에 'V'표)	정비 및 조치할 사항	
톤 휠 간극	☑ 앞축 □ 뒤축	좌 : 0.45mm 우 : 0.50mm	0.4~0.7mm	☑ 양호 □ 불량	없음	

2-1-3. 판정 및 정비 조치사항

1) 측정값이 규정값 범위내에 있음으로 양호에 ☑ 표시한다.
2) 톤 휠 간극이 불량이면 "톤 휠 교환/재점검"으로 답안지를 작성한다.

나. 섀시 3. 주어진 자동차에서 감독위원의 지시에 따라 브레이크 휠 실린더를 탈거(감독위원에 확인)하고, 다시 조립하여 공기빼기 작업 후 브레이크의 작동 상태를 확인하시오.

3-1. 브레이크 휠 실린더 탈, 부착

9안 참조 - p.321

| 나. 섀시 | 4. 주어진 자동차에서 감독위원의 지시에 따라 진단기(스캐너)로 자동변속기를 점검하고 기록·판정하시오. |

4-1. 자동변속기 점검

 2안 참조 - p.121

| 나. 섀시 | 5. 주어진 자동차에서 감독위원의 지시에 따라 좌 또는 우회전 시 최소 회전반경을 측정하여 기록·판정하시오. |

5-1. 최소 회전반경 측정

2안 참조 - p.124

| 다. 전기 | 1. 주어진 자동차에서 에어컨 벨트를 탈거(감독위원에게 확인)한 후, 다시 부착하여 벨트 장력까지 점검한 후 에어컨 컴프레서가 작동되는지 확인하시오. |

1-1. 에어컨 벨트 탈, 부착 및 벨트 장력 점검

1) 시험 차량의 에어컨 벨트를 확인한다.

2) 발전기 하부 고정 너트를 1회전 한다.

3) 발전기 상부 고정 너트를 1회전 한다.

4) 장력조정 볼트를 좌측으로 돌린다.

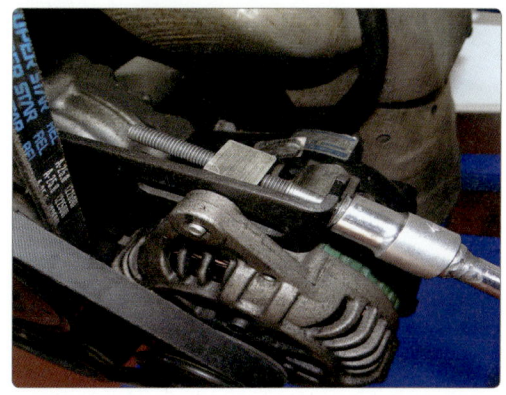

5) 발전기 벨트를 탈거한다.

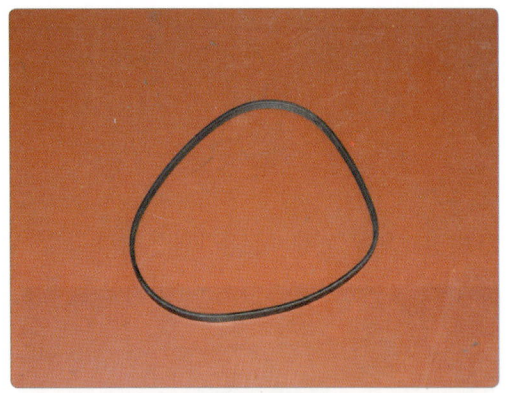

6) 에어컨벨트 아이들 베어링 고정 너트를 좌측으로 1회전 시킨다.

7) 장력조정 볼트를 좌회전 시킨다.

8) 에어컨 벨트를 탈거한다.

9) 탈거한 에어컨 벨트를 감독위원에게 확인받는다.

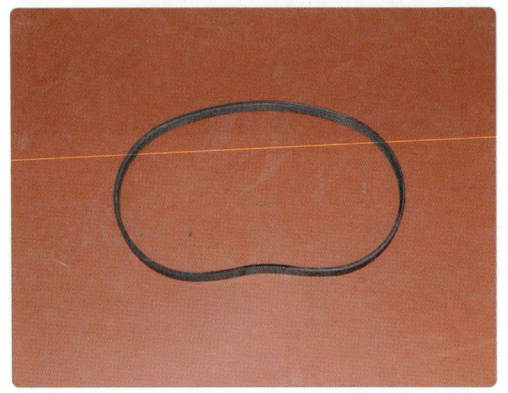

10) 에어컨벨트를 장착한다.

11) 장력조정 볼트를 우회전하여 규정 장력으로 조정한다.

12) 에어컨 벨트 아이들 베어링 고정 너트를 우측으로 회전하여 규정토크로 체결한다.

13) 발전기 벨트를 장착한다.

14) 장력조정 볼트를 우측으로 돌려 규정 장력으로 조정한다.

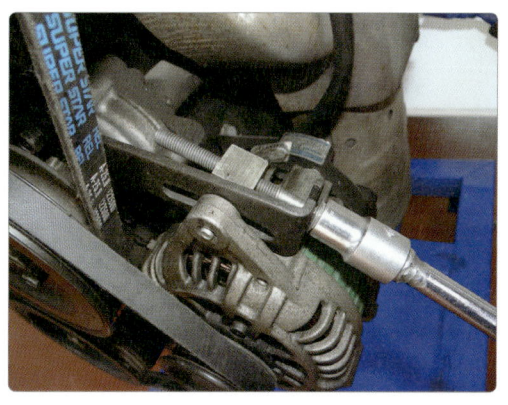

15) 발전기 상부 고정 볼트를 규정토크로 체결한다.

16) 발전기 하부 고정 너트를 규정토크로 체결한다.

17) 에어컨 벨트와 발전기 벨트 장력 확인 후 감독위원의 확인을 받는다.

| 다. 전기 | 2. 주어진 자동차에서 감독위원의 지시에 따라 메인 컨트롤 릴레이의 고장부분을 점검한 후 기록표에 기록·판정하시오. |

2-1. 메인 컨트롤 릴레이 점검

 4안 참조 - p.194

| 다. 전기 | 3. 주어진 자동차에서 와이퍼회로의 고장부분을 점검한 후 기록표에 기록·판정하시오. |

3-1. 와이퍼 회로 점검

 3안 참조 - p.168

| 다. 전기 | 4. 주어진 자동차에서 경음기 음량을 측정하여 기록표에 기록·판정하시오. |

4-1. 경음기 음량 점검

 2안 참조 - p.136

15

Craftsman
Motor Vehicles Maintenance 자동차정비기능사 실기

가. 엔진

1. 가솔린 기관 분해, 조립(실린더헤드, 피스톤 탈, 부착)
   1-1. 피스톤 링이음 간극 측정
2. 전자제어 가솔린 기관 시동(크랭킹 회로 수리)
3. 가솔린 기관 공기유량센서(AFS)와 에어필터 탈, 부착
   3-1. 센서 점검(기관 자기진단)
4. 매연 측정

나. 섀시

1. 자동변속기 밸브 바디 탈, 부착
2. 자동변속기 오일량 점검
3. 클러치 릴리스 실린더 탈, 부착
4. VDC, ECS, TCS 점검
5. 제동력 측정

다. 전기

1. 계기판 탈, 부착
2. 점화코일 1, 2차 저항 점검
3. 파워윈도우 회로 점검
4. 전조등 광도 측정

자동차정비기능사
국가기술자격검정 실기시험문제

자격종목	자동차정비기능사	과제명	자동차정비작업

※ 문제지는 시험종료 후 본인이 가져갈 수 있습니다.

비번호		시험일시		시험장명	

※ 시험시간 : 4시간 | 엔진 : 100분   섀시 : 80분   전기 : 60분

✓ 요구사항

가. 엔진	1. 주어진 가솔린 기관에서 실린더헤드와 피스톤(1개)를 탈거(감독위원에게 확인)하고, 감독위원의 지시에 따라 기록표의 내용대로 기록·판정한 후 다시 조립하시오.

1-1. 가솔린 기관 분해, 조립(실린더헤드, 피스톤 탈, 부착)

📖 **2안 참조 – p. 86**

1-2. 피스톤 링이음 간극 측정

1-2-1. 측정

1) 감독위원이 지정한 실린더에 압축링을 삽입한다.

2) 피스톤으로 링이 하사점 부근에 설치되도록 누른다.

3) 피스톤을 제거하고 간극 게이지로 측정한다. (0.356mm)

1-2-2. 답안지 작성

1) 압축링 측정값 0.356mm를 답안지에 기록한다.
2) 기준값 0.20~0.30mm를 답안지에 기록한다.

[엔진 1] 시험결과 기록표

자동차 번호 :

항목	① 측정(또는 점검)		② 판정 및 정비(또는 조치)사항		득점
	측정값	규정(정비한계)값	판정 (□에 'V'표)	정비 및 조치할 사항	
피스톤링 이음간극	0.356mm	0.20~0.30mm	□ 양호 ☑ 불량	압축링 교환/재점검	

1-2-3. 판정 및 정비 조치사항

1) 압축링 측정값 0.356mm가 규정값 0.20~0.30mm 범위를 벗어나므로 불량에 ☑ 표시한다.
2) 압축링이 규정값을 벗어나므로 "압축링 교환"으로 답안지를 작성한다.
3) 측정값이 규정값 범위 내에 있으면 양호에 ☑ 표시 후 "없음"으로 판정한다.

가. 엔진	2. 주어진 전자제어 가솔린 기관에서 감독위원의 지시에 따라 시동에 필요한 크랭킹 회로의 이상개소를 점검 및 수리하여 시동하시오.

2-1. 전자제어 가솔린 기관 시동(크랭킹 회로 수리)

1안 참조 - p.33

가. 엔진	3. 주어진 자동차에서 기관의 공기유량센서(AFS)와 에어필터를 탈거(감독위원에게 확인)한 후 다시 조립하고, 감독위원의 지시에 따라 진단기(스캐너)를 사용하여 기관의 각종 센서(액추에이터) 점검 후 고장 부분을 기록하시오.

3-1. 흡입공기유량센서와 에어필터 탈, 부착 및 센서 점검

3안 참조 - p.145

가. 엔진	4. 주어진 자동차에서 기록표에 제시된 내용을 측정하고 기록 판정하시오.(매연 측정)

4-1. 매연 측정

1안 참조 - p.42

나. 섀시

1. 주어진 수동변속기에서 감독위원의 지시에 따라 밸브 바디를 탈거(감독위원에게 확인)한 후, 다시 조립하시오.

1-1. 자동변속기(A/T) 밸브 바디 탈, 부착

1) 오일팬을 탈거한다.

2) 오일 필터 고정 볼트를 탈거한다.

3) 오일 필터를 탈거한다.

4) 밸브 바디 고정 볼트를 탈거한다.

5) 밸브 바디를 탈거 후 감독위원에게 확인받는다.

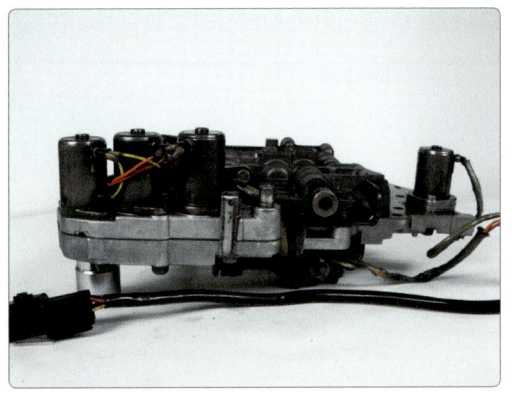

6) 밸브 바디를 장착한다.

7) 오일 필터를 장착한다.

8) 오일팬을 장착하고 감독위원에게 확인받는다.

| 나. 섀시 | 2. 주어진 자동차에서 감독위원의 지시에 따라 자동변속기의 오일량을 점검하여 기록·판정하시오. |

2-1. 자동변속기 오일량 점검

 8안 참조 – p.299

| 나. 섀시 | 3. 주어진 자동차에서 감독위원의 지시에 따라 클러치 릴리스 실린더를 탈거(감독위원에게 확인)하고, 다시 조립하여 공기빼기 작업 후 클러치의 작동상태를 확인하시오. |

3-1. 클러치 릴리스 실린더 탈, 부착

3안 참조 - p.158

| 나. 섀시 | 4. 주어진 자동차에서 감독위원의 지시에 따라 진단기(스캐너)로 전자제어 현가장치(VDC, ECS, TCS 등)를 점검하고, 기록·판정하시오. |

4-1. VDC, ECS, TCS 점검

3안 참조 - p.160

| 나. 섀시 | 5. 주어진 자동차에서 감독위원의 지시에 따라 제동력을 측정하여 기록·판정하시오. |

5-1. 제동력 측정

1안 참조 - p.66

다. 전기

1. 주어진 자동차에서 감독위원의 지시에 따라 계기판을 탈거(감독위원에게 확인)한 후, 다시 부착하여 계기판의 작동 여부를 확인하시오.

1-1. 계기판 탈, 부착

1) 핸들을 아래쪽으로 최대한 틸트시킨다.

2) 계기판 커버를 탈거한다.

3) 계기판 고정 볼트를 탈거한다.

4) 계기판을 앞으로 당겨 기울인 후 배선 커넥터를 탈거한다.

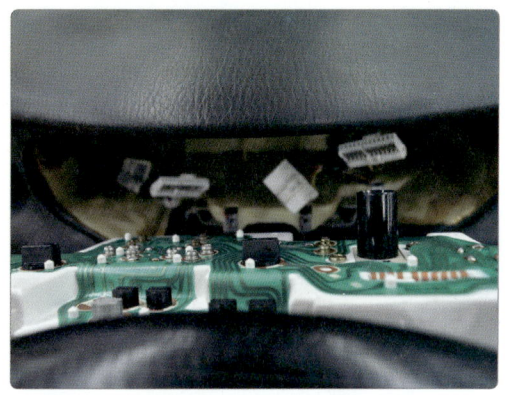

5) 계기판을 탈거한다.

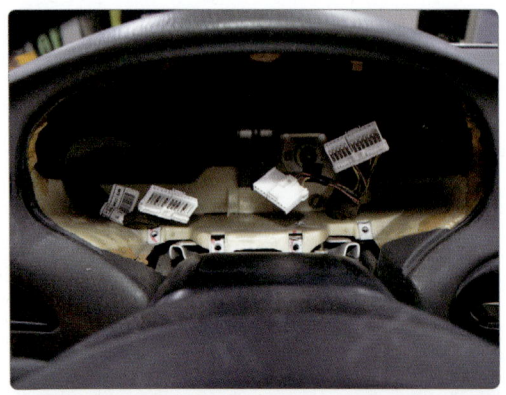

6) 탈거한 계기판을 감독위원에게 확인받는다.

7) 계기판에 배선 커넥터를 연결한다.

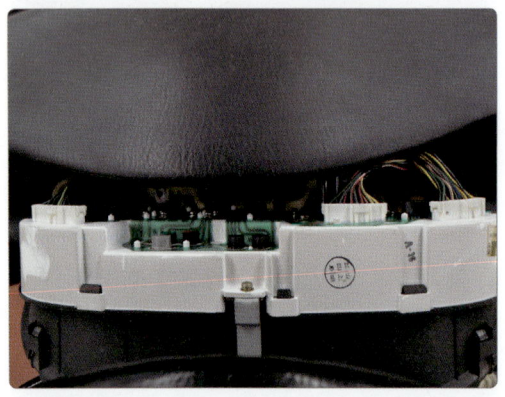

8) 계기판을 장착하고 고정 볼트를 조립한다.

9) 핸들을 원위치로 고정하고 감독위원에게 확인받는다.

| 다. 전기 | 2. 자동차에서 점화코일 1, 2차 저항을 측정하고, 코일의 고장 유무를 확인하여 기록표에 기록·판정하시오. |

2-1. 점화코일 1, 2차 저항 측정

 2안 참조 - p. 131

다. 전기

3. 주어진 자동차에서 파워윈도우 회로의 고장부분을 점검한 후 기록표에 기록·판정하시오.

3-1. 파워윈도우 회로 점검

3-1-1. 점검

1) 엔진룸 퓨즈 박스에서 IG2 퓨즈(30A), 파워윈도우 퓨즈(30A), 파워윈도우 릴레이를 확인한다.

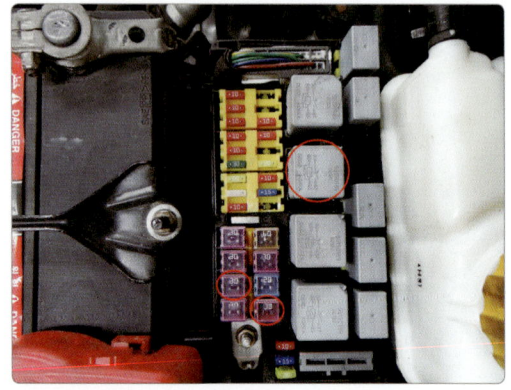

2) 좌, 우 파워 윈도우 S/W 커넥터를 확인한다.

3-1-2. 답안지 작성

1) 부품의 정확한 명칭을 이상부위 답안지에 기입한다.
2) 퓨즈가 끊어진 경우 "단선", 퓨즈, 전구 릴레이가 없는 경우 "없음", 퓨즈, 릴레이 터미널이 부러진 경우 "파손"으로 기입한다.
3) 예상답안
① 파워 윈도우 퓨즈(30A) 단선(또는 없음, 파손)
② IG2(30A) 퓨즈 단선(또는 없음, 파손)
③ 파워윈도우 릴레이 파손(또는 없음)
④ 좌, 우 파워 윈도우 S/W 커넥터 탈거(좌, 우측 방향 표시)

[전기 3] 시험결과 기록표

자동차 번호 :

항목	① 측정(또는 점검)		② 판정 및 정비(또는 조치)사항		득점
	이상부위	내용 및 상태	판정 (□에 'V'표)	정비 및 조치할 사항	
파워윈도우 회로	파워 윈도우 퓨즈(30A)	단선	□ 양호 ☑ 불량	퓨즈(30A) 교환/재점검	

3-1-3. 판정 및 정비 조치사항

1) 불량에 ☑ 표시한다.
2) 커넥터, 퓨즈, 릴레이 등이 탈거 시 "연결"로 답안지를 작성한다.
3) 퓨즈 단선, 파손인 경우 "퓨즈 교환/재점검", 없는 경우 "퓨즈 장착/재점검"으로 답안지를 작성한다.

| 다. 전기 | 4. 주어진 자동차에서 좌 또는 우측의 전조등을 측정하고 기록표에 기록·판정하시오. |

4-1. 전조등 광도 측정

📖 **1안 참조 – p.78**

MEMO

Craftsman
Motor Vehicles
Maintenance

Appendix

Craftsman

Motor Vehicles

Maintenance 자동차정비기능사 실기

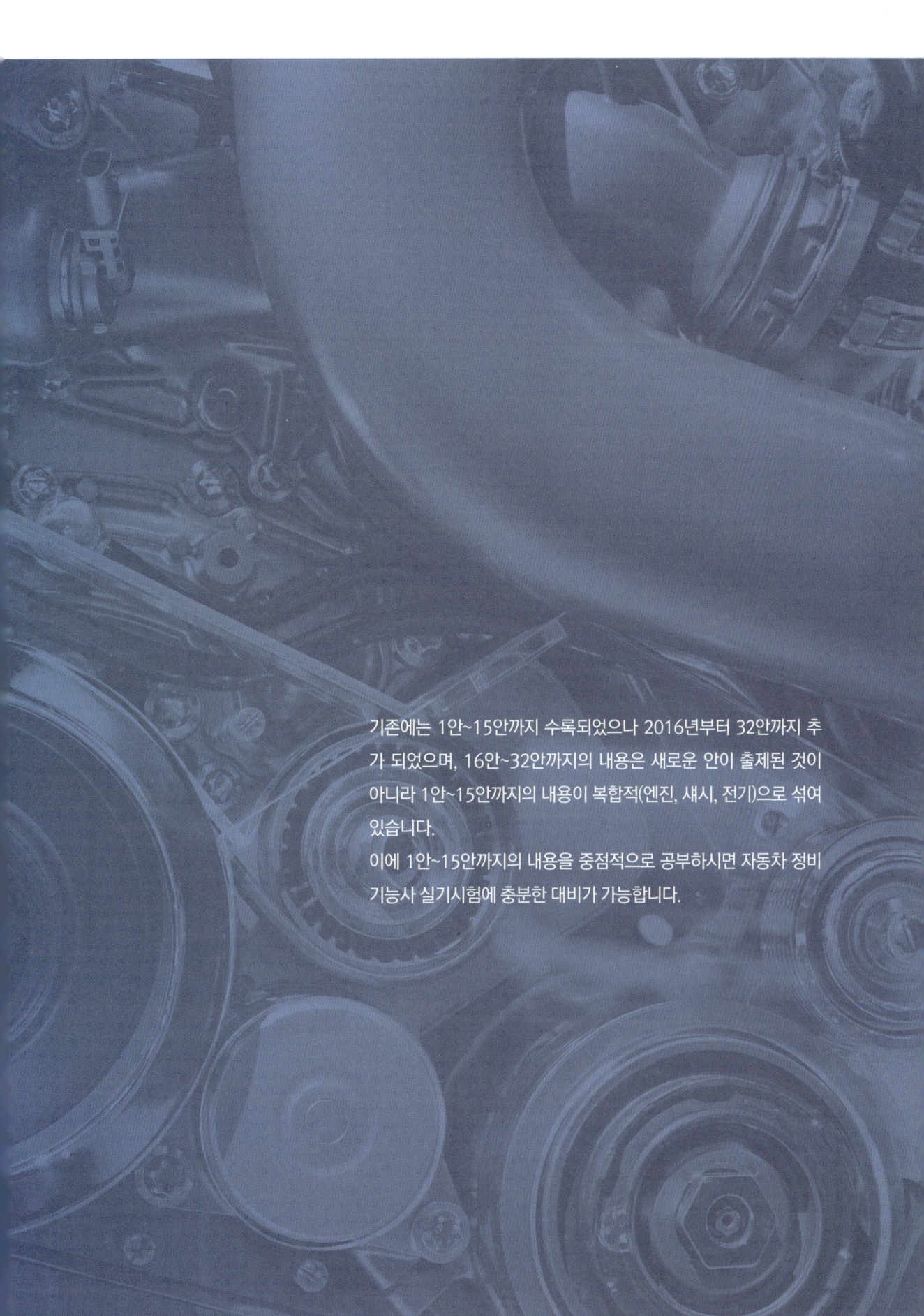

기존에는 1안~15안까지 수록되었으나 2016년부터 32안까지 추가 되었으며, 16안~32안까지의 내용은 새로운 안이 출제된 것이 아니라 1안~15안까지의 내용이 복합적(엔진, 섀시, 전기)으로 섞여 있습니다.
이에 1안~15안까지의 내용을 중점적으로 공부하시면 자동차 정비 기능사 실기시험에 충분한 대비가 가능합니다.

자동차정비기능사 실기시험 공개문제

기존에는 1안~15안까지 수록되었으나 2016년부터 32안까지 추가 되었으며, 16안~32안까지 새로운 안이 출제된 것이 아니라 1안~15안까지의 내용이 복합적(엔진, 섀시, 전기)으로 섞여있습니다. 이에 1안~15안까지의 내용을 중점적으로 공부하시면 자동차 정비 기능사 실기시험에 충분한 대비가 가능합니다.

	구분사	1	2	3	4	5	6	7	8	9	10	11	12	'13	14	15
엔진	1 분해조립	디젤 실린더헤드, 노즐	가솔린 실린더헤드, 밸브 스프링	디젤 워터펌프, 라디에이터 캡	가솔린 DOHC 캠축, 타이밍 벨트	디젤 크랭크	가솔린 크랭크	가솔린 DOHC 실린더헤드	에어크리너, 점화플러그	가솔린 크랭크	가솔린 크랭크 메인베어링	가솔린 DOHC 실린더헤드 캠축	디젤 크랭크	CRDI 인젝터, 예열플러그	DOHC 실린더헤드, 피스톤	가솔린 실린더헤드, 피스톤
	측정	분사압력, 노즐, 후적	밸브스프링 자유고 측정	압축시 캠개방 압력	캠높이	크랭크축 휨	크랭크축 저널 외경	헤드 변형도	압축압력	크랭크축 축방향 유격	크랭크축 오일간극	감속 힘	플라이휠 런아웃	플라이휠 런아웃 저항	실린더 간극	압축링 이음간극
	2 점검 시동				시동 관련부품 점검 후, 시동 (2, 5, 8, 11, 14 : 연료장치, 3, 6, 9, 12, 15 : 크랭킹 회로, 1, 4, 7, 10, 13 : 점화회로											
	3 탈부착후 자기진단	공회전 조절밸브	가솔린 인젝터 1개 탈거	흡입공기 유량센서	CRDI 연료압력 조절밸브	CRDI 예열플러그	스로틀 바디	LPG 점화플러그, 배선	LPG 점화플러그	LPG 맵센서	연료펌프	연료펌프	연료펌프	AFS, 에어필터	AFS, 에어필터	AFS, 에어필터
	4 측정					1, 3, 5, 7, 9, 11, 13, 15 : 매연 측정			2, 4, 6, 8, 10, 12, 14 : 배기가스 측정(CO, HC)							
섀시	1 분해조립	앞 속업쇼버 및 스프링	앞 허브 및 너클	타이어 탈거	로워암	FF 등속축	범퍼	MT 후진 아이들기어	FR 액슬축	뒤 속업쇼버 및 스프링	AT 오일펌프, 유온센서	FR 추진축	FR 자동기어	AT 오일펌프	MT추진 아이들기어	AT 밸브 바디
	측정	캐스터, 캠버	캐스터, 캠버	MT 입력축 엔드플레이	캐스터, 캠버	휠 얼라이/휠 밸런스	주차레버 클릭수	디스크 두께 및 흔들림	A/T 오일량	중간속 기어 배선	브레이크 페달 작동거리, 유격	토(toe)	틈터기 배드 유격	사이드슬립	ABS 톤휠 간극	AT 오일량
	3 탈거	ABS 배선	브레이크 라이닝(슈)	릴리스 실린더 /공기 빼기	캘리퍼/공기 빼기	캘리퍼/공기 빼기	P/S 오일펌프	타이로드엔드	캘리퍼/공기 빼기	휠 실린더/공기 빼기	P/S 오일펌프	브레이크 마스터 실린더/공기 빼기	브레이크 라이닝(슈)	ABS 패드	휠 실린더/공기 빼기	릴리스 실린더/공기 빼기
	4 점검	인히비터 S/W 선택레버	A/T 자기진단	ECS 자기진단	ABS 자기진단	A/T 자기진단	A/T 자기진단	A/T 유압	인히비터 S/W 선택레버	ABS 자기진단	ECS 자기진단	A/T 자기진단	ABS 자기진단	A/T 유압	A/T 자기진단	ECS 자기진단
	5 측정					1, 3, 5, 7, 9, 11, 13, 15 : 제동력 측정			2, 4, 6, 8, 10, 12, 14 : 최소 회전반경 측정							
전기	1 교환	와이퍼 모터	발전기	DOHC 점화플러그 케이블 및 시동	기동모터	냉매회수 충전	다기능 스위치	경음기와 릴레이	파워윈도 모터 (메인레이터)	전조등	에어컨 벨트	라디에이터 전동팬	발전기	히터 블로워 모터	에어컨 벨트	제기판
	2 측정	크랭킹시 전류소모	점화코일 1, 2차 저항	충전전류, 충전전압	컨트롤릴레이 여자, 바여자	ISC 듀티 (열림코일)	비중, 전압 (용량시험기)	에어컨 작동, 고압	급속충전 후 비중, 전압	충전전류, 충전전압	인젝터 저항	크랭킹시 전압강하	스텝모터 저항 (ISC저항)	스텝모터 (ISC저항)	컨트롤릴레이 여자, 바여자	점화코일 1, 2차 저항
	3 회로수리	미등 및 번호등	전조등	와이퍼	방향지시등	경음기	기동 및 점화	전동팬	충전회로	에어컨	점화회로	제동등 및 미등	실내등 및 열선	방향지시등	와이퍼	파워윈도우
	4 측정					1, 3, 5, 7, 10, 11, 13, 15 : 전조등 광도 측정			2, 4, 6, 8, 9, 12, 14 : 경음기 음량 측정							

1 국가기술자격검정 실기시험문제

자격종목	자동차정비기능사	과제명	자동차정비작업

※ 문제지는 시험종료 후 본인이 가져갈 수 있습니다.

비번호		시험일시		시험장명	

※ 시험시간 : 4시간 | 엔진 : 100분   섀시 : 80분   전기 : 60분

☑ 요구사항

가. 엔진

1) 주어진 디젤 기관에서 실린더헤드와 분사노즐(1개)을 탈거(감독위원에게 확인)하고, 감독위원의 지시에 따라 기록표의 내용대로 기록·판정한 후 다시 조립하시오.
2) 주어진 전자제어 가솔린 기관에서 감독위원의 지시에 따라 시동에 필요한 점화회로의 고장부분 1개소를 점검 및 수리하여 시동하시오.
3) 주어진 자동차에서 기관의 공회전 조절장치를 탈거(감독위원에게 확인)한 후 다시 조립하고, 감독위원의 지시에 따라 진단기(스캐너)를 사용하여 기관의 각종 센서(액추에이터) 점검 후 고장부분을 기록하시오.
4) 주어진 디젤 자동차에서 감독위원의 지시에 따라 매연을 측정하고 기록·판정하시오.

나. 섀시

1) 주어진 자동차에서 감독위원의 지시에 따라 앞 쇽업소버(shock absorber)의 스프링을 탈거(감독위원에게 확인)한 후, 다시 조립하시오.
2) 주어진 자동차에서 감독위원의 지시에 따라 휠 얼라인먼트 시험기를 사용하여 캐스터각과 캠버각을 점검하여 기록·판정하시오.
3) 주어진 자동차(ABS 장착차량)에서 감독위원의 지시에 따라 브레이크 패드(좌 또는 우측)를 탈거(감독위원에게 확인)하고, 다시 조립하여 브레이크의 작동상태를 확인하시오.
4) 주어진 자동차에서 감독위원의 지시에 따라 인히비터 스위치와 변속 선택 레버 위치를 점검하고, 기록·판정하시오.
5) 주어진 자동차에서 감독위원의 지시에 따라 제동력을 측정하여 기록·판정하시오.

다. 전기

1) 주어진 자동차에서 윈드 실드 와이퍼 모터를 탈거(감독위원에게 확인)한 후, 다시 부착하여 와이퍼 브러시가 작동되는지 확인하시오.
2) 주어진 자동차에서 시동 모터의 크랭킹 부하시험을 하여 고장부분을 점검한 후 기록·판정 하시오.
3) 주어진 자동차에서 미등 및 번호등 회로에 고장부분을 점검한 후 기록·판정하시오.
4) 주어진 자동차에서 좌 또는 우측의 전조등을 측정하고 기록·판정하시오.

1. 국가기술자격검정 실기시험문제 결과기록표

자격종목	자동차정비기능사	과제명	자동차정비작업

※ 기록표는 문항별로 구분, 절단하여 배부하고 각 문항별로 종료 시 회수한다.

[엔진 1] 시험결과 기록표

자동차 번호 :

항목	① 측정(또는 점검)			② 판정 및 정비(또는 조치)사항		득점
	측정값	규정(한계)값	흔적 유무 판정 (□에 'V'표)	판정 (□에 'V'표)	정비 및 조치할 사항	
분사 노즐 압력			□ 유 □ 무	□ 양호 □ 불량		

[엔진 3] 시험결과 기록표

자동차 번호 :

항목	① 측정(또는 점검)			② 고장 및 정비(또는 조치)사항		득점
	고장부위	측정값	규정값	고장내용	정비 및 조치할 사항	
센서 (액추에이터) 점검						

※ 측정조건은 감독위원이 제시합니다.

[엔진 4] 시험결과 기록표

자동차 번호 :

① 측정(또는 점검)						② 판정		득점
차종	연식	기준값	측정값	측정		산출근거 (계산) 기록	판정 (□에 'V'표)	
							□ 양호 □ 불량	

※ 감독위원이 제시한 자동차등록증(또는 차대번호)을 활용하여 차종 및 연식을 적용합니다.
※ 자동차검사기준 및 방법에 의하여 기록·판정합니다.
※ 측정 및 판정은 무부하 조건으로 합니다.
※ 측정 및 산출근거란은 소수점 값을 기입합니다.
※ 측정값란은 매연 농도를 산술 평균하여 소수점 이하는 버린 값으로 기입합니다.

[섀시 2] 시험결과 기록표

자동차 번호 :

항목	① 측정(또는 점검)		② 판정 및 정비(또는 조치)사항		득점
	측정값	규정(정비한계)값	판정 (□에 'V'표)	정비 및 조치할 사항	
캐스터각			□ 양호 □ 불량		
캠버각					

[섀시 4] 시험결과 기록표

자동차 번호 :

항목	① 측정(또는 점검)		② 판정 및 정비(또는 조치)사항		득점
	점검위치	내용 및 상태	판정 (□에 'V'표)	정비 및 조치할 사항	
변속 선택 레버			□ 양호 □ 불량		
인히비터 스위치					

[섀시 5] 시험결과 기록표

자동차 번호 :

항목	① 측정(또는 점검)				② 판정		득점
	구분	측정값	기준값(%) (□에 'V'표)	산출근거		판정 (□에 'V'표)	
제동력위치 (□에 'V'표) □ 앞 □ 뒤	좌		□ 앞 　　축중의 □ 뒤	편차		□ 양호 □ 불량	
	우		제동력 편차	합			
			제동력 합				

※ 측정 위치는 감독위원이 지정하는 위치의 □ 에 ☑ 표시합니다.
※ 자동차검사기준 및 방법에 의하여 기록·판정합니다.
※ 측정값의 단위는 시험장비 기준으로 기록합니다.
※ 산출 근거에는 단위를 기록하지 않아도 됩니다.

[전기 2] 시험결과 기록표

자동차 번호 :

항목	① 측정(또는 점검)		② 판정 및 정비(또는 조치)사항		득점
	측정값	규정(정비한계)값	판정 (□에 'V'표)	정비 및 조치할 사항	
전류 소모			□ 양호 □ 불량		

[전기 3] 시험결과 기록표

자동차 번호 :

항목	① 측정(또는 점검)		② 판정 및 정비(또는 조치)사항		득점
	이상부위	내용 및 상태	판정 (□에 'V'표)	정비 및 조치할 사항	
미등 및 번호등 회로			□ 양호 □ 불량		

[전기 4] 시험결과 기록표

자동차 번호 :

구분	① 측정(또는 점검)			② 판정 (□에 'V'표)	득점
	측정 항목	측정값	기준값		
(□에 'V'표) 위치 : 　□ 좌 　□ 우 등식 : 　□ 2등식 　□ 4등식	광도		_____ 이상	□ 양호 □ 불량	

※ 측정 위치는 감독위원이 지정하는 위치의 □ 에 ☑ 표시합니다.
※ 자동차검사기준 및 방법에 의하여 기록 · 판정합니다.

2. 국가기술자격검정 실기시험문제

자격종목	자동차정비기능사	과제명	자동차정비작업

※ 문제지는 시험종료 후 본인이 가져갈 수 있습니다.

비번호		시험일시		시험장명	

※ 시험시간 : 4시간 | 엔진 : 100분   섀시 : 80분   전기 : 60분

✓ 요구사항

가. 엔진

1) 주어진 가솔린 기관에서 실린더헤드와 밸브 스프링(1개)을 탈거(감독위원에게 확인)하고, 감독위원의 지시에 따라 기록표의 내용대로 기록·판정한 후 다시 조립하시오.
2) 주어진 전자제어 가솔린 기관에서 감독위원의 지시에 따라 시동에 필요한 연료장치 회로의 고장부분 1개소를 점검 및 수리하여 시동하시오.
3) 주어진 자동차에서 기관의 인젝터 1개를 탈거(감독위원에게 확인)한 후 다시 조립하고, 감독위원의 지시에 따라 진단기(스캐너)를 사용하여 기관의 각종센서(액추에이터) 점검 후 고장부분을 기록하시오.
4) 주어진 가솔린자동차에서 감독위원의 지시에 따라 배기가스를 측정하여 기록·판정하시오.

나. 섀시

1) 주어진 자동차에서 감독위원의 지시에 따라 (좌 또는 우측) 앞 허브 및 너클을 탈거(감독위원에게 확인)한 후, 다시 조립하시오.
2) 주어진 자동차에서 감독위원의 지시에 따라 휠 얼라인먼트 시험기를 사용하여 캐스터각과 캠버각을 점검하여 기록·판정하시오.
3) 주어진 자동차에서 감독위원의 지시에 따라 (좌 또는 우측)브레이크 라이닝(슈)을 탈거(감독위원에게 확인)하고, 다시 조립하여 브레이크의 작동상태를 확인하시오.
4) 주어진 자동차에서 감독위원의 지시에 따라 진단기(스캐너)로 자동변속기를 점검하고, 기록·판정하시오.
5) 주어진 자동차에서 감독위원의 지시에 따라 좌 또는 우회전 시 최소회전 반경을 측정하여 기록·판정하시오.

다. 전기

1) 주어진 자동차에서 발전기를 탈거(감독위원에게 확인)한 후, 다시 부착하여 벨트장력이 규정 값에 맞는지 확인하시오.
2) 자동차에서 점화코일 1,2차 저항을 측정하고 코일의 고장 유무를 확인하여 기록·판정하시오.
3) 주어진 자동차에서 전조등 회로에 고장부분을 점검한 후 기록·판정하시오.
4) 주어진 자동차에서 경음기 음량을 측정하여 기록·판정하시오.

2 국가기술자격검정 실기시험문제 결과기록표

| 자격종목 | 자동차정비기능사 | 과제명 | 자동차정비작업 |

※ 기록표는 문항별로 구분, 절단하여 배부하고 각 문항별로 종료 시 회수한다.

[엔진 1] 시험결과 기록표

자동차 번호 :

항목	① 측정(또는 점검)		② 판정 및 정비(또는 조치)사항		득점
	측정값	규정(정비한계)값	판정 (□에 'V'표)	정비 및 조치할 사항	
밸브 스프링 길이			□ 양호 □ 불량		

[엔진 3] 시험결과 기록표

자동차 번호 :

항목	① 측정(또는 점검)			② 고장 및 정비(또는 조치)사항		득점
	고장부위	측정값	규정값	고장내용	정비 및 조치할 사항	
센서 (액추에이터) 점검						

※ 측정조건은 감독위원이 제시합니다.

[엔진 4] 시험결과 기록표

자동차 번호 :

항목	① 측정(또는 점검)		판정 (□에 'V'표)	득점
	측정값	기준값		
CO			□ 양호 □ 불량	
HC				

※ 감독위원이 제시한 자동차등록증(또는 차대번호)을 활용하여 차종 및 연식을 적용합니다.
※ 자동차검사기준 및 방법에 의하여 기록·판정합니다.
※ CO는 소수점 둘째자리 이하는 버리고 0.1% 단위로 기록합니다.
※ HC는 소수점 첫째자리 이하는 버리고 1ppm 단위로 기록합니다.

[섀시 2] 시험결과 기록표

자동차 번호 :

항목	① 측정(또는 점검)		② 판정 및 정비(또는 조치)사항		득점
	측정값	규정(정비한계)값	판정 (□에 'V'표)	정비 및 조치할 사항	
캐스터각			□ 양호 □ 불량		
캠버각					

[섀시 4] 시험결과 기록표

자동차 번호 :

항목	① 측정(또는 점검)		② 판정 및 정비(또는 조치)사항		득점
	이상부위	내용 및 상태	판정 (□에 'V'표)	정비 및 조치할 사항	
변속기 자기진단			□ 양호 □ 불량		

[섀시 5] 시험결과 기록표

자동차 번호 :

항목	① 측정(또는 점검)				② 판정 및 정비(또는 조치)사항		득점
	최대 조향각 (□에 'V'표)		기준값 (최소 회전반경)	측정값 (최소 회전반경)	산출근거	판정 (□에 'V'표)	
	좌측 바퀴	우측 바퀴					
회전방향 (□에 'V'표) □ 좌 □ 우						□ 양호 □ 불량	

※ 회전방향은 감독위원이 지정하는 위치에 ☑ 표시합니다.
※ 최대 조향 시 각도 항목은 두 바퀴 모두 기록합니다.
※ 축거는 감독위원이 제시합니다.
※ 자동차검사기준 및 방법에 의하여 기록·판정합니다.
※ 산출근거에는 단위를 기록하지 않아도 됩니다.

[전기 2] 시험결과 기록표

자동차 번호 :

항목	① 측정(또는 점검)		② 판정 및 정비(또는 조치)사항		득점
	측정값	규정(정비한계)값	판정 (□에 'V'표)	정비 및 조치할 사항	
1차 저항			□ 양호 □ 불량		
2차 저항			□ 양호 □ 불량		

[전기 3] 시험결과 기록표

자동차 번호 :

항목	① 측정(또는 점검)		② 판정 및 정비(또는 조치)사항		득점
	이상부위	내용 및 상태	판정 (□에 'V'표)	정비 및 조치할 사항	
전조등 회로			□ 양호 □ 불량		

[전기 4] 시험결과 기록표

자동차 번호 :

항목	① 측정(또는 점검)		② 판정 및 정비(또는 조치)사항		득점
	측정값	규정(정비한계)값	판정 (□에 'V'표)	정비 및 조치할 사항	
경음기 음량			□ 양호 □ 불량		

※ 감독위원이 제시한 자동차등록증(차대번호)을 활용하여 차종 및 연식을 적용합니다.
※ 자동차검사기준 및 방법에 의하여 기록 · 판정합니다.
※ 암소음은 무시합니다.

3 국가기술자격검정 실기시험문제

| 자격종목 | 자동차정비기능사 | 과제명 | 자동차정비작업 |

※ 문제지는 시험종료 후 본인이 가져갈 수 있습니다.

| 비번호 | | 시험일시 | | 시험장명 | |

※ 시험시간 : 4시간 | 엔진 : 100분   섀시 : 80분   전기 : 60분

✓ 요구사항

가. 엔진

1) 주어진 디젤 기관에서 워터펌프와 라디에이터 압력식 캡을 탈거 후 (감독위원에게 확인)하고, 감독위원의 지시에 따라 기록표의 내용대로 기록·판정한 후 다시 조립하시오.
2) 주어진 전자제어 가솔린 기관에서 감독위원의 지시에 따라 시동에 필요한 크랭킹회로의 고장부분 1개소를 점검 및 수리하여 시동하시오.
3) 주어진 자동차에서 흡입공기유량센서를 탈거(감독위원에게 확인)한 후 다시 조립하고, 감독위원의 지시에 따라 진단기(스캐너)를 사용하여 기관의 각종 센서(액추에이터) 점검 후 고장부분을 기록하시오.
4) 주어진 자동차에서 기록표에 제시된 내용을 측정하고 기록·판정하시오.(매연측정)

나. 섀시

1) 주어진 자동차에서 감독위원의 지시에 따라 림(휠)에서 타이어 1개를 탈거(감독위원에게 확인)한 후, 다시 조립하시오.
2) 주어진 수동변속기에서 감독위원의 지시에 따라 입력축 앤드 플레이를 점검하여 기록·판정하시오.
3) 주어진 자동차에서 감독위원의 지시에 따라 클러치 릴리스 실린더를 탈거(감독위원에게 확인)하고, 다시 조립하여 공기빼기 작업 후 클러치의 작동상태를 확인하시오.
4) 주어진 자동차에서 감독위원의 지시에 따라 진단기(스캐너)로 전자제어 현가장치(VDC, ECS, TCS 등)를 점검하고, 기록·판정하시오.
5) 주어진 자동차에서 감독위원의 지시에 따라 제동력을 측정하여 기록·판정하시오.

다. 전기

1) DOHC 기관의 자동차에서 점화플러그 및 고압케이블을 탈거(감독위원에게 확인)한 후, 다시 부착시동이 되는지 확인하시오.
2) 주어진 자동차의 발전기에서 감독위원의 지시에 따라 충전되는 전류와 전압을 점검하여 확인사항을 기록·판정 하시오.
3) 주어진 자동차에서 와이퍼 회로에 고장부분을 점검한 후 기록·판정하시오.
4) 주어진 자동차에서 좌 또는 우측의 전조등을 측정하고 기록·판정하시오.

국가기술자격검정 실기시험문제 결과기록표

| 자격종목 | 자동차정비기능사 | 과제명 | 자동차정비작업 |

※ 기록표는 문항별로 구분, 절단하여 배부하고 각 문항별로 종료 시 회수한다.

[엔진 1] 시험결과 기록표

자동차 번호 :

항목	① 측정(또는 점검)		② 판정 및 정비(또는 조치)사항		득점
	측정값	규정(정비한계)값	판정 (□에 'V'표)	정비 및 조치할 사항	
압력식 캡			□ 양호 □ 불량		

[엔진 3] 시험결과 기록표

자동차 번호 :

항목	① 측정(또는 점검)			② 고장 및 정비(또는 조치)사항		득점
	고장부위	측정값	규정값	고장내용	정비 및 조치할 사항	
센서 (액추에이터) 점검						

※ 측정조건은 감독위원이 제시합니다.

[엔진 4] 시험결과 기록표

자동차 번호 :

① 측정(또는 점검)					② 판정		득점
차종	연식	기준값	측정값	측정	산출근거 (계산) 기록	판정 (□에 'V'표)	
						□ 양호 □ 불량	

※ 감독위원이 제시한 자동차 등록증(또는 차대번호)을 활용하여 차종 및 연식을 적용합니다.
※ 자동차검사기준 및 방법에 의하여 기록·판정합니다.
※ 측정 및 판정은 무부하 조건으로 합니다.
※ 측정 및 산출근거란은 소수점 값을 기입합니다.
※ 측정값란은 매연 농도를 산술 평균하여 소수점 이하는 버린 값으로 기입합니다.

[섀시 2] 시험결과 기록표

자동차 번호 :

항목	① 측정(또는 점검)		② 판정 및 정비(또는 조치)사항		득점
	측정값	규정(정비한계)값	판정 (□에 'V'표)	정비 및 조치할 사항	
엔드플레이			□ 양호 □ 불량		

[섀시 4] 시험결과 기록표

자동차 번호 :

항목	① 측정(또는 점검)		② 판정 및 정비(또는 조치)사항		득점
	이상부위	내용 및 상태	판정 (□에 'V'표)	정비 및 조치할 사항	
자기진단			□ 양호 □ 불량		

[섀시 5] 시험결과 기록표

자동차 번호 :

<table>
<tr><th colspan="4">① 측정(또는 점검)</th><th colspan="3">② 판정</th><th rowspan="2">득점</th></tr>
<tr><th>항목</th><th>구분</th><th>측정값</th><th>기준값(%)
(□에 'V'표)</th><th colspan="2">산출근거</th><th>판정
(□에 'V'표)</th></tr>
<tr><td rowspan="2">제동력위치
(□에 'V'표)
□ 앞
□ 뒤</td><td>좌</td><td></td><td>□ 앞
    축중의
□ 뒤</td><td>편차</td><td></td><td rowspan="2">□ 양호
□ 불량</td><td></td></tr>
<tr><td>우</td><td></td><td>제동력
편차

제동력
합</td><td>합</td><td></td><td></td></tr>
</table>

※ 측정 위치는 감독위원이 지정하는 위치의 □ 에 ☑ 표시합니다.
※ 자동차검사기준 및 방법에 의하여 기록 · 판정합니다.
※ 측정값의 단위는 시험장비 기준으로 기록합니다.
※ 산출 근거에는 단위를 기록하지 않아도 됩니다.

[전기 2] 시험결과 기록표

자동차 번호 :

<table>
<tr><th rowspan="2">항목</th><th colspan="2">① 측정(또는 점검)</th><th colspan="2">② 판정 및 정비(또는 조치)사항</th><th rowspan="2">득점</th></tr>
<tr><th>측정값</th><th>규정(정비한계)값</th><th>판정
(□에 'V'표)</th><th>정비 및 조치할 사항</th></tr>
<tr><td>충전 전류</td><td></td><td></td><td rowspan="2">□ 양호
□ 불량</td><td rowspan="2"></td><td rowspan="2"></td></tr>
<tr><td>충전 전압</td><td></td><td></td></tr>
</table>

※ 측정조건은 감독위원이 제시합니다.

[전기 3] 시험결과 기록표

자동차 번호 :

항목	① 측정(또는 점검)		② 판정 및 정비(또는 조치)사항		득점
	이상부위	내용 및 상태	판정 (□에 'V'표)	정비 및 조치할 사항	
와이퍼 회로			□ 양호 □ 불량		

[전기 4] 시험결과 기록표

자동차 번호 :

구분	① 측정(또는 점검)			② 판정 (□에 'V'표)	득점
	측정 항목	측정값	기준값		
(□에 'V'표) 위치 : □ 좌 □ 우 등식 : □ 2등식 □ 4등식	광도		_____ 이상	□ 양호 □ 불량	

※ 측정 위치는 감독위원이 지정하는 위치의 □ 에 ☑ 표시합니다.
※ 자동차검사기준 및 방법에 의하여 기록 · 판정합니다.

4 국가기술자격검정 실기시험문제

자격종목	자동차정비기능사	과제명	자동차정비작업

※ 문제지는 시험종료 후 본인이 가져갈 수 있습니다.

비번호		시험일시		시험장명	

※ 시험시간 : 4시간 | 엔진 : 100분   섀시 : 80분   전기 : 60분

✅ 요구사항

가. 엔진

1) 주어진 DOHC 가솔린기관에서 캠축과 타이밍 벨트를 탈거 (감독위원에게 확인)하고, 감독위원의 지시에 따라 기록표의 내용대로 기록·판정한 후 다시 조립하시오.
2) 주어진 전자제어 가솔린 기관에서 감독위원의 지시에 따라 시동에 필요한 점화회로의 고장부분 1개소를 점검 및 수리하여 시동하시오.
3) 주어진 자동차에서 CRDI 기관의 연료압력 조절밸브를 탈거(감독위원에게 확인)한 후 다시 조립하고, 감독위원의 지시에 따라 진단기(스캐너)를 사용하여 기관의 각종 센서(액추에이터) 점검 후 고장부분을 기록하시오.
4) 주어진 자동차에서 기록표에 제시된 내용을 측정하고 기록·판정하시오.(CO, HC)

나. 섀시

1) 주어진 자동차에서 감독위원의 지시에 따라 (좌 또는 우측) 로워암(lower controlarm)을 탈거(감독위원에게 확인)한 후, 다시 조립하시오.
2) 주어진 자동차에서 감독위원의 지시에 따라 휠 얼라인먼트 시험기를 사용하여 캐스터각과 캠버각을 점검하여 기록·판정하시오.
3) 주어진 자동차에서 감독위원의 지시에 따라 제동장치의 (좌 또는 우측)브레이크 캘리퍼를 탈거(감독위원에게 확인)하고, 다시 조립하여 공기빼기 작업 후 브레이크의 작동상태를 확인하시오.
4) 주어진 자동차에서 감독위원의 지시에 따라 진단기(스캐너)로 전자제어 제동장치(ABS)를 점검하고, 기록·판정하시오.
5) 주어진 자동차에서 감독위원의 지시에 따라 좌 또는 우회전 시 최소회전 반경을 측정하여 기록·판정하시오.

다. 전기

1) 주어진 자동차에서 기동모터를 탈거(감독위원에게 확인)한 후, 다시 부착하고 크랭킹하여 기동모터가 작동되는지 확인하시오.
2) 주어진 자동차의 감독위원의 지시에 따라 메인 컨트롤 릴레이의 고장부분을 점검한 후 기록표에 기록·판정하시오.
3) 주어진 자동차에서 방향지시등 회로에 고장부분을 점검한 후 기록표에 기록·판정하시오.
4) 주어진 자동차에서 경음기 음량을 측정하여 기록표에 기록·판정하시오.

4 국가기술자격검정 실기시험문제 결과기록표

| 자격종목 | 자동차정비기능사 | 과제명 | 자동차정비작업 |

※ 기록표는 문항별로 구분, 절단하여 배부하고 각 문항별로 종료 시 회수한다.

[엔진 1] 시험결과 기록표

자동차 번호 :

항목	① 측정(또는 점검)		② 판정 및 정비(또는 조치)사항		득점
	측정값	규정(정비한계)값	판정 (□에 'V'표)	정비 및 조치할 사항	
캠 높이			□ 양호 □ 불량		

[엔진 3] 시험결과 기록표

자동차 번호 :

항목	① 측정(또는 점검)			② 고장 및 정비(또는 조치)사항		득점
	고장부위	측정값	규정값	고장내용	정비 및 조치할 사항	
센서 (액추에이터) 점검						

※ 측정조건은 감독위원이 제시합니다.

[엔진 4] 시험결과 기록표

자동차 번호 :

항목	① 측정(또는 점검)		판정 (□에 'V'표)	득점
	측정값	기준값		
CO			□ 양호 □ 불량	
HC				

※ 감독위원이 제시한 자동차등록증(또는 차대번호)을 활용하여 차종 및 연식을 적용합니다.
※ 자동차검사기준 및 방법에 의하여 기록 · 판정합니다.
※ CO는 소수점 둘째자리 이하는 버리고 0.1% 단위로 기록합니다.
※ HC는 소수점 첫째자리 이하는 버리고 1ppm 단위로 기록합니다.

[섀시 2] 시험결과 기록표

자동차 번호 :

항목	① 측정(또는 점검)		② 판정 및 정비(또는 조치)사항		득점
	측정값	규정(정비한계)값	판정 (□에 'V'표)	정비 및 조치할 사항	
캐스터각			□ 양호 □ 불량		
캠버각					

[섀시 4] 시험결과 기록표

자동차 번호 :

항목	① 측정(또는 점검)		② 판정 및 정비(또는 조치)사항		득점
	이상부위	내용 및 상태	판정 (□에 'V'표)	정비 및 조치할 사항	
ABS 자기진단			□ 양호 □ 불량		

[섀시 5] 시험결과 기록표

자동차 번호 :

항목	① 측정(또는 점검)				② 판정 및 정비(또는 조치)사항		득점
	최대 조향각 (□에 'V'표)		기준값 (최소 회전반경)	측정값 (최소 회전반경)	산출근거	판정 (□에 'V'표)	
	좌측 바퀴	우측 바퀴					
회전방향 (□에 'V'표) □ 좌 □ 우						□ 양호 □ 불량	

※ 회전방향은 감독위원이 지정하는 위치에 ☑ 표시합니다.
※ 최대 조향 시 각도 항목은 두 바퀴 모두 기록합니다.
※ 축거는 감독위원이 제시합니다.
※ 자동차검사기준 및 방법에 의하여 기록 · 판정합니다.
※ 산출근거에는 단위를 기록하지 않아도 됩니다.

[전기 2] 시험결과 기록표

자동차 번호 :

항목	① 측정(또는 점검)	② 판정 및 정비(또는 조치)사항		득점
		판정 (□에 'V'표)	정비 및 조치할 사항	
코일이 여자되었을 때	□ 양호, □ 불량	□ 양호 □ 불량		
코일이 여자되지 않았을 때	□ 양호, □ 불량			

[전기 3] 시험결과 기록표

자동차 번호 :

항목	① 측정(또는 점검)		② 판정 및 정비(또는 조치)사항		득점
	이상부위	내용 및 상태	판정 (□에 'V'표)	정비 및 조치할 사항	
방향지시등 회로			□ 양호 □ 불량		

[전기 4] 시험결과 기록표

자동차 번호 :

항목	① 측정(또는 점검)		② 판정 및 정비(또는 조치)사항		득점
	측정값	규정(정비한계)값	판정 (□에 'V'표)	정비 및 조치할 사항	
경음기 음량			□ 양호 □ 불량		

※ 감독위원이 제시한 자동차등록증(차대번호)을 활용하여 차종 및 연식을 적용합니다.
※ 자동차검사기준 및 방법에 의하여 기록·판정합니다.
※ 암소음은 무시합니다.

5 국가기술자격검정 실기시험문제

자격종목	자동차정비기능사	과제명	자동차정비작업

※ 문제지는 시험종료 후 본인이 가져갈 수 있습니다.

비번호		시험일시		시험장명	

※ 시험시간 : 4시간 | 엔진 : 100분   섀시 : 80분   전기 : 60분

☑ 요구사항

가. 엔진

1) 주어진 디젤 엔진에서 크랭크축을 탈거(감독위원에게 확인)하고, 감독위원의 지시에 따라 기록표의 내용대로 기록·판정한 후 다시 조립하시오.
2) 주어진 전자제어 가솔린 기관에서 감독위원의 지시에 따라 시동에 필요한 연료장치 회로의 고장부분 1개소를 점검 및 수리하여 시동하시오.
3) 주어진 자동차에서 전자제어 디젤(CRDI) 기관의 예열 플러그(예열장치) 1개를 탈거(감독위원에게 확인)한 후 다시 조립하고, 감독위원의 지시에 따라 진단기(스캐너)를 사용하여 기관의 각종 센서(액추에이터) 점검 후 고장부분을 기록하시오.
4) 주어진 자동차에서 기록표에 제시된 내용을 측정하고 기록·판정하시오.(매연측정)

나. 섀시

1) 주어진 자동차에서 감독위원의 지시에 따라 (좌 또는 우측) 앞 등속축(drive shaft)을 탈거(감독위원에게 확인)한 후 , 다시 조립하시오.
2) 주어진 자동차에서 감독위원의 지시에 따라 1개의 휠을 탈거하여 휠 밸런스 상태를 점검하여 기록·판정하시오.
3) 주어진 자동차에서 감독위원의 지시에 따라 타이 로드 엔드를 탈거(감독위원에게 확인)하고, 다시 조립하여 조향휠의 직직 상태를 확인하시오.
4) 주어진 자동차에서 감독위원의 지시에 따라 진단기(스캐너)로 자동변속기를 점검하고, 기록·판정하시오.
5) 주어진 자동차에서 감독위원의 지시에 따라 제동력을 측정하여 기록·판정하시오.

다. 전기

1) 주어진 자동차에서 에어컨 시스템의 에어컨 냉매(R-134a)를 회수(감독위원에게 확인) 후, 재충전하여 에어컨이 정상 작동되는지 확인하시오.
2) 주어진 자동차에서 ISC 밸브 듀티 값을 측정하여 ISC 밸브의 이상 유무를 확인하여 기록표에 기록·판정 하시오.(측정조건 : 무부하 공회전 시)
3) 주어진 자동차에서 경음기 회로에 고장부분을 점검한 후 기록표에 기록·판정하시오.
4) 주어진 자동차에서 좌 또는 우측의 전조등을 측정하고 기록표에 기록·판정하시오.

5 국가기술자격검정 실기시험문제 결과기록표

| 자격종목 | 자동차정비기능사 | 과제명 | 자동차정비작업 |

※ 기록표는 문항별로 구분, 절단하여 배부하고 각 문항별로 종료 시 회수한다.

[엔진 1] 시험결과 기록표

자동차 번호 :

항목	① 측정(또는 점검)		② 판정 및 정비(또는 조치)사항		득점
	측정값	규정(정비한계)값	판정 (□에 'V'표)	정비 및 조치할 사항	
크랭크축 휨			□ 양호 □ 불량		

[엔진 3] 시험결과 기록표

자동차 번호 :

항목	① 측정(또는 점검)			② 고장 및 정비(또는 조치)사항		득점
	고장부위	측정값	규정값	고장내용	정비 및 조치할 사항	
센서 (액추에이터) 점검						

※ 측정조건은 감독위원이 제시합니다.

[엔진 4] 시험결과 기록표

자동차 번호 :

① 측정(또는 점검)					② 판정		득점
차종	연식	기준값	측정값	측정	산출근거 (계산) 기록	판정 (□에 'V'표)	
						□ 양호 □ 불량	

※ 감독위원이 제시한 자동차등록증(또는 차대번호)을 활용하여 차종 및 연식을 적용합니다.
※ 자동차검사기준 및 방법에 의하여 기록·판정합니다.
※ 측정 및 판정은 무부하 조건으로 합니다.
※ 측정 및 산출근거란은 소수점 값을 기입합니다.
※ 측정값란은 매연 농도를 산술 평균하여 소수점 이하는 버린 값으로 기입합니다.

[섀시 2] 시험결과 기록표

자동차 번호 :

항목	① 측정(또는 점검)		② 판정 및 정비(또는 조치)사항		득점
	측정값	규정(정비한계)값	판정 (□에 'V'표)	정비 및 조치할 사항	
휠 밸런스	IN : OUT :	IN : OUT :	□ 양호 □ 불량		

[섀시 4] 시험결과 기록표

자동차 번호 :

항목	① 측정(또는 점검)		② 판정 및 정비(또는 조치)사항		득점
	이상부위	내용 및 상태	판정 (□에 'V'표)	정비 및 조치할 사항	
변속기 자기진단			□ 양호 □ 불량		

[섀시 5] 시험결과 기록표

자동차 번호 :

항목	① 측정(또는 점검)				② 판정			득점
	구분	측정값	기준값(%) (□에 'V'표)		산출근거		판정 (□에 'V'표)	
제동력위치 (□에 'V'표) □ 앞 □ 뒤	좌		□ 앞 □ 뒤	축중의	편차		□ 양호 □ 불량	
	우		제동력 편차		합			
			제동력 합					

※ 측정 위치는 감독위원이 지정하는 위치의 □에 ☑ 표시합니다.
※ 자동차검사기준 및 방법에 의하여 기록·판정합니다.
※ 측정값의 단위는 시험장비 기준으로 기록합니다.
※ 산출 근거에는 단위를 기록하지 않아도 됩니다.

[전기 2] 시험결과 기록표

자동차 번호 :

항목	① 측정(또는 점검)		② 판정 및 정비(또는 조치)사항		득점
	측정값	규정(정비한계)값	판정 (□에 'V'표)	정비 및 조치할 사항	
밸브 듀티 (열림코일)			□ 양호 □ 불량		

[전기 3] 시험결과 기록표

자동차 번호 :

항목	① 측정(또는 점검)		② 판정 및 정비(또는 조치)사항		득점
	이상부위	내용 및 상태	판정 (□에 'V'표)	정비 및 조치할 사항	
경음기 (혼) 회로			□ 양호 □ 불량		

[전기 4] 시험결과 기록표

자동차 번호 :

① 측정(또는 점검)				② 판정 (□에 'V'표)	득점
구분	측정 항목	측정값	기준값		
(□에 'V'표) 위치 : □ 좌 □ 우 등식 : □ 2등식 □ 4등식	광도		_____ 이상	□ 양호 □ 불량	

※ 측정 위치는 감독위원이 지정하는 위치의 □ 에 ☑ 표시합니다.
※ 자동차검사기준 및 방법에 의하여 기록 · 판정합니다.

6 국가기술자격검정 실기시험문제

| 자격종목 | 자동차정비기능사 | 과제명 | 자동차정비작업 |

※ 문제지는 시험종료 후 본인이 가져갈 수 있습니다.

| 비번호 | | 시험일시 | | 시험장명 | |

※ 시험시간: 4시간 | 엔진: 100분   섀시: 80분   전기: 60분

☑ 요구사항

가. 엔진

1) 주어진 가솔린 기관에서 크랭크축을 탈거(감독위원에게 확인)하고, 감독위원의 지시에 따라 기록표의 내용대로 기록·판정한 후 다시 조립하시오.
2) 주어진 전자제어 가솔린 기관에서 감독위원의 지시에 따라 시동에 필요한 크랭킹 회로의 고장부분 1개소를 점검 및 수리하여 시동하시오.
3) 주어진 자동차에서 기관의 스로틀 보디를 탈거(감독위원에게 확인)한 후 다시 조립하고, 감독위원의 지시에 따라 진단기(스캐너)를 사용하여 기관의 각종 센서(액추에이터) 점검 후 고장부분을 기록·판정하시오.
4) 주어진 자동차에서 기록표에 제시된 내용을 측정하고 기록·판정하시오.(CO, HC)

나. 섀시

1) 주어진 자동차에서 감독위원의 지시에 따라 앞 또는 뒤 범퍼를 탈거(감독위원에게 확인)한 후, 다시 조립하시오.
2) 주어진 자동차에서 감독위원의 지시에 따라 주차 브레이크 레버의 클릭수(노치)를 점검하여 기록·판정하시오.
3) 주어진 자동차에서 감독위원의 지시에 따라 파워 스티어링의 오일펌프를 탈거(감독위원에게 확인) 하고, 다시 조립하여 오일량 점검 및 공기빼기 작업 후 스티어링의 작동 상태를 확인하시오.
4) 주어진 자동차에서 감독위원의 지시에 따라 진단기(스캐너)로 자동변속기를 점검하고, 기록·판정하시오.
5) 주어진 자동차에서 감독위원의 지시에 따라 좌 또는 우회전 시 최소회전 반경을 측정하시오.

다. 전기

1) 자동차에서 다기능 스위치(콤비네이션 S/W)를 탈거(감독위원에게 확인)한 후, 다시 부착하여 다기능 스위치가 작동되는지 확인하시오.
2) 주어진 자동차에서 감독위원의 지시에 따라 축전지의 비중 및 전압을 축전지 용량 시험기를 작동하면서 측정하고, 기록표에 기록·판정하시오.
3) 주어진 자동차에서 기동 및 점화회로에 고장부분을 점검한 후 기록표에 기록·판정하시오.
4) 주어진 자동차에서 경음기 음량을 측정하여 기록표에 기록·판정하시오.

국가기술자격검정 실기시험문제 결과기록표

| 자격종목 | 자동차정비기능사 | 과제명 | 자동차정비작업 |

※ 기록표는 문항별로 구분, 절단하여 배부하고 각 문항별로 종료 시 회수한다.

[엔진 1] 시험결과 기록표

자동차 번호 :

항목	① 측정(또는 점검)		② 판정 및 정비(또는 조치)사항		득점
	측정값	규정(정비한계)값	판정 (□에 'V'표)	정비 및 조치할 사항	
(1)번 저널 크랭크축 외경			□ 양호 □ 불량		

[엔진 3] 시험결과 기록표

자동차 번호 :

항목	① 측정(또는 점검)			② 고장 및 정비(또는 조치)사항		득점
	고장부위	측정값	규정값	고장내용	정비 및 조치할 사항	
센서 (액추에이터) 점검						

※ 측정조건은 감독위원이 제시합니다.

[엔진 4] 시험결과 기록표

자동차 번호 :

항목	① 측정(또는 점검)		판정 (□에 'V'표)	득점
	측정값	기준값		
CO			□ 양호 □ 불량	
HC				

※ 감독위원이 제시한 자동차등록증(또는 차대번호)을 활용하여 차종 및 연식을 적용합니다.
※ 자동차검사기준 및 방법에 의하여 기록 · 판정합니다.
※ CO는 소수점 둘째자리 이하는 버리고 0.1% 단위로 기록합니다.
※ HC는 소수점 첫째자리 이하는 버리고 1ppm 단위로 기록합니다.

[섀시 2] 시험결과 기록표

자동차 번호 :

항목	① 측정(또는 점검)		② 판정 및 정비(또는 조치)사항		득점
	측정값 (클릭)	규정(정비한계)값 (클릭)	판정 (□에 'V'표)	정비 및 조치할 사항	
주차레버 클릭수(노치)			□ 양호 □ 불량		

[섀시 4] 시험결과 기록표

자동차 번호 :

항목	① 측정(또는 점검)		② 판정 및 정비(또는 조치)사항		득점
	이상부위	내용 및 상태	판정 (□에 'V'표)	정비 및 조치할 사항	
변속기 자기진단			□ 양호 □ 불량		

[섀시 5] 시험결과 기록표

자동차 번호 :

항목	① 측정(또는 점검)				② 판정 및 정비(또는 조치)사항		득점
	최대 조향각 (□에 'V'표)		기준값 (최소 회전반경)	측정값 (최소 회전반경)	산출근거	판정 (□에 'V'표)	
	좌측 바퀴	우측 바퀴					
회전방향 (□에'V'표) □ 좌 □ 우						□ 양호 □ 불량	

※ 회전방향은 감독위원이 지정하는 위치에 ☑ 표시합니다.
※ 최대 조향 시 각도 항목은 두 바퀴 모두 기록합니다.
※ 축거는 감독위원이 제시합니다.
※ 자동차검사기준 및 방법에 의하여 기록·판정합니다.
※ 산출근거에는 단위를 기록하지 않아도 됩니다.

[전기 2] 시험결과 기록표

자동차 번호 :

항목	① 측정(또는 점검)		② 판정 및 정비(또는 조치)사항		득점
	측정값	규정(정비한계)값	판정 (□에 'V'표)	정비 및 조치할 사항	
축전지 전해액 비중			□ 양호 □ 불량		
축전지 전압					

[전기 3] 시험결과 기록표

자동차 번호 :

항목	① 측정(또는 점검)		② 판정 및 정비(또는 조치)사항		득점
	이상부위	내용 및 상태	판정 (□에 'V'표)	정비 및 조치할 사항	
기동 및 점화회로			□ 양호 □ 불량		

[전기 4] 시험결과 기록표

자동차 번호 :

항목	① 측정(또는 점검)		② 판정 및 정비(또는 조치)사항		득점
	측정값	규정(정비한계)값	판정 (□에 'V'표)	정비 및 조치할 사항	
경음기 음량			□ 양호 □ 불량		

※ 감독위원이 제시한 자동차등록증(차대번호)을 활용하여 차종 및 연식을 적용합니다.
※ 자동차검사기준 및 방법에 의하여 기록·판정합니다.
※ 암소음은 무시합니다.

7 국가기술자격검정 실기시험문제

자격종목	자동차정비기능사	과제명	자동차정비작업

※ 문제지는 시험종료 후 본인이 가져갈 수 있습니다.

비번호		시험일시		시험장명	

※ 시험시간 : 4시간 | 엔진 : 100분   섀시 : 80분   전기 : 60분

✅ 요구사항

가. 엔진

1) 주어진 DOHC 가솔린 기관에서 실린더헤드를 탈거(감독위원에게 확인)하고, 감독위원의 지시에 따라 기록표의 내용대로 기록·판정한 후 다시 조립하시오.
2) 주어진 전자제어 가솔린 기관에서 감독위원의 지시에 따라 시동에 필요한 점화회로의 고장부분 1개소를 점검 및 수리하여 시동하시오.
3) 주어진 자동차에서 LPG 기관의 점화 플러그와 배선을 탈거(감독위원에게 확인)한 후 다시 조립하고, 감독위원의 지시에 따라 진단기(스캐너)를 사용하여 기관의 각종 센서(액추에이터)점검 후 고장부분을 기록·판정하시오.
4) 주어진 자동차에서 기록표에 제시된 내용을 측정하고 기록·판정하시오.(매연 측정)

나. 섀시

1) 주어진 수동변속기에서 감독위원의 지시에 따라 후진 아이들 기어를 탈거(감독위원에게 확인)한 후, 다시 조립하시오.
2) 주어진 자동차(ABS 장착차량)에서 감독위원의 지시에 따라 한쪽 브레이크 디스크의 두께 및 흔들림(런아웃)을 점검하여 기록·판정하시오.
3) 주어진 자동차에서 감독위원의 지시에 따라 (좌 또는 우측)타이 로드 엔드를 탈거(감독위원에게 확인)하고, 다시 조립하여 조향 휠의 직진상태를 확인하시오.
4) 주어진 자동차에서 감독위원의 지시에 따라 자동변속기의 오일압력을 점검하고, 기록·판정하시오.
5) 주어진 자동차에서 감독위원의 지시에 따라 제동력을 측정하여 기록·판정하시오.

다. 전기

1) 주어진 자동차에서 경음기와 릴레이를 탈거(감독위원에게 확인)한 후, 다시 부착하여 작동을 확인하시오.
2) 주어진 자동차의 에어컨 시스템에서 감독위원의 지시에 따라 에어컨 라인의 압력을 점검하여 에어컨 작동상태의 이상 유무를 확인하여 기록표에 기록·판정하시오.
3) 주어진 자동차에서 라디에이터 전동팬 회로에 고장부분을 점검한 후 기록표에 기록 판정하시오.
4) 주어진 자동차에서 좌 또는 우측의 전조등을 측정하여 기록표에 기록·판정하시오.

국가기술자격검정 실기시험문제 결과기록표

| 자격종목 | 자동차정비기능사 | 과제명 | 자동차정비작업 |

※ 기록표는 문항별로 구분, 절단하여 배부하고 각 문항별로 종료 시 회수한다.

[엔진 1] 시험결과 기록표

자동차 번호 :

항목	① 측정(또는 점검)		② 판정 및 정비(또는 조치)사항		득점
	측정값	규정(정비한계)값	판정 (□에 'V'표)	정비 및 조치할 사항	
헤드 변형도			□ 양호 □ 불량		

[엔진 3] 시험결과 기록표

자동차 번호 :

항목	① 측정(또는 점검)			② 고장 및 정비(또는 조치)사항		득점
	고장부위	측정값	규정값	고장내용	정비 및 조치할 사항	
센서 (액추에이터) 점검						

※ 측정조건은 감독위원이 제시합니다.

[엔진 4] 시험결과 기록표

자동차 번호 :

① 측정(또는 점검)					② 판정		득점
차종	연식	기준값	측정값	측정	산출근거 (계산) 기록	판정 (□에 'V'표)	
						□ 양호 □ 불량	

※ 감독위원이 제시한 자동차등록증(또는 차대번호)을 활용하여 차종 및 연식을 적용합니다.
※ 자동차검사기준 및 방법에 의하여 기록·판정합니다.
※ 측정 및 판정은 무부하 조건으로 합니다.
※ 측정 및 산출근거란은 소수점 값을 기입합니다.
※ 측정값란은 매연 농도를 산술 평균하여 소수점 이하는 버린 값으로 기입합니다.

[섀시 2] 시험결과 기록표

자동차 번호 :

항목	① 측정(또는 점검)		② 판정 및 정비(또는 조치)사항		득점
	측정값	규정(정비한계)값	판정 (□에 'V'표)	정비 및 조치할 사항	
디스크 두께			□ 양호 □ 불량		
흔들림 (런 아웃)					

[섀시 4] 시험결과 기록표

자동차 번호 :

항목	① 측정(또는 점검)		② 판정 및 정비(또는 조치)사항		득점
	측정값	규정(정비한계)값	판정 (□에 'V'표)	정비 및 조치할 사항	
( )의 오일 압력			□ 양호 □ 불량		

※ 감독위원의 지시에 따라 공전 시 한 곳의 오일압력을 측정합니다.

[섀시 5] 시험결과 기록표

자동차 번호 :

항목	① 측정(또는 점검)				② 판정		득점
	구분	측정값	기준값(%) (□에 'V'표)		산출근거	판정 (□에 'V'표)	
제동력위치 (□에 'V'표) □ 앞 □ 뒤	좌		□ 앞 □ 뒤	축중의	편차	□ 양호 □ 불량	
	우		제동력 편차		합		
			제동력 합				

※ 측정 위치는 감독위원이 지정하는 위치의 □ 에 ☑ 표시합니다.
※ 자동차검사기준 및 방법에 의하여 기록 · 판정합니다.
※ 측정값의 단위는 시험장비 기준으로 기록합니다.
※ 산출 근거에는 단위를 기록하지 않아도 됩니다.

[전기 2] 시험결과 기록표

자동차 번호 :

항목	① 측정(또는 점검)		② 판정 및 정비(또는 조치)사항		득점
	측정값	규정(정비한계)값	판정 (□에 'V'표)	정비 및 조치할 사항	
저압			□ 양호 □ 불량		
고압					

[전기 3] 시험결과 기록표

자동차 번호 :

항목	① 측정(또는 점검)		② 판정 및 정비(또는 조치)사항		득점
	이상부위	내용 및 상태	판정 (□에 'V'표)	정비 및 조치할 사항	
전동팬 회로			□ 양호 □ 불량		

[전기 4] 시험결과 기록표

자동차 번호 :

구분	① 측정(또는 점검)			② 판정 (□에 'V'표)	득점
	측정 항목	측정값	기준값		
(□에 'V'표) 위치 : □ 좌 □ 우 등식 : □ 2등식 □ 4등식	광도		_____ 이상	□ 양호 □ 불량	

※ 측정 위치는 감독위원이 지정하는 위치의 □ 에 ☑ 표시합니다.
※ 자동차검사기준 및 방법에 의하여 기록·판정합니다.

8 국가기술자격검정 실기시험문제

자격종목	자동차정비기능사	과제명	자동차정비작업

※ 문제지는 시험종료 후 본인이 가져갈 수 있습니다.

비번호		시험일시		시험장명	

※ 시험시간 : 4시간 | 엔진 : 100분   섀시 : 80분   전기 : 60분

☑ 요구사항

가. 엔진

1) 주어진 가솔린 기관에서 에어크리너(어셈블리)와 점화플러그를 모두 탈거(감독위원에게 확인)하고, 감독위원의 지시에 따라 기록표의 내용대로 기록·판정한 후 다시 조립하시오.
2) 주어진 전자제어 가솔린 기관에서 감독위원의 지시에 따라 시동에 필요한 연료장치 회로의 이상개소를 점검 및 수리하여 시동하시오.
3) 주어진 자동차에서 LPG 기관의 점화코일을 탈거(감독위원에게 확인)한 후 다시 조립하고, 감독위원의 지시에 따라 진단기(스캐너)를 사용하여 기관의 각종 센서(액추에이터) 점검 후 고장부분을 기록하시오.
4) 주어진 가솔린 자동차에서 감독위원 지시에 따라 배기가스를 측정하여 기록·판정하시오.

나. 섀시

1) 주어진 후륜 구동(FR형식)자동차에서 감독위원의 지시에 따라 액슬 축을 탈거(감독위원에게 확인)한 후 , 다시 조립하시오.
2) 주어진 자동차에서 감독위원의 지시에 따라 자동변속기의 오일량을 점검하여 기록·판정하시오.
3) 주어진 자동차에서 감독위원의 지시에 따라 브레이크 캘리퍼를 탈거(감독위원에게 확인)하고, 다시 조립하여 공기빼기 작업 후 브레이크의 작동상태를 확인하시오.
4) 주어진 자동차에서 감독위원의 지시에 따라 인히비터 스위치와 변속 선택 레버 위치를 점검하고, 기록·판정하시오.
5) 주어진 자동차에서 감독위원의 지시에 따라 좌 또는 우회전 시 최소회전 반경을 측정하여 기록·판정하시오.

다. 전기

1) 주어진 자동차에서 감독위원의 지시에 따라 윈도우 레귤레이터(또는 파워윈도우 모터)를 탈거(감독위원에게 확인)한 후, 다시 부착하여 윈도우 모터가 원활하게 작동되는지 확인하시오.
2) 주어진 자동차에서 축전지를 감독위원의 지시에 따라 급속 충전한 후 충전된 축전지의 비중과 전압을 측정하여 기록표에 기록·판정 하시오.
3) 주어진 자동차에서 충전회로에 고장부분을 점검한 후 기록표에 기록·판정하시오.
4) 주어진 자동차에서 경음기 음량을 측정하여 기록표에 기록·판정 하시오.

국가기술자격검정 실기시험문제 결과기록표

| 자격종목 | 자동차정비기능사 | 과제명 | 자동차정비작업 |

※ 기록표는 문항별로 구분, 절단하여 배부하고 각 문항별로 종료 시 회수한다.

[엔진 1] 시험결과 기록표

자동차 번호 :

항목	① 측정(또는 점검)		② 판정 및 정비(또는 조치)사항		득점
	측정값	규정(정비한계)값	판정 (□에 'V'표)	정비 및 조치할 사항	
( )번 실린더 압축압력			□ 양호 □ 불량		

※ 단위가 누락되거나 틀린 경우는 오답으로 채점합니다.

[엔진 3] 시험결과 기록표

자동차 번호 :

항목	① 측정(또는 점검)			② 고장 및 정비(또는 조치)사항		득점
	고장부위	측정값	규정값	고장내용	정비 및 조치할 사항	
센서 (액추에이터) 점검						

※ 측정조건은 감독위원이 제시합니다.

[엔진 4] 시험결과 기록표

자동차 번호 :

항목	① 측정(또는 점검)		판정 (□에 'V'표)	득점
	측정값	기준값		
CO			□ 양호 □ 불량	
HC				

※ 감독위원이 제시한 자동차등록증(또는 차대번호)을 활용하여 차종 및 연식을 적용합니다.
※ 자동차검사기준 및 방법에 의하여 기록·판정합니다.
※ CO는 소수점 둘째자리 이하는 버리고 0.1% 단위로 기록합니다.
※ HC는 소수점 첫째자리 이하는 버리고 1ppm 단위로 기록합니다.

[섀시 2] 시험결과 기록표

자동차 번호 :

항목	① 측정(또는 점검)	② 판정 및 정비(또는 조치)사항		득점
		판정 (□에 'V'표)	정비 및 조치할 사항	
오일량	COLD ||| HOT 오일레벨을 게이지에 표시하시오.	□ 양호 □ 불량		

[섀시 4] 시험결과 기록표

자동차 번호 :

항목	① 측정(또는 점검)		② 판정 및 정비(또는 조치)사항		득점
	점검위치	내용 및 상태	판정 (□에 'V'표)	정비 및 조치할 사항	
인히비터 스위치			□ 양호 □ 불량		
변속 선택 레버					

[섀시 5] 시험결과 기록표

자동차 번호 :

항목	① 측정(또는 점검)				② 판정 및 정비(또는 조치)사항		득점
	최대 조향각 (□에 'V'표)		기준값 (최소 회전반경)	측정값 (최소 회전반경)	산출근거	판정 (□에 'V'표)	
	좌측 바퀴	우측 바퀴					
회전방향 (□에'V'표) □ 좌 □ 우						□ 양호 □ 불량	

※ 회전방향은 감독위원이 지정하는 위치에 ☑ 표시합니다.
※ 최대 조향 시 각도 항목은 두 바퀴 모두 기록합니다.
※ 축거는 감독위원이 제시합니다.
※ 자동차검사기준 및 방법에 의하여 기록·판정합니다.
※ 산출근거에는 단위를 기록하지 않아도 됩니다.

[전기 2] 시험결과 기록표

자동차 번호 :

항목	① 측정(또는 점검)		② 판정 및 정비(또는 조치)사항		득점
	측정값	규정(정비한계)값	판정 (□에 'V'표)	정비 및 조치할 사항	
축전지 전해액 비중			□ 양호 □ 불량		
축전지 전압					

※ 단위가 누락되거나 틀린 경우는 오답으로 채점합니다.

[전기 3] 시험결과 기록표

자동차 번호 :

항목	① 측정(또는 점검)		② 판정 및 정비(또는 조치)사항		득점
	이상부위	내용 및 상태	판정 (□에 'V'표)	정비 및 조치할 사항	
충전회로			□ 양호 □ 불량		

[전기 4] 시험결과 기록표

자동차 번호 :

항목	① 측정(또는 점검)		② 판정 및 정비(또는 조치)사항		득점
	측정값	규정(정비한계)값	판정 (□에 'V'표)	정비 및 조치할 사항	
경음기 음량			□ 양호 □ 불량		

※ 감독위원이 제시한 자동차등록증(차대번호)을 활용하여 차종 및 연식을 적용합니다.
※ 자동차검사기준 및 방법에 의하여 기록·판정합니다.
※ 암소음은 무시합니다.

9 국가기술자격검정 실기시험문제

자격종목	자동차정비기능사	과제명	자동차정비작업

※ 문제지는 시험종료 후 본인이 가져갈 수 있습니다.

비번호		시험일시		시험장명	

※ 시험시간 : 4시간 | 엔진 : 100분   섀시 : 80분   전기 : 60분

✅ 요구사항

가. 엔진

1) 주어진 가솔린 기관에서 크랭크축을 탈거(감독위원에게 확인) 하고, 감독위원의 지시에 따라 기록표의 내용대로 기록·판정한 후 다시 조립하시오.
2) 주어진 전자제어 가솔린 기관에서 감독위원의 지시에 따라 시동에 필요한 크랭킹회로의 이상개소를 점검 및 수리하여 시동하시오.
3) 주어진 자동차에서 LPG 기관의 맵센서(공기유량센서)를 탈거(감독위원에게 확인)한 후 다시 조립하고, 감독위원의 지시에 따라 진단기(스캐너)를 사용하여 기관의 각종 센서(액추에이터) 점검 후 고장부분을 기록·판정하시오.
4) 주어진 자동차에서 기록표에 제시된 내용을 측정하고 기록·판정하시오.(매연측정)

나. 섀시

1) 주어진 자동차에서 감독위원의 지시에 따라 뒤 쇽업소버(shock absorber) 및 현가스프링 1개를 탈거(감독위원에게 확인)한 후, 다시 조립하시오.
2) 주어진 자동차에서 감독위원의 지시에 따라 종감속 기어의 백래시를 점검하여 기록·판정하시오.
3) 주어진 자동차에서 감독위원의 지시에 따라 브레이크 휠 실린더를 탈거(감독위원에게 확인)하고, 다시 조립하여 공기빼기 작업 후 브레이크의 작동상태를 확인하시오.
4) 주어진 자동차에서 감독위원의 지시에 따라 진단기(스캐너)로 ABS 장치를 점검하고, 기록·판정하시오.
5) 주어진 자동차에서 감독위원의 지시에 따라 제동력을 측정하여 기록·판정하시오.

다. 전기

1) 주어진 자동차에서 감독위원의 지시에 따라 전조등(헤드 라이트)를 탈거(감독위원에게 확인)한 후, 다시 부착하여 전조등을 켜서 조사방향(육안검사) 및 작동여부를 확인한 후 필요하면 조정하시오.
2) 주어진 자동차의 발전기에서 충전되는 전류와 전압을 점검하여 확인사항을 기록표에 기록·판정하시오.
3) 주어진 자동차에서 에어컨 회로에 고장부분을 점검한 후 기록표에 기록·판정하시오.
4) 주어진 자동차에서 경음기 음량을 측정하여 기록표에 기록·판정 하시오.

9 국가기술자격검정 실기시험문제 결과기록표

자격종목	자동차정비기능사	과제명	자동차정비작업

※ 기록표는 문항별로 구분, 절단하여 배부하고 각 문항별로 종료 시 회수한다.

[엔진 1] 시험결과 기록표

자동차 번호 :

항목	① 측정(또는 점검)		② 판정 및 정비(또는 조치)사항		득점
	측정값	규정(정비한계)값	판정 (□에 'V'표)	정비 및 조치할 사항	
크랭크축 축방향 유격			□ 양호 □ 불량		

[엔진 3] 시험결과 기록표

자동차 번호 :

항목	① 측정(또는 점검)			② 고장 및 정비(또는 조치)사항		득점
	고장부위	측정값	규정값	고장내용	정비 및 조치할 사항	
센서 (액추에이터) 점검						

※ 측정조건은 감독위원이 제시합니다.

[엔진 4] 시험결과 기록표

자동차 번호 :

① 측정(또는 점검)					② 판정		득점
차종	연식	기준값	측정값	측정	산출근거 (계산) 기록	판정 (□에 'V'표)	
						□ 양호 □ 불량	

※ 감독위원이 제시한 자동차등록증(또는 차대번호)을 활용하여 차종 및 연식을 적용합니다.
※ 자동차검사기준 및 방법에 의하여 기록·판정합니다.
※ 측정 및 판정은 무부하 조건으로 합니다.
※ 측정 및 산출근거란은 소수점 값을 기입합니다.
※ 측정값란은 매연 농도를 산술 평균하여 소수점 이하는 버린 값으로 기입합니다.

[섀시 2] 시험결과 기록표

자동차 번호 :

항목	① 측정(또는 점검)		② 판정 및 정비(또는 조치)사항		득점
	측정값	규정(정비한계)값	판정 (□에 'V'표)	정비 및 조치할 사항	
종감속 기어 백래시			□ 양호 □ 불량		

[섀시 4] 시험결과 기록표

자동차 번호 :

항목	① 측정(또는 점검)		② 판정 및 정비(또는 조치)사항		득점
	이상부위	내용 및 상태	판정 (□에 'V'표)	정비 및 조치할 사항	
ABS 자기진단			□ 양호 □ 불량		

[섀시 5] 시험결과 기록표

자동차 번호 :

| 항목 | 구분 | ① 측정(또는 점검) | | ② 판정 | | 득점 |
		측정값	기준값(%) (□에 'V'표)	산출근거	판정 (□에 'V'표)	
제동력위치 (□에 'V'표) □ 앞 □ 뒤	좌		□ 앞 　　축중의 □ 뒤	편차	□ 양호 □ 불량	
	우		제동력 편차	합		
			제동력 합			

※ 측정 위치는 감독위원이 지정하는 위치의 □ 에 ☑ 표시합니다.
※ 자동차검사기준 및 방법에 의하여 기록·판정합니다.
※ 측정값의 단위는 시험장비 기준으로 기록합니다.
※ 산출 근거에는 단위를 기록하지 않아도 됩니다.

[전기 2] 시험결과 기록표

자동차 번호 :

| 항목 | ① 측정(또는 점검) | | ② 판정 및 정비(또는 조치)사항 | | 득점 |
	측정값	규정(정비한계)값	판정 (□에 'V'표)	정비 및 조치할 사항	
충전 전류			□ 양호 □ 불량		
충전 전압					

※ 측정조건은 감독위원이 제시합니다.

[전기 3] 시험결과 기록표

자동차 번호 :

항목	① 측정(또는 점검)		② 판정 및 정비(또는 조치)사항		득점
	이상부위	내용 및 상태	판정 (□에 'V'표)	정비 및 조치할 사항	
에어컨 회로			□ 양호 □ 불량		

[전기 4] 시험결과 기록표

자동차 번호 :

항목	① 측정(또는 점검)		② 판정 및 정비(또는 조치)사항		득점
	측정값	규정(정비한계)값	판정 (□에 'V'표)	정비 및 조치할 사항	
경음기 음량			□ 양호 □ 불량		

※ 감독위원이 제시한 자동차등록증(차대번호)을 활용하여 차종 및 연식을 적용합니다.
※ 자동차검사기준 및 방법에 의하여 기록·판정합니다.
※ 암소음은 무시합니다.

10 국가기술자격검정 실기시험문제

자격종목	자동차정비기능사	과제명	자동차정비작업

※ 문제지는 시험종료 후 본인이 가져갈 수 있습니다.

비번호		시험일시		시험장명	

※ 시험시간 : 4시간 | 엔진 : 100분   섀시 : 80분   전기 : 60분

✅ 요구사항

가. 엔진

1) 주어진 가솔린 기관에서 크랭크축과 메인 베어링을 탈거(감독위원에게 확인)하고, 감독위원의 지시에 따라 기록표의 내용대로 기록·판정한 후 다시 조립하시오.
2) 주어진 전자제어 가솔린 기관에서 감독위원의 지시에 따라 시동에 필요한 점화장치 회로의 이상개소를 점검 및 수리하여 시동하시오.
3) 주어진 자동차에서 가솔린 기관의 연료펌프를 탈거(감독위원에게 확인)한 후 다시 조립하고, 감독위원의 지시에 따라 진단기(스캐너)를 사용하여 기관의 각종 센서(액추에이터) 점검 후 고장부분을 기록·판정하시오.
4) 주어진 자동차에서 기록표에 제시된 내용을 측정하고 기록 판정하시오.(CO, HC측정)

나. 섀시

1) 주어진 자동변속기에서 감독위원의 지시에 따라 오일 필터 및 유온센서를 탈거(감독위원에게 확인) 한 후, 다시 조립하시오.
2) 주어진 자동차에서 감독위원의 지시에 따라 브레이크 페달의 작동상태를 점검하여 기록·판정하시오.
3) 주어진 자동차에서 감독위원의 지시에 따라 파워 스티어링 오일펌프를 탈거(감독위원에게 확인)하고, 다시 조립하여 오일량 점검 및 공기빼기 작업 후 스티어링의 작동상태를 확인하시오.
4) 주어진 자동차에서 감독위원의 지시에 따라 진단기(스캐너)로 전자제어 현가장치(ECS)를 점검하고, 기록·판정하시오.
5) 주어진 자동차에서 감독위원의 지시에 따라 좌 또는 우회전 시 최소회전 반경을 측정하여 기록·판정하시오.

다. 전기

1) 주어진 자동차에서 에어컨 필터(실내 필터)를 탈거(감독위원에게 확인)한 후, 다시 부착하여 블로워 작동상태를 확인하시오.
2) 주어진 자동차에서 기관의 인젝터 코일 저항(1개)을 점검하여 솔레노이드 밸브의 이상유무를 확인한 후 기록표에 기록·판정하시오.
3) 주어진 자동차에서 점화회로에 고장부분을 점검한 후 기록표에 기록·판정하시오.
4) 주어진 자동차에서 좌 또는 우측의 전조등을 측정하고 기록표에 기록·판정 하시오.

10 국가기술자격검정 실기시험문제 결과기록표

자격종목	자동차정비기능사	과제명	자동차정비작업

※ 기록표는 문항별로 구분, 절단하여 배부하고 각 문항별로 종료 시 회수한다.

[엔진 1] 시험결과 기록표

자동차 번호 :

항목	① 측정(또는 점검)		② 판정 및 정비(또는 조치)사항		득점
	측정값	규정(정비한계)값	판정 (□에 'V'표)	정비 및 조치할 사항	
크랭크축 오일간극			□ 양호 □ 불량		

※ 감독위원이 지정하는 부위를 측정하시오.

[엔진 3] 시험결과 기록표

자동차 번호 :

항목	① 측정(또는 점검)			② 고장 및 정비(또는 조치)사항		득점
	고장부위	측정값	규정값	고장내용	정비 및 조치할 사항	
센서 (액추에이터) 점검						

※ 측정조건은 감독위원이 제시합니다.

[엔진 4] 시험결과 기록표

자동차 번호 :

항목	① 측정(또는 점검)		판정 (□에 'V'표)	득점
	측정값	기준값		
CO			□ 양호 □ 불량	
HC				

※ 감독위원이 제시한 자동차등록증(또는 차대번호)을 활용하여 차종 및 연식을 적용합니다.
※ 자동차검사기준 및 방법에 의하여 기록·판정합니다.
※ CO는 소수점 둘째자리 이하는 버리고 0.1% 단위로 기록합니다.
※ HC는 소수점 첫째자리 이하는 버리고 1ppm 단위로 기록합니다.

[섀시 2] 시험결과 기록표

자동차 번호 :

항목	① 측정(또는 점검)		② 판정 및 정비(또는 조치)사항		득점
	측정값	규정(정비한계)값	판정 (□에 'V'표)	정비 및 조치할 사항	
브레이크 페달 높이			□ 양호 □ 불량		
브레이크 페달 유격					

[섀시 4] 시험결과 기록표

자동차 번호 :

항목	① 측정(또는 점검)		② 판정 및 정비(또는 조치)사항		득점
	이상부위	내용 및 상태	판정 (□에 'V'표)	정비 및 조치할 사항	
자기진단			□ 양호 □ 불량		

[섀시 5] 시험결과 기록표

자동차 번호 :

항목	① 측정(또는 점검)				② 판정 및 정비(또는 조치)사항		득점
	최대 조향각 (□에 'V'표)		기준값 (최소 회전반경)	측정값 (최소 회전반경)	산출근거	판정 (□에 'V'표)	
	좌측 바퀴	우측 바퀴					
회전방향 (□에'V'표) □ 좌 □ 우						□ 양호 □ 불량	

※ 회전방향은 감독위원이 지정하는 위치에 ☑ 표시합니다.
※ 최대 조향 시 각도 항목은 두 바퀴 모두 기록합니다.
※ 축거는 감독위원이 제시합니다.
※ 자동차검사기준 및 방법에 의하여 기록·판정합니다.
※ 산출근거에는 단위를 기록하지 않아도 됩니다.

[전기 2] 시험결과 기록표

자동차 번호 :

항목	① 측정(또는 점검)		② 판정 및 정비(또는 조치)사항		득점
	측정값	규정(정비한계)값	판정 (□에 'V'표)	정비 및 조치할 사항	
인젝터 저항			□ 양호 □ 불량		

[전기 3] 시험결과 기록표

자동차 번호 :

항목	① 측정(또는 점검)		② 판정 및 정비(또는 조치)사항		득점
	이상부위	내용 및 상태	판정 (□에 'V'표)	정비 및 조치할 사항	
점화회로			□ 양호 □ 불량		

[전기 4] 시험결과 기록표

자동차 번호 :

구분	① 측정(또는 점검)				② 판정 (□에 'V'표)	득점
	측정 항목	측정값	기준값			
(□에 'V'표) 위치 : □ 좌 □ 우 등식 : □ 2등식 □ 4등식	광도		_____ 이상		□ 양호 □ 불량	

※ 측정 위치는 감독위원이 지정하는 위치의 □ 에 ☑ 표시합니다.
※ 자동차검사기준 및 방법에 의하여 기록 · 판정합니다.

국가기술자격검정 실기시험문제

자격종목	자동차정비기능사	과제명	자동차정비작업

※ 문제지는 시험종료 후 본인이 가져갈 수 있습니다.

비번호		시험일시		시험장명	

※ 시험시간 : 4시간 | 엔진 : 100분   섀시 : 80분   전기 : 60분

✓ 요구사항

가. 엔진

1) 주어진 DOHC 가솔린 기관에서 실린더헤드와 캠축을 탈거(감독위원에게 확인)하고, 감독위원의 지시에 따라 기록표의 내용대로 기록·판정한 후 다시 조립하시오.
2) 주어진 전자제어가솔린기관에서 감독위원의 지시에 따라 시동에 필요한 연료장치 회로의 이상개소를 점검 및 수리하여 시동하시오.
3) 주어진 자동차에서 기관의 연료펌프를 탈거(감독위원에게 확인)한 후 다시 조립하고, 감독위원의 지시에 따라 진단기(스캐너)를 사용하여 기관의 각종 센서(액추에이터) 점검 후 고장부분을 기록하시오.
4) 주어진 자동차에서 기록표에 제시된 내용을 측정하고 기록·판정하시오.(매연측정)

나. 섀시

1) 주어진 후륜 구동(FR형식) 자동차에서 감독위원의 지시에 따라 추진축(또는 propeller shaft)을 탈거(감독위원에게 확인)한 후, 다시 조립하시오.
2) 주어진 자동차에서 감독위원의 지시에 따라 토(toe)를 점검하여 기록·판정하시오.
3) 주어진 자동차에서 감독위원의 지시에 따라 브레이크 마스터 실린더를 탈거(감독위원에게 확인)하고, 다시 조립하여 공기빼기 작업 후 브레이크의 작동상태를 확인하시오.
4) 주어진 자동차에서 감독위원의 지시에 따라 진단기(스캐너)로 자동변속기를 점검하고, 기록·판정하시오.
5) 주어진 자동차에서 감독위원의 지시에 따라 제동력을 측정하여 기록·판정하시오.

다. 전기

1) 주어진 자동차에서 라디에이터 전동팬을 탈거(감독위원에게 확인)한 후, 다시 부착하여 전동팬이 작동하는지 확인하시오.
2) 주어진 자동차에서 시동 모터의 크랭킹 전압강하 시험을 하여 고장부분을 점검한 후 기록표에 기록·판정하시오.
3) 주어진 자동차에서 제동등 및 미등 회로에 고장부분을 점검한 후 기록표에 기록·판정하시오.
4) 주어진 자동차에서 좌 또는 우측의 전조등 광도를 측정하고 기록표에 기록·판정하시오.

11 국가기술자격검정 실기시험문제 결과기록표

| 자격종목 | 자동차정비기능사 | 과제명 | 자동차정비작업 |

※ 기록표는 문항별로 구분, 절단하여 배부하고 각 문항별로 종료 시 회수한다.

[엔진 1] 시험결과 기록표

자동차 번호 :

항목	① 측정(또는 점검)		② 판정 및 정비(또는 조치)사항		득점
	측정값	규정(정비한계)값	판정 (□에 'V'표)	정비 및 조치할 사항	
캠축 휨			□ 양호 □ 불량		

[엔진 3] 시험결과 기록표

자동차 번호 :

항목	① 측정(또는 점검)			② 고장 및 정비(또는 조치)사항		득점
	고장부위	측정값	규정값	고장내용	정비 및 조치할 사항	
센서 (액추에이터) 점검						

※ 측정조건은 감독위원이 제시합니다.

[엔진 4] 시험결과 기록표

자동차 번호 :

① 측정(또는 점검)					② 판정		득점
차종	연식	기준값	측정값	측정	산출근거 (계산) 기록	판정 (□에 'V'표)	
						□ 양호 □ 불량	

※ 감독위원이 제시한 자동차등록증(또는 차대번호)을 활용하여 차종 및 연식을 적용합니다.
※ 자동차검사기준 및 방법에 의하여 기록 · 판정합니다.
※ 측정 및 판정은 무부하 조건으로 합니다.
※ 측정 및 산출근거란은 소수점 값을 기입합니다.
※ 측정값란은 매연 농도를 산술 평균하여 소수점 이하는 버린 값으로 기입합니다.

[섀시 2] 시험결과 기록표

자동차 번호 :

항목	① 측정(또는 점검)		② 판정 및 정비(또는 조치)사항		득점
	측정값	규정(정비한계)값	판정 (□에 'V'표)	정비 및 조치할 사항	
토(toe)			□ 양호 □ 불량		

[섀시 4] 시험결과 기록표

자동차 번호 :

항목	① 측정(또는 점검)		② 판정 및 정비(또는 조치)사항		득점
	이상부위	내용 및 상태	판정 (□에 'V'표)	정비 및 조치할 사항	
변속기 자기진단			□ 양호 □ 불량		

[섀시 5] 시험결과 기록표

자동차 번호 :

<table>
<tr><th colspan="4">① 측정(또는 점검)</th><th colspan="3">② 판정</th><th rowspan="2">득점</th></tr>
<tr><th>항목</th><th>구분</th><th>측정값</th><th>기준값(%)
(□에 'V'표)</th><th>산출근거</th><th></th><th>판정
(□에 'V'표)</th></tr>
<tr><td rowspan="3">제동력위치
(□에 'V'표)
□ 앞
□ 뒤</td><td>좌</td><td></td><td>□ 앞
　　축중의
□ 뒤</td><td rowspan="1">편차</td><td></td><td rowspan="3">□ 양호
□ 불량</td></tr>
<tr><td rowspan="2">우</td><td></td><td>제동력
편차</td><td rowspan="2">합</td><td></td></tr>
<tr><td></td><td>제동력
합</td><td></td></tr>
</table>

※ 측정 위치는 감독위원이 지정하는 위치의 □ 에 ☑ 표시합니다.
※ 자동차검사기준 및 방법에 의하여 기록ㆍ판정합니다.
※ 측정값의 단위는 시험장비 기준으로 기록합니다.
※ 산출 근거에는 단위를 기록하지 않아도 됩니다.

[전기 2] 시험결과 기록표

자동차 번호 :

<table>
<tr><th rowspan="2">항목</th><th colspan="2">① 측정(또는 점검)</th><th colspan="2">② 판정 및 정비(또는 조치)사항</th><th rowspan="2">득점</th></tr>
<tr><th>측정값</th><th>규정(정비한계)값</th><th>판정
(□에 'V'표)</th><th>정비 및 조치할 사항</th></tr>
<tr><td>전압강하</td><td></td><td></td><td>□ 양호
□ 불량</td><td></td><td></td></tr>
</table>

[전기 3] 시험결과 기록표

자동차 번호 :

항목	① 측정(또는 점검)		② 판정 및 정비(또는 조치)사항		득점
	이상부위	내용 및 상태	판정 (□에 'V'표)	정비 및 조치할 사항	
제동 및 미등회로			□ 양호 □ 불량		

[전기 4] 시험결과 기록표

자동차 번호 :

구분	① 측정(또는 점검)			② 판정 (□에 'V'표)	득점
	측정 항목	측정값	기준값		
(□에 'V'표) 위치 : □ 좌 □ 우 등식 : □ 2등식 □ 4등식	광도		_____ 이상	□ 양호 □ 불량	

※ 측정 위치는 감독위원이 지정하는 위치의 □ 에 ☑ 표시합니다.
※ 자동차검사기준 및 방법에 의하여 기록 · 판정합니다.

12 국가기술자격검정 실기시험문제

자격종목	자동차정비기능사	과제명	자동차정비작업

※ 문제지는 시험종료 후 본인이 가져갈 수 있습니다.

비번호		시험일시		시험장명	

※ 시험시간 : 4시간 | 엔진 : 100분   섀시 : 80분   전기 : 60분

✅ 요구사항

가. 엔진

1) 주어진 디젤 기관에서 크랭크축을 탈거(감독위원에게 확인)하고, 감독위원의 지시에 따라 기록표의 내용대로 기록·판정한 후 다시 조립하시오.
2) 주어진 전자제어 가솔린 기관에서 감독위원의 지시에 따라 시동에 필요한 크랭킹회로의 이상개소를 점검 및 수리하여 시동하시오.
3) 주어진 자동차에서 기관의 연료펌프를 탈거(감독위원에게 확인)한 후 다시 조립 하고, 감독위원의 지시에 따라 진단기(스캐너)를 사용하여 기관의 각종 센서(액추에이터) 점검 후 고장부분을 기록·판정하시오.
4) 주어진 자동차에서 기록표에서 제시된 내용을 측정하고 기록·판정하시오.(배기가스 측정)

나. 섀시

1) 주어진 자동차에서 감독위원의 지시에 따라 후륜구동(FR형식) 종감속 장치에서 차동기어를 탈거(감독위원에게 확인)한 후, 다시 조립하시오.
2) 주어진 자동차에서 감독위원의 지시에 따라 클러치 페달의 유격을 점검하여 기록·판정하시오.
3) 주어진 자동차에서 감독위원의 지시에 따라 브레이크 라이닝(슈)을 탈거(감독위원에게 확인)하고, 다시 조립하여 브레이크의 작동상태를 확인하시오.
4) 주어진 자동차에서 감독위원의 지시에 따라 진단기(스캐너)로 ABS 장치를 점검하고, 기록·판정하시오.
5) 주어진 자동차에서 감독위원의 지시에 따라 좌 또는 우회전 시 최소회전 반경을 측정하여 기록·판정하시오.

다. 전기

1) 주어진 자동차에서 발전기를 탈거(감독위원에게 확인)한 후, 다시 부착하여 발전기의 충전전압을 점검하고, 정상 작동하는지 확인하시오.
2) 주어진 자동차에서 감독위원의 지시에 따라 스텝 모터(공회전 속도조절 서브)의 저항을 점검하여 스텝 모터의 고장부분을 점검한 후 기록표에 기록·판정하시오.
3) 주어진 자동차에서 실내등 및 열선 회로에 고장부분을 점검한 후 기록표에 기록·판정하시오.
4) 주어진 자동차에서 경음기 음량을 측정하고 기록표에 기록·판정하시오.

12 국가기술자격검정 실기시험문제 결과기록표

| 자격종목 | 자동차정비기능사 | 과제명 | 자동차정비작업 |

※ 기록표는 문항별로 구분, 절단하여 배부하고 각 문항별로 종료 시 회수한다.

[엔진 1] 시험결과 기록표

자동차 번호 :

항목	① 측정(또는 점검)		② 판정 및 정비(또는 조치)사항		득점
	측정값	규정(정비한계)값	판정 (□에 'V'표)	정비 및 조치할 사항	
플라이휠 런아웃			□ 양호 □ 불량		

[엔진 3] 시험결과 기록표

자동차 번호 :

항목	① 측정(또는 점검)			② 고장 및 정비(또는 조치)사항		득점
	고장부위	측정값	규정값	고장내용	정비 및 조치할 사항	
센서 (액추에이터) 점검						

※ 측정조건은 감독위원이 제시합니다.

[엔진 4] 시험결과 기록표

자동차 번호 :

항목	① 측정(또는 점검)		판정 (□에 'V'표)	득점
	측정값	기준값		
CO			□ 양호 □ 불량	
HC				

※ 감독위원이 제시한 자동차등록증(또는 차대번호)을 활용하여 차종 및 연식을 적용합니다.
※ 자동차검사기준 및 방법에 의하여 기록·판정합니다.
※ CO는 소수점 둘째자리 이하는 버리고 0.1% 단위로 기록합니다.
※ HC는 소수점 첫째자리 이하는 버리고 1ppm 단위로 기록합니다.

[섀시 2] 시험결과 기록표

자동차 번호 :

항목	① 측정(또는 점검)		② 판정 및 정비(또는 조치)사항		득점
	측정값	규정(정비한계)값	판정 (□에 'V'표)	정비 및 조치할 사항	
클러치 페달 유격			□ 양호 □ 불량		

[섀시 4] 시험결과 기록표

자동차 번호 :

항목	① 측정(또는 점검)		② 판정 및 정비(또는 조치)사항		득점
	이상부위	내용 및 상태	판정 (□에 'V'표)	정비 및 조치할 사항	
ABS 자기진단			□ 양호 □ 불량		

[섀시 5] 시험결과 기록표

자동차 번호 :

항목	① 측정(또는 점검)				② 판정 및 정비(또는 조치)사항		득점
	최대 조향각 (□에 'V'표)		기준값 (최소 회전반경)	측정값 (최소 회전반경)	산출근거	판정 (□에 'V'표)	
	좌측 바퀴	우측 바퀴					
회전방향 (□에'V'표) □ 좌 □ 우						□ 양호 □ 불량	

※ 회전방향은 감독위원이 지정하는 위치에 ☑ 표시합니다.
※ 최대 조향 시 각도 항목은 두 바퀴 모두 기록합니다.
※ 축거는 감독위원이 제시합니다.
※ 자동차검사기준 및 방법에 의하여 기록·판정합니다.
※ 산출근거에는 단위를 기록하지 않아도 됩니다.

[전기 2] 시험결과 기록표

자동차 번호 :

항목	① 측정(또는 점검)		② 판정 및 정비(또는 조치)사항		득점
	측정값	규정(정비한계)값	판정 (□에 'V'표)	정비 및 조치할 사항	
스텝모터 (ISC)저항			□ 양호 □ 불량		

※ 측정위치는 감독위원이 지정합니다.
※ 단위가 누락되거나 틀린 경우는 오답으로 채점합니다.

[전기 3] 시험결과 기록표

자동차 번호 :

항목	① 측정(또는 점검)		② 판정 및 정비(또는 조치)사항		득점
	이상부위	내용 및 상태	판정 (□에 'V'표)	정비 및 조치할 사항	
실내등 및 열선회로			□ 양호 □ 불량		

[전기 4] 시험결과 기록표

자동차 번호 :

항목	① 측정(또는 점검)		② 판정 및 정비(또는 조치)사항		득점
	측정값	규정(정비한계)값	판정 (□에 'V'표)	정비 및 조치할 사항	
경음기 음량			□ 양호 □ 불량		

※ 감독위원이 제시한 자동차등록증(차대번호)을 활용하여 차종 및 연식을 적용합니다.
※ 자동차검사기준 및 방법에 의하여 기록 · 판정합니다.
※ 암소음은 무시합니다.

13 국가기술자격검정 실기시험문제

자격종목	자동차정비기능사	과제명	자동차정비작업

※ 문제지는 시험종료 후 본인이 가져갈 수 있습니다.

비번호		시험일시		시험장명	

※ 시험시간 : 4시간 | 엔진 : 100분   섀시 : 80분   전기 : 60분

✅ 요구사항

가. 엔진

1) 주어진 전자제어 디젤(CRDI) 기관에서 인젝터(1개)와 예열 플러그(1개)을 탈거(감독위원 에게 확인)하고, 감독위원의 지시에 따라 기록표의 내용대로 기록·판정한 후 다시 조립 하시오.
2) 주어진 전자제어 가솔린 기관에서 감독위원의 지시에 따라 시동에 필요한 점화회로의 이상 개소를 점검 및 수리하여 시동하시오.
3) 주어진 자동차에서 기관의 공기유량센서(AFS)와 에어필터를 탈거(감독위원에게 확인)한 후 다시 조립하고, 감독위원의 지시에 따라 진단기(스캐너)를 사용하여 기관의 각종 센서 (액추에이터) 점검 후 고장부분을 기록·판정하시오.
4) 주어진 디젤 자동차에서 감독위원의 지시에 따라 매연을 측정하고 기록·판정하시오.

나. 섀시

1) 주어진 자동변속기에서 감독위원의 지시에 따라 오일펌프를 탈거(심사위원에게 확인)한 후, 다시 조립하시오.
2) 주어진 자동차에서 감독위원의 지시에 따라 사이드슬립을 점검하여 기록·판정하시오.
3) 주어진 자동차(ABS 장착차량)에서 감독위원의 지시에 따라 브레이크 패드를 탈거(시험 위원에게 확인)하고, 다시 조립하여 브레이크의 작동상태를 확인하시오.
4) 주어진 자동차에서 감독위원의 지시에 따라 자동변속기 오일압력을 점검하고, 기록·판정하시오.
5) 주어진 자동차에서 감독위원의 지시에 따라 제동력을 측정하여 기록·판정하시오.

다. 전기

1) 주어진 자동차에서 감독위원의 지시에 따라 히터 블로워 모터를 탈거(감독위원에게 확인)한 후, 다시 부착하여 모터가 정상적으로 작동되는지 확인하시오.
2) 주어진 자동차에서 스텝 모터(공회전 속도조절 서보)의 저항을 점검하여 스텝 모터의 고장 유무를 확인한 후 기록표에 기록·판정하시오.
3) 주어진 자동차에서 방향지시등 회로에 고장부분을 점검한 후 기록표에 기록·판정 하시오.
4) 주어진 자동차에서 좌 또는 우측의 전조등을 기록표에 기록·판정하시오.

13 국가기술자격검정 실기시험문제 결과기록표

자격종목	자동차정비기능사	과제명	자동차정비작업

※ 기록표는 문항별로 구분, 절단하여 배부하고 각 문항별로 종료 시 회수한다.

[엔진 1] 시험결과 기록표

자동차 번호 :

항목	① 측정(또는 점검)		② 판정 및 정비(또는 조치)사항		득점
	측정값	규정(정비한계)값	판정 (□에 'V'표)	정비 및 조치할 사항	
예열플러그 저항			□ 양호 □ 불량		

[엔진 3] 시험결과 기록표

자동차 번호 :

항목	① 측정(또는 점검)			② 고장 및 정비(또는 조치)사항		득점
	고장부위	측정값	규정값	고장내용	정비 및 조치할 사항	
센서 (액추에이터) 점검						

※ 측정조건은 감독위원이 제시합니다.

[엔진 4] 시험결과 기록표

자동차 번호 :

① 측정(또는 점검)					② 판정		득점
차종	연식	기준값	측정값	측정	산출근거 (계산) 기록	판정 (□에 'V'표)	
						□ 양호 □ 불량	

※ 감독위원이 제시한 자동차등록증(또는 차대번호)을 활용하여 차종 및 연식을 적용합니다.
※ 자동차검사기준 및 방법에 의하여 기록 · 판정합니다.
※ 측정 및 판정은 무부하 조건으로 합니다.
※ 측정 및 산출근거란은 소수점 값을 기입합니다.
※ 측정값란은 매연 농도를 산술 평균하여 소수점 이하는 버린 값으로 기입합니다.

[섀시 2] 시험결과 기록표

자동차 번호 :

항목	① 측정(또는 점검)		② 판정 및 정비(또는 조치)사항		득점
	측정값	규정(정비한계)값	판정 (□에 'V'표)	정비 및 조치할 사항	
사이드슬립			□ 양호 □ 불량		

[섀시 4] 시험결과 기록표

자동차 번호 :

항목	① 측정(또는 점검)		② 판정 및 정비(또는 조치)사항		득점
	측정값	규정(정비한계)값	판정 (□에 'V'표)	정비 및 조치할 사항	
( )의 오일 압력			□ 양호 □ 불량		

※ 감독위원의 지시에 따라 공전 시 한 곳의 오일압력을 측정합니다.

[섀시 5] 시험결과 기록표

자동차 번호 :

<table>
<tr><th colspan="5">① 측정(또는 점검)</th><th colspan="2">② 판정</th><th rowspan="2">득점</th></tr>
<tr><th>항목</th><th>구분</th><th>측정값</th><th colspan="2">기준값(%)
(□에 'V'표)</th><th>산출근거</th><th>판정
(□에 'V'표)</th></tr>
<tr><td rowspan="4">제동력위치
(□에 'V'표)
□ 앞
□ 뒤</td><td>좌</td><td></td><td colspan="2">□ 앞
　　축중의
□ 뒤</td><td>편차</td><td rowspan="4">□ 양호
□ 불량</td><td rowspan="4"></td></tr>
<tr><td rowspan="3">우</td><td></td><td>제동력
편차</td><td></td><td rowspan="2">합</td></tr>
<tr><td></td><td>제동력
합</td><td></td></tr>
<tr><td colspan="4"></td></tr>
</table>

※ 측정 위치는 감독위원이 지정하는 위치의 □ 에 ☑ 표시합니다.
※ 자동차검사기준 및 방법에 의하여 기록·판정합니다.
※ 측정값의 단위는 시험장비 기준으로 기록합니다.
※ 산출 근거에는 단위를 기록하지 않아도 됩니다.

[전기 2] 시험결과 기록표

자동차 번호 :

<table>
<tr><th rowspan="2">항목</th><th colspan="2">① 측정(또는 점검)</th><th colspan="2">② 판정 및 정비(또는 조치)사항</th><th rowspan="2">득점</th></tr>
<tr><th>측정값</th><th>규정(정비한계)값</th><th>판정
(□에 'V'표)</th><th>정비 및 조치할 사항</th></tr>
<tr><td>스텝모터 (ISC)저항</td><td></td><td></td><td>□ 양호
□ 불량</td><td></td><td></td></tr>
</table>

※ 측정위치는 감독위원이 지정합니다.
※ 단위가 누락되거나 틀린 경우는 오답으로 채점합니다.

[전기 3] 시험결과 기록표

자동차 번호 :

항목	① 측정(또는 점검)		② 판정 및 정비(또는 조치)사항		득점
	이상부위	내용 및 상태	판정 (□에 'V'표)	정비 및 조치할 사항	
방향지시등 회로			□ 양호 □ 불량		

[전기 4] 시험결과 기록표

자동차 번호 :

	① 측정(또는 점검)			② 판정 (□에 'V'표)	득점
구분	측정 항목	측정값	기준값		
(□에 'V'표) 위치 : 　□ 좌 　□ 우 등식 : 　□ 2등식 　□ 4등식	광도		_____이상	□ 양호 □ 불량	

※ 측정 위치는 감독위원이 지정하는 위치의 □ 에 ☑ 표시합니다.
※ 자동차검사기준 및 방법에 의하여 기록·판정합니다.

14 국가기술자격검정 실기시험문제

자격종목	자동차정비기능사	과제명	자동차정비작업

※ 문제지는 시험종료 후 본인이 가져갈 수 있습니다.

비번호		시험일시		시험장명	

※ 시험시간 : 4시간 | 엔진 : 100분   섀시 : 80분   전기 : 60분

✓ 요구사항

가. 엔진

1) 주어진 DOHC 가솔린 기관에서 실린더헤드와 피스톤(1개)을 탈거(감독위원에게 확인) 하고, 감독위원의 지시에 따라 기록표의 내용대로 기록·판정한 후 다시 조립하시오.
2) 주어진 전자제어 가솔린 기관에서 감독위원의 지시에 따라 시동에 필요한 연료장치 회로의 이상 개소를 점검 및 수리하여 시동하시오.
3) 주어진 자동차에서 기관의 공기유량센서(AFS)와 에어필터를 탈거(감독위원에게 확인) 한 후 다시 조립하고, 감독위원의 지시에 따라 진단기(스캐너)를 사용하여 기관의 각종 센서(액추에이터) 점검 후 고장부분을 기록·판정하시오.
4) 주어진 자동차에서 기록표에서 제시된 내용을 측정하고 기록·판정하시오.(배기가스 측정)

나. 섀시

1) 주어진 수동변속기에서 감독위원의 지시에 따라 후진 아이들 기어(또는 디퍼렌셜기어 어셈블리)를 탈거(감독위원에게 확인)한 후, 다시 조립하시오.
2) 주어진 자동차(ABS 장착차량)에서 감독위원의 지시에 따라 톤 휠 간극을 점검하여 기록·판정하시오.
3) 주어진 자동차에서 감독위원의 지시에 따라 브레이크 휠 실린더를 탈거(감독위원에게 확인)하고, 다시 조립하여 공기빼기 작업 후 브레이크의 작동상태를 확인하시오.
4) 주어진 자동차에서 감독위원의 지시에 따라 진단기(스캐너)로 자동변속기를 점검하고 기록·판정하시오.
5) 주어진 자동차에서 감독위원의 지시에 따라 좌 또는 우회전 시 최소회전 반경을 측정하여 기록·판정하시오.

다. 전기

1) 주어진 자동차에서 에어컨 벨트를 탈거(감독위원에게 확인)한 후, 다시 부착하여 벨트 장력까지 점검한 후, 에어컨 컴프레서가 작동되는지 확인하시오.
2) 주어진 자동차에서 감독위원의 지시에 따라 메인 컨트롤 릴레이의 고장 부분을 점검한 후 기록표에 기록·판정하시오.
3) 주어진 자동차에서 와이퍼 회로의 고장부분을 점검한 후 기록표에 기록·판정하시오.
4) 주어진 자동차에서 경음기 음량을 측정하여 기록표에 기록·판정하시오.

14 국가기술자격검정 실기시험문제 결과기록표

자격종목	자동차정비기능사	과제명	자동차정비작업

※ 기록표는 문항별로 구분, 절단하여 배부하고 각 문항별로 종료 시 회수한다.

[엔진 1] 시험결과 기록표

자동차 번호 :

항목	① 측정(또는 점검)		② 판정 및 정비(또는 조치)사항		득점
	측정값	규정(정비한계)값	판정 (□에 'V'표)	정비 및 조치할 사항	
피스톤과 실린더간극			□ 양호 □ 불량		

※ 감독위원이 지정하는 부위를 측정하시오.

[엔진 3] 시험결과 기록표

자동차 번호 :

항목	① 측정(또는 점검)			② 고장 및 정비(또는 조치)사항		득점
	고장부위	측정값	규정값	고장내용	정비 및 조치할 사항	
센서 (액추에이터) 점검						

※ 측정조건은 감독위원이 제시합니다.

[엔진 4] 시험결과 기록표

자동차 번호 :

항목	① 측정(또는 점검)		판정 (□에 'V'표)	득점
	측정값	기준값		
CO			□ 양호 □ 불량	
HC				

※ 감독위원이 제시한 자동차등록증(또는 차대번호)을 활용하여 차종 및 연식을 적용합니다.
※ 자동차검사기준 및 방법에 의하여 기록 · 판정합니다.
※ CO는 소수점 둘째자리 이하는 버리고 0.1% 단위로 기록합니다.
※ HC는 소수점 첫째자리 이하는 버리고 1ppm 단위로 기록합니다.

[섀시 2] 시험결과 기록표

자동차 번호 :

항목	① 측정(또는 점검)		② 판정 및 정비(또는 조치)사항		득점
	측정값	규정(정비한계)값	판정 (□에 'V'표)	정비 및 조치할 사항	
톤 휠 간극	□ 앞축 □ 뒤축 / 좌 : 우 :		□ 양호 □ 불량		

[섀시 4] 시험결과 기록표

자동차 번호 :

항목	① 측정(또는 점검)		② 판정 및 정비(또는 조치)사항		득점
	이상부위	내용 및 상태	판정 (□에 'V'표)	정비 및 조치할 사항	
변속기 자기진단			□ 양호 □ 불량		

[섀시 5] 시험결과 기록표

자동차 번호 :

항목	① 측정(또는 점검)					② 판정 및 정비(또는 조치)사항		득점
	최대 조향각 (□에 'V'표)		기준값 (최소 회전반경)	측정값 (최소 회전반경)		산출근거	판정 (□에 'V'표)	
	좌측 바퀴	우측 바퀴						
회전방향 (□에'V'표) □ 좌 □ 우							□ 양호 □ 불량	

※ 회전방향은 감독위원이 지정하는 위치에 ☑ 표시합니다.
※ 최대 조향 시 각도 항목은 두 바퀴 모두 기록합니다.
※ 축거는 감독위원이 제시합니다.
※ 자동차검사기준 및 방법에 의하여 기록 · 판정합니다.
※ 산출근거에는 단위를 기록하지 않아도 됩니다.

[전기 2] 시험결과 기록표

자동차 번호 :

항목	① 측정(또는 점검)	② 판정 및 정비(또는 조치)사항		득점
		판정 (□에 'V'표)	정비 및 조치할 사항	
코일이 여자되었을 때	□ 양호, □ 불량	□ 양호 □ 불량		
코일이 여자되지 않았을 때	□ 양호, □ 불량			

[전기 3] 시험결과 기록표

자동차 번호 :

항목	① 측정(또는 점검)		② 판정 및 정비(또는 조치)사항		득점
	이상부위	내용 및 상태	판정 (□에 'V'표)	정비 및 조치할 사항	
와이퍼 회로			□ 양호 □ 불량		

[전기 4] 시험결과 기록표

자동차 번호 :

항목	① 측정(또는 점검)		② 판정 및 정비(또는 조치)사항		득점
	측정값	규정(정비한계)값	판정 (□에 'V'표)	정비 및 조치할 사항	
경음기 음량			□ 양호 □ 불량		

※ 감독위원이 제시한 자동차등록증(차대번호)을 활용하여 차종 및 연식을 적용합니다.
※ 자동차검사기준 및 방법에 의하여 기록·판정합니다.
※ 암소음은 무시합니다.

15 국가기술자격검정 실기시험문제

자격종목	자동차정비기능사	과제명	자동차정비작업

※ 문제지는 시험종료 후 본인이 가져갈 수 있습니다.

비번호		시험일시		시험장명	

※ 시험시간 : 4시간 | 엔진 : 100분   섀시 : 80분   전기 : 60분

✅ 요구사항

가. 엔진

1) 주어진 가솔린 기관에서 실린더헤드와 피스톤(1개)을 탈거(감독위원에게 확인)하고, 감독위원의 지시에 따라 기록표의 내용대로 기록·판정한 후 다시 조립하시오.
2) 주어진 전자제어 가솔린 기관에서 감독위원의 지시에 따라 시동에 필요한 크랭킹 회로의 이상 개소를 점검 및 수리하여 시동하시오.
3) 주어진 자동차에서 기관의 공기유량센서(AFS)와 에어필터를 탈거(감독위원에게 확인) 한 후 다시 조립하고, 감독위원의 지시에 따라 진단기(스캐너)를 사용하여 기관의 각종 센서 (액추에이터) 점검 후 고장부분을 기록하시오.
4) 주어진 자동차에서 기록표에 제시된 내용을 측정하고 기록 판정하시오.(매연 측정)

나. 섀시

1) 주어진 수동변속기에서 감독위원의 지시에 따라 밸브보디를 탈거(감독위원에게 확인) 한 후, 다시 조립하시오.
2) 주어진 자동차에서 감독위원의 지시에 따라 자동변속기의 오일량을 점검하여 기록·판정 하시오.
3) 주어진 자동차에서 감독위원의 지시에 따라 클러치 릴리스 실린더를 탈거(감독위원에게 확인)하고, 다시 조립하여 공기빼기 작업 후 클러치의 작동상태를 확인하시오.
4) 주어진 자동차에서 감독위원의 지시에 따라 진단기(스캐너)로 전자제어 현가장치(VDC, ECS, TCS 등)를 점검하고, 기록·판정하시오.
5) 주어진 자동차에서 감독위원의 지시에 따라 제동력을 측정하여 기록·판정하시오.

다. 전기

1) 주어진 자동차에서 감독위원의 지시에 따라 계기판을 탈거(감독위원에게 확인) 한 후, 다시 부착하여 계기판의 작동여부를 확인하시오.
2) 자동차에서 점화코일 1,2차 저항을 측정하고 코일의 고장 유무를 확인하여 기록표에 기록·판정하시오.
3) 주어진 자동차에서 파워 윈도우 회로의 고장부분을 점검한 후 기록표에 기록·판정하시오.
4) 주어진 자동차에서 좌 또는 우측의 전조등을 측정하고 기록표에 기록·판정하시오.

15. 국가기술자격검정 실기시험문제 결과기록표

| 자격종목 | 자동차정비기능사 | 과제명 | 자동차정비작업 |

※ 기록표는 문항별로 구분, 절단하여 배부하고 각 문항별로 종료 시 회수한다.

[엔진 1] 시험결과 기록표

자동차 번호 :

항목	① 측정(또는 점검)		② 판정 및 정비(또는 조치)사항		득점
	측정값	규정(정비한계)값	판정 (□에 'V'표)	정비 및 조치할 사항	
피스톤링 이음간극			□ 양호 □ 불량		

[엔진 3] 시험결과 기록표

자동차 번호 :

항목	① 측정(또는 점검)			② 고장 및 정비(또는 조치)사항		득점
	고장부위	측정값	규정값	고장내용	정비 및 조치할 사항	
센서 (액추에이터) 점검						

※ 측정조건은 감독위원이 제시합니다.

[엔진 4] 시험결과 기록표

자동차 번호 :

① 측정(또는 점검)					② 판정		득점
차종	연식	기준값	측정값	측정	산출근거 (계산) 기록	판정 (□에 'V'표)	
						□ 양호 □ 불량	

※ 감독위원이 제시한 자동차등록증(또는 차대번호)을 활용하여 차종 및 연식을 적용합니다.
※ 자동차검사기준 및 방법에 의하여 기록·판정합니다.
※ 측정 및 판정은 무부하 조건으로 합니다.
※ 측정 및 산출근거란은 소수점 값을 기입합니다.
※ 측정값란은 매연 농도를 산술 평균하여 소수점 이하는 버린 값으로 기입합니다.

[섀시 2] 시험결과 기록표

자동차 번호 :

항목	① 측정(또는 점검)	② 판정 및 정비(또는 조치)사항		득점
		판정 (□에 'V'표)	정비 및 조치할 사항	
오일량	COLD ┃┃┃ HOT 오일레벨을 게이지에 표시하시오.	□ 양호 □ 불량		

[섀시 4] 시험결과 기록표

자동차 번호 :

항목	① 측정(또는 점검)		② 판정 및 정비(또는 조치)사항		득점
	이상부위	내용 및 상태	판정 (□에 'V'표)	정비 및 조치할 사항	
자기진단			□ 양호 □ 불량		

[섀시 5] 시험결과 기록표

자동차 번호 :

항목	① 측정(또는 점검)				② 판정		득점
	구분	측정값	기준값(%) (□에 'V'표)	산출근거		판정 (□에 'V'표)	
제동력위치 (□에 'V'표) □ 앞 □ 뒤	좌		□ 앞 축중의 □ 뒤	편차		□ 양호 □ 불량	
	우		제동력 편차	합			
			제동력 합				

※ 측정 위치는 감독위원이 지정하는 위치의 □ 에 ☑ 표시합니다.
※ 자동차검사기준 및 방법에 의하여 기록·판정합니다.
※ 측정값의 단위는 시험장비 기준으로 기록합니다.
※ 산출 근거에는 단위를 기록하지 않아도 됩니다.

[전기 2] 시험결과 기록표

자동차 번호 :

항목	① 측정(또는 점검)		② 판정 및 정비(또는 조치)사항		득점
	측정값	규정(정비한계)값	판정 (□에 'V'표)	정비 및 조치할 사항	
1차 저항			□ 양호 □ 불량		
2차 저항			□ 양호 □ 불량		

[전기 3] 시험결과 기록표

자동차 번호 :

항목	① 측정(또는 점검)		② 판정 및 정비(또는 조치)사항		득점
	이상부위	내용 및 상태	판정 (□에 'V'표)	정비 및 조치할 사항	
파워윈도우 회로			□ 양호 □ 불량		

[전기 4] 시험결과 기록표

자동차 번호 :

구분	① 측정(또는 점검)				② 판정 (□에 'V'표)	득점
	측정 항목	측정값	기준값			
(□에 'V'표) 위치 : □ 좌 □ 우 등식 : □ 2등식 □ 4등식	광도		_____이상		□ 양호 □ 불량	

※ 측정 위치는 감독위원이 지정하는 위치의 □ 에 ☑ 표시합니다.
※ 자동차검사기준 및 방법에 의하여 기록 · 판정합니다.

자동차정비기능사 실기

2013년 1월 30일 초판 발행
2020년 8월 20일 개정7판 1쇄 발행
2022년 1월 5일 개정7판 2쇄 발행
2023년 1월 5일 개정8판 발행
2024년 5월 10일 개정9판 발행
2025년 1월 10일 개정10판 발행
2026년 1월 20일 개정11판 발행

저　　자	|	김승수·김형진·김영직
발 행 인	|	조규백
발 행 처	|	도서출판 구민사
		(07293) 서울시 영등포구 문래북로 116, 604호(문래동 3가 46, 트리플렉스)
전　　화	|	(02) 701-7421
팩　　스	|	(02) 3273-9642
홈 페 이 지	|	www.kuhminsa.co.kr
신 고 번 호	|	제 2012-000055호(1980년 2월 4일)
I S B N	|	979-11-6875-650-2 (13500)
정　　가	|	32,000원

이 책은 구민사가 저작권자와 계약하여 발행했습니다.
본사의 서면 허락 없이는 어떠한 형태나 수단으로도 이 책의 내용을 이용할 수 없음을 알려드립니다.